入海污染物
总量控制技术与方法

RUHAI WURANWU

ZONGLIANG KONGZHI JISHU YU FANGFA

王金坑　主编

U0351399

海洋出版社

2013年·北京

图书在版编目(CIP)数据

入海污染物总量控制技术与方法 / 王金坑主编. —北京：海洋出版社，2013.3
ISBN 978 - 7 - 5027 - 8498 - 0

Ⅰ. ①入… Ⅱ. ①王… Ⅲ. ①海洋污染 - 总排污量控制 - 研究 Ⅳ. ①X55

中国版本图书馆 CIP 数据核字(2013)第 036419 号

责任编辑：郑　珂
责任印制：赵麟苏

海洋出版社　出版发行

http://www.oceanpress.com.cn
北京市海淀区大慧寺路 8 号　邮编：100081
北京画中画印刷有限公司印刷　　新华书店发行所经销
2013 年 3 月第 1 版　　2013 年 3 月第 1 次印刷
开本：787 mm × 1 092 mm　1/16　印张：18.75
字数：422 千字　　定价：98.00 元
发行部：62132549　邮购部：68038093　总编室：62114335
海洋版图书印、装错误可随时退换

编 委 会

主　编：王金坑

副主编：詹兴旺　杨圣云　石晓勇　陈克亮　蒋金龙　戴娟娟
　　　　罗　阳　杨　琳

主要编写人员（以姓氏拼音为序）：

蔡明刚　陈克亮　戴娟娟　冯　岚　花卫华　黄秀清　姜　尚　蒋金龙

蒋晓山　李克强　李胜睿　李武全　梁生康　林志兰　罗　阳　农　家

欧　玲　盛建明　石晓勇　时亚楼　孙　琪　王　翠　王金辉　王金坑

王　颢　项凌云　肖佳媚　杨　琳　杨圣云　詹兴旺　张春华　张　婕

张少峰　朱晓东

项目负责人：王金坑

专题负责人：杨圣云　杨　琳　石晓勇　黄秀清　盛建明　李武全　詹兴旺
　　　　　　　陈克亮　蒋金龙　戴娟娟　罗　阳

前　言

20 世纪 70 年代以来，随着沿海社会经济的高速发展、人口的迅速增加和城市化进程的加快，污染物排海总量不断增加，使得近岸海域地区面临的压力日益增大。海洋污染问题日益突出，海洋生态功能退化，赤潮等海洋灾害频发，严重制约了海洋经济和环境的可持续发展。面对日趋强化的海洋环境压力与资源约束，只有提高全社会的海洋生态文明观念，实行资源利用总量控制、强化污染物减排和治理，才能不断增强海洋可持续发展能力，实现社会经济与生态保护的协调发展。

污染物总量控制是国外 20 世纪 70 年代发展起来的一种比较先进的环境保护管理方法。入海污染物总量控制，是指在特定的时期内，综合经济、技术、社会等条件，采取通过向排污源分配污染物排放量的形式，将一定空间范围内排污源产生的污染物的数量控制在海洋环境容许限度内而实行的污染控制方式。总量控制最早是由美国、日本提出的，经历了从水污染物排放许可证制度、浓度总量控制、目标总量控制到容量总量控制，从单一的以化学需氧量（COD）为控制对象到逐步增加氮磷等多种污染物进行总量控制的发展历程，使得水环境在一定程度上得到恢复和改善。我国自 20 世纪 80 年代中期以来，相继开展了中国近海海域化学污染物排海总量控制应用研究以及海洋环境容量基础研究。1999 年 12 月，新修订的《中华人民共和国海洋环境保护法》明确规定"国家建立并实施重点海域排污总量控制制度，确定主要污染物排海总量控制指标，并对主要污染源分配排放控制数量"。国家和地方各级海洋行政主管部门逐步将污染物排海总量控制作为重点海域海洋环境管理工作目标，福建、山东、浙江、河北等沿海省份开展了污染物排海总量控制的试点工作。

尽管我国的海洋环境保护法律法规明确规定了实施污染物排海总量控制制度，但由于入海污染物总量控制的技术研究相对滞后，加之我国海域辽阔、水环境条件千差万别，至今尚未形成一套系统、全面、合理、规范的入海污染物总量控制技术体系，严重阻碍了污染物排放总量控制制度在我国的推广和全面实施。因此，迫切需要在近岸典型海域对污染物环境容量计算和总量控制技术进行深入研究，开发具有可操作性的入海污染物总量控制技术，并在此基础上进行相应总量控制管理系统示范。

本书是国家海洋局海洋公益性行业科研专项经费项目（课题编号：200805065）研究成果的凝练总结，作为 2008 年海洋公益性行业科研专项经费重点项目，该项目在国内外总量控制与减排技术研究和评估的基础上，选择胶州湾、灌河口、杭州湾、罗源湾、泉州湾、廉州湾等典型示范海域，结合海域污染源与环境质量调查评价，筛选并优化适用我国典型海域的环境容量计算模式及控制条件；根据海洋环境保护的具体目标和要求，研究基于区域、行业差异与公平相结合的入海污染物总量分配技术；制定示范海域入海污染物的总量控制规划和减排方案，建立示范海域总量控制管理支持系统；在实施、总结和评估的基础上，初步形成一套可推广使用的入海污染物总量控制技术与方法。

全书共计9章。第1章海洋污染与总量控制制度，简单介绍了我国海洋污染的基本状况以及海洋污染控制与管理的情况，阐述了入海污染物总量控制的基本概念。第2章入海污染物总量调查与监测，从入海污染物总量控制管理角度，以入海污染物的来源为基础，阐述各类污染源入海通量的调查与统计方法，涵盖入海河流和直排口的调查监测和通量估算；海水养殖和船舶污染物调查；外海污染物输入的通量调查方案设计和要求；大气沉降观测点设置、调查方法以及通量计算方法等内容。第3章入海污染物总量控制目标，综合考虑海洋自然环境状况、社会经济发展水平、污染物处理技术水平，从水污染因子的环境效应及生态风险出发，分别构建基于海域资源开发利用与人体健康、海洋生态系统安全两个层面的控制目标值确定方法。第4章海洋环境容量计算方法，系统地阐述了海洋环境容量的基本概念，介绍海洋环境容量的计算模型、边界与参数确定的方法体系。第5章入海污染物总量分配技术，系统总结了总量分配方法，提出围绕以海洋环境容量为基础，海陆统筹、河海统筹的分配技术路线，阐述了入海污染物总量分配的主要原则、技术与方法。第6章入海污染物减排技术，从源头控制、过程削减、末端治理等方面筛选介绍了入海污染物总量控制与削减技术。第7章入海污染物总量控制规划编制技术，阐述了入海污染物总量控制规划的概念、意义以及在海域排污总量控制中的作用，介绍了规划的编制程序、成果要求和主要技术方法。第8章总量控制规划案例，总结了本项目7个示范区入海污染物总量控制规划实施状况，包括海域现状及存在问题、总量控制指标和目标的确定、总量减排方案和示范工程等内容，是本项目理论研究的实际运用。第9章地理信息系统技术在入海污染物总量控制中的应用，以入海污染物总量控制管理工作为主线，探讨如何综合应用GIS技术、空间数据库技术、网络技术等建立准确、全面、规范的入海污染物总量控制管理信息系统。各章节相互关联，共同构成入海污染物总量控制的技术方法体系。

本书是对入海污染物总量控制技术方法研究工作的初步总结和集成，是项目各承担单位诸多同事不懈追求、辛勤工作、团结协作的重要成果。本书由王金坑主编，来自国家海洋局第三海洋研究所、厦门大学、福建省海洋环境与渔业资源监测中心、中国海洋大学、国家海洋局东海环境监测中心、江苏省海洋环境监测预报中心和广西壮族自治区海洋监测预报中心、同济大学、南京大学等单位的人员参与了本书的编写和讨论工作，第1章由王翠、陈克亮、王金坑、冯岚执笔，第2章由杨琳、王颖、林志兰执笔，第3章由詹兴旺、罗阳执笔，第4章由石晓勇、李克强、王翠、姜尚、孙琪执笔，第5章由陈克亮、时亚楼、农家执笔，第6章由罗阳、王金坑执笔，第7章由戴娟娟、王金坑、朱晓东执笔，第8章由罗阳、戴娟娟、王金坑执笔，第9章由蒋金龙等执笔，全书由王金坑、罗阳等完成统稿，余兴光、黄秀清、杨圣云、石晓勇对书稿进行了审阅并提出了宝贵意见。

入海污染物总量控制技术是一个理论研究与实际工作结合紧密的问题，需要在海洋环境管理实践中不断验证和调整。希望本书的出版能够为我国入海污染物总量控制技术的发展，为国家和地方海洋污染防治政策的制定提供一定的帮助。

本书的出版，得到国家海洋局海洋公益性行业科研专项经费的资助，在项目的研究实施过程中，得到了国家海洋局科技司、环保司，中华人民共和国环境保护部污防司，福建省海洋与渔业厅以及项目研究示范区所在地海洋、环保等行政主管部门的大力支持和指导；课题组各参加单位团结协作，从而保证了专著的顺利完成，谨此对支持和参与本书编写的各级领导和全体科研人员，表示衷心的感谢！

当然，由于作者的水平和能力所限，书中难免出现遗漏和不足之处，恳请广大读者批评指正。

编者

2012 年 11 月

目　　次

第1章 海洋污染与总量控制制度

1.1 海洋污染概述

1.1.1 海洋污染的基本特征

海洋污染是指由于人类活动，直接或间接地把物质或能量引入海洋环境，造成或可能造成损害海洋生物资源、危害人类健康、损坏海水和海洋环境质量等有害影响。

海洋面积辽阔，储水量巨大，因而长期以来是地球上最稳定的生态系统。自工业革命以后，人类的生产力不断提高，对资源的开发力度不断加大，环境问题频频发生。各种人类生产活动所产生的富余产品被遗弃于荒野，埋至可耕种的土地之下，甚至直接弃于水体，任其顺流而下，随着生态系统的循环流动，"海纳百川"被人类赋予了另一层意义。

海洋污染具有以下特征。

(1)污染来源广，数量大，成分复杂

人类活动产生的污染物多种多样，所有这些污染物除直接排放入海外，还可通过江河径流、大气扩散和雨雪沉降而进入海洋，全世界每年往海洋倾倒各种废弃物多达 200 亿 t，所以有人称海洋是陆上一切污染物的"垃圾桶"。海洋污染物来源包括城市生活污水、工业废水和海上运输、海上作业、军事活动以及排入大气或土壤的污染物随生态系统循环而转移到海洋的物质。其污染成分多样，包括了石油类、重金属、酸碱、农药、持久性有机污染物、营养盐、放射性物质、固体废物、废热等。

(2)海洋污染影响范围大

浩瀚的海洋是一个互相连通的整体，进入海水的污染物在海流的携带下，可从一个海区迁移到另一个海区，从沿岸、河口迁移到大洋。海水处于不断运动的状态，其运动方式主要有两种，其一是潮涨潮落的流动，潮流的方向是往复的或小范围内旋转性的流动；其二是恒定的海流，也称"洋流"。海洋污染物随海水运动，不断地向大面积的海域扩散，这一过程中，污染物浓度得到了稀释，但污染的范围不断扩大。甚至可以将热带污染物转移到极地。例如，日本八丈岛等海域漂浮的沥青团块，通过海流的搬运，可在美国和加拿大西海岸发现。

(3)海洋污染持续性强、危害性大

由于海洋是地球上位能最低的区域，海洋接受污染物质后，这些污染物很难再从海洋

1

转移出去。一些不能溶解和不易分解的物质(如重金属和有机氯农药)会长期蓄积在海洋中,由海洋生物的摄取而进入生物体内,并通过海洋生物的富集作用使得生物体内的污染物质含量比在海水中的浓度大得多。同时海洋生物还能把一些毒性本来不大的无机物转化为毒性很强的有机物(如无机汞被转化为甲基汞,Cr^{6+} 转化为 Cr^{3+}),这些污染物质还可以通过食物链传递和放大,对人类造成威胁。

(4)海洋污染防治困难,治理(清除)难度大

由于以上 3 个特点,加上海洋污染有很长的积累过程,不易被及时发现,一旦形成污染,需要耗费巨资、经过长期治理才能消除。在治理过程,还牵涉到工业布局、资源开发等具体问题,增加海洋污染防治的复杂性。例如,近几年来备受关注的石油污染问题,随着海水的运移,石油污染扩散迅速,直接加大了清污难度,不能被清除的石油将长时间影响海洋生态环境。在 2010 年 4 月 20 日发生的英国石油公司位于墨西哥湾的海岸钻井平台发生爆炸引发的原油泄漏,造成了大量海洋动物死亡。浮油带抵达密西西比河三角洲和路易斯安那海岸线,清理费用估计高达数十亿美元。到 2011 年,部分受污地区环境逐渐恢复生产力,但仍有海豚死亡数量不断增加的现象,从佛罗里达州富兰克林县到得克萨斯州与路易斯安那州交界处,被冲上岸的鲸类动物(海豚和鲸)的死亡数量大幅上升。

(5)海洋污染全球化趋势明显

第二次世界大战以后,人类越来越大规模地开发、利用和消耗海洋资源,海洋资源危机和海洋污染也越来越严重,并日益区域化和全球化(张晨,2009)。海洋污染问题不是局部的某个国家、某个海域的问题,海洋污染已经从沿岸近海区域,扩展到其他涉及人类活动的外海及大洋。从联合国教科文组织海洋学委员会和世界气象局根据 1975—1979 年各国商船所发现的 85 000 份海洋油污报告绘制的海洋油污图来看,海洋污染早已遍及世界四大洋(石钢德,2009)。

(6)海洋污染事故频发,给海洋生态造成严重的损害

海洋污染事故主要由沿岸工业企业事故性排放、海洋石油开发以及船舶污染所引起。随着经济发展速度的加快,一些海上作业单位与人员对海洋环境保护的意识薄弱,海洋开发活动的风险事故没有足够的防范能力,导致海洋污染事故频繁发生,对海洋生态造成严重的损害。2010 年 4 月 20 日,英国石油公司在美国墨西哥湾租用的钻井平台"深水地平线"发生爆炸,导致大量石油泄漏,酿成了一场经济和环境惨剧。2011 年 6 月,位于我国渤海中部的蓬莱 19-3 油田先后发生溢油事故,对渤海海洋生态环境造成了严重的污染损害。

1.1.2　海洋污染的基本状况

(1)全球海洋环境的基本状况

2008 年 2 月 14 日在波士顿召开的美国科学促进协会年会上,由美国国家生态分析及合成中心组织绘制的一张海洋环境地图亮相。研究结果显示:地球上超过 40% 的海洋受到

了人类活动的严重影响，仅有 4% 仍然保持着原始状态。

全球 41% 的海域受到 17 种不同人类活动的强烈影响，这些活动包括 6 种渔业活动（深海捕捞、浅海捕捞等）、5 种污染（航线污染、港口污染等）、3 种环境变化（海洋酸化、紫外线辐射和海洋温度上升）、外来物种入侵、通商航行和海底建筑。受人类活动影响最严重的海域包括北大西洋的大片水域、东海和南海、加勒比海、北美洲东海岸、地中海、红海、波斯湾、白令海和西太平洋部分海域等。

2011 年 4 月，海洋保护机构国际海洋现状计划（IPSO）集合全球 27 名顶尖海洋学家，为海洋生态状况做"体检"并聚首英国牛津大学撰写调查报告。报告指出，导致海洋环境恶化的 3 个因素是全球暖化、酸化和缺氧现象。这 3 个因素都是人类活动直接产生的后果。三者间产生连锁效应，构成恶性循环。海洋当前吸收二氧化碳的速度远超 5500 万年前上一次全球性海洋生物大规模灭绝时期。

（2）我国海洋污染状况

自 20 世纪 90 年代以来，随着我国经济的发展，我国海洋污染问题日益严重。根据国家海洋局《2010 年中国海洋环境质量状况公报》，2010 年经由全国 66 条主要河流入海的污染物量分别为：化学需氧量（COD_{Cr}）1 653 万 t，氨氮（以氮计）60.7 万 t，总磷（以磷计）29.2 万 t，石油类 8.5 万 t，重金属 4.2 万 t（其中铜 4 159 t、铅 2 812 t、锌 34 318 t、镉 191 t、汞 77 t），砷 4 226 t。其中，长江入海径流量比上年增加 25%，所携带的 COD_{Cr}、氨氮和总磷等污染物入海量分别增加 59%、290% 和 26%（表 1.1 – 1）。

表 1.1 – 1　2010 年部分河流携带入海的污染物量　　　　　　单位：t

河流名称	化学需氧量（COD_{Cr}）	氨氮（以氮计）	总磷（以磷计）	石油类	重金属	砷
长江	10 783 668	405 098	214 411	52 638	31 064	2 636
钱塘江	992 427	30 115	11 453	2 445	801	38
珠江	632 016	45 007	21 801	14 045	2 934	926
闽江	614 807	19 674	4 658	1 341	725	95
黄河	549 032	12 492	1 587	5 849	692	30
椒江	205 377	6 502	665	412	227	14
甬江	121 345	9 150	889	706	69	3
南流江	111 779	814	2 695	406	184	12
小清河	113 367	252	128	500	655	5
防城江	91 677	479	—	96	51	4
钦江	45 045	1 531	2 565	121	116	3
敖江	42 453	342	246	206	51	0.7
射阳河	40 106	1 490	183	—	128	5

续表

河流名称	化学需氧量（COD$_{Cr}$）	氨氮（以氮计）	总磷（以磷计）	石油类	重金属	砷
大风江	37 546	744	1 160	111	75	2
深圳河	34 215	4 192	371	60	60	1
木兰溪	21 153	2 176	1 561	29	228	5
晋江	15 320	736	331	114	84	2
双台子河	13 444	415	2 128	217	72	12
霍童溪	12 010	147	34	31	41	3
龙江	8 050	1 117	242	9.1	22	0.2
大沽河	5 413	116	19	33	7.6	0.3
碧流河	1 228	9	1	2	0.1	0.1
小计	14 491 478	542 598	267 128	79 371	38 287	3 797
比上年增加	33%	155%	38%	54%	28%	7%

注："—"表示无数据。

我国近海水质未达到清洁海域水质标准（劣于第一类海水水质标准）的面积，从 1992 年的 10 万 km^2，上升到 1999 年的最高值 20.2 万 km^2，平均每年以 14.6% 的速度增长。1999 年以后，海洋污染状况虽然得到一定的控制，但海水环境质量依然不容乐观。据国家海洋局《2010 年中国海洋环境质量状况公报》，2010 年，近岸局部海域水质劣于第四类海水水质标准，面积约为 4.8 万 km^2，主要超标物质是无机氮、活性磷酸盐和石油类。其中渤海、黄海、东海和南海劣于第四类水质区域面积分别为 3 220 km^2、6 530 km^2、30 380 km^2 和 7 900 km^2，主要污染区域分布在黄海北部近岸、辽东湾、渤海湾、莱州湾、长江口、杭州湾、珠江口和部分大中城市近岸海域（表 1.1 - 2）。

表 1.1 - 2　2006—2010 年夏季全海域未达到第一类海水水质标准的各类海域面积　单位：km^2

海区	年度	第二类水质海域面积	第三类水质海域面积	第四类水质海域面积	劣于第四类水质海域面积	合计
渤海	2006	8 190	7 370	1 750	2 770	20 080
	2007	7 260	5 540	5 380	6 120	24 300
	2008	7 560	5 600	5 140	3 070	21 370
	2009	8 970	5 660	4 190	2 730	21 550
	2010	15 740	8 670	5 100	3 220	32 730

续表

海区	年度	第二类水质 海域面积	第三类水质 海域面积	第四类水质 海域面积	劣于第四类 水质海域面积	合计
黄海	2006	17 300	12 060	4 840	9 230	43 430
	2007	9 150	12 380	3 790	2 970	28 290
	2008	11 630	6 720	2 760	2 550	23 660
	2009	11 250	7 930	5 160	2 150	26 490
	2010	15 620	8 100	6 660	6 530	36 910
东海	2006	20 860	23 110	8 380	14 660	67 010
	2007	22 430	25 780	5 500	16 970	70 680
	2008	34 140	9 630	6 930	15 910	66 610
	2009	30 830	9 030	8 710	19 620	68 190
	2010	32 760	11 130	9 260	30 380	83 530
南海	2006	4 670	9 600	2 470	1 710	18 450
	2007	12 450	3 810	2 090	3 660	22 010
	2008	12 150	6 890	2 590	3 730	25 360
	2009	19 870	2 880	2 780	5 220	30 750
	2010	6 310	8 290	2 050	7 900	24 550
合计	2006	51 020	52 140	17 440	28 370	148 970
	2007	51 290	47 510	16 760	29 720	145 280
	2008	65 480	28 840	17 420	25 260	137 000
	2009	70 920	25 500	20 840	29 720	146 980
	2010	70 430	36 190	23 070	48 030	177 720

资料来源:《2010 年中国海洋环境状况公报》。

1.1.3 污染物入海对海洋生态系统的影响

随着人为开发利用海洋强度的不断加大,入海污染物总量的不断增加,近海海域污染日益严重,生态环境不断恶化,生物多样性锐减,海域功能明显下降,资源再生和可持续发展利用能力不断减退(崔姣,2008)。海洋环境污染对生物的个体、种群、群落乃至生态系统造成的有害影响,也称海洋污染生态效应。海洋生物通过新陈代谢同周围环境不断进行物质和能量的交换,使其物质组成与环境保持动态平衡,以维持正常的生命活动。然而,海洋污染会在较短时间内改变环境理化条件,干扰或破坏生物与环境的平衡关系,引起生物发生一系列的变化和负反应,甚至构成对人类安全的严重威胁。

（1）对海洋生态系统非生物环境的影响

海洋污染对海洋生态系统的影响首先表现为对非生物环境的改变。海洋生态系统的非生物环境为海洋生物提供生长发育的物质基础，海洋污染通过改变非生物环境的方式对海洋生态系统产生影响。光、温度、水和底质是受影响的主要因子。海洋污染物的排入增加了海水表层的悬浮物，影响射入海水中的光线，从而直接影响生态系统的初级生产力。海水温度是一个较稳定的因子，但废热的排放会使海水迅速升温，当温度超过某海洋生物的适温范围，将造成该物种不能繁殖、发育，或停止生长，或死亡，或迁移到其他地方去（程庆贤和肖兰芳，1991）。受到长期的废热影响，将引起该物种的区域性消失。

（2）对海洋生态系统生物环境的影响

海洋污染对海洋生物的效应，有的呈直接的，有的是间接的；有的是急性损害，有的是亚急性或慢性损害。污染物浓度与效应之间的关系，有的是线性，有的呈非线性。对生物的损害程度主要取决于污染物的理化特性、环境状况和生物富集能力等。海洋污染与生物的关系是很复杂的，生物对不同污染物有不同的适应范围和反应特点，表现的形式也不尽相同。

高浓度或剧毒性污染物可以引起海洋生物个体直接中毒致死或机械致死，而低浓度污染物对个体生物的效应主要是通过其内部的生理、生化、形态、行为的变化和遗传的变异而实现的。污染物质对生物生理、生化的影响，主要表现为改变细胞的化学组成，抑制酶的活性，影响渗透压的调节和正常代谢机制，进而影响生物的行为、生长和生殖。有些污染物还能使生物发生变异、致癌和致畸。比如，DDT 能抑制 ATP 酶的活性；石油及分散剂能影响双壳软体动物的呼吸速率及龙虾的摄食习性；低浓度的甲基汞能抑制浮游植物的光合作用，等等。

海洋受污染通常能改变生物群落的组成和结构，导致某些对污染敏感的生物种类个体数量减少、甚至消失，造成耐污生物种类的个体数量增多。如美国加利福尼亚近海，因一艘油轮失事流出的柴油杀死大量植食性动物海胆和鲍，致使海藻得以大量增殖，改变了生物群落原有的结构。通过控制生态系统实验，发现许多海洋生物对重金属、有机氯农药和放射性物质具有很强的富集能力，它们可以通过直接吸收和食物链（网）的积累、转移，参与生态系统物质循环，干扰或破坏生态系统的结构和功能，甚至危及人体健康。

1.2　入海污染物总量控制制度

1.2.1　海域排污总量控制制度的内涵

（1）海洋环境容量的基本属性与特征

海洋环境容量（marine environmental capacity），又称纳污能力，是指在充分利用海洋的自净能力和不造成污染损害的前提下，某一特定海域所能容纳的污染物质的最大负荷量。容量的大小即为特定海域自净能力强弱的指标。环境容量越大，可接纳的污染物就越多；越小则越少。海洋具有自净能力，即海域纳污之后，因其物理的、化学的、生物的各种特性，使污染物被迁移、扩散、转化、降解，使该海域的环境得到部分甚至完全恢复的能力。因此，海洋环境容量从根本上讲是由海域客观具有的海洋地形地貌、水动力、水环境、沉积环境、生态环境、气候条件和入海污染物的特有性质决定的。

海洋可以消纳(同化、存储、输移)污染物，在一定程度上满足了人们既发展经济又不造成污染的需要，是目前人类直接利用的一类近海环境服务功能。但是，海洋环境容量也是一种有限的可更新的环境资源，这种可更新性也只是相对的。随着社会经济的发展，人类排入海洋的污染物不断增加，当海域纳污量超过其纳污能力时，海域的环境容量将遭到破坏，最终导致环境污染，进而可能使近海其他生态环境服务功能受损。尤其是突发性排污(如海难造成化学品泄漏)等意外事故给海洋生态环境带来的危害更为严重，不但影响海上景观和旅游质量，而且造成海洋生物体内的有毒物质富集，并通过食物链传递，对人类健康造成危害。

根据联合国环境规划署(UNDP)的定义(所谓资源，特别是自然资源，是指在一定时间、地点条件下能产生经济价值，以提高人类当前和将来福利的自然环境因素和条件)(黄明健，2004)，黄明健认为，自然资源包含在环境要素之中，环境中能为人类所利用的因素便是自然资源。但是，环境要素要转变为自然资源，必须具备两个条件，即人类已经认识到它的价值以及人类能够利用或者已经利用它。海洋资源具有自然资源共有的属性，是自然资源的一个类型，已得到普遍认同。人类对于海洋资源的理解是随着科学技术的进步以及对海洋认识的不断深入而发展的，海洋资源的内涵也在发展变化中，从广义上讲，所有在一定时间内，能够产生经济价值以提高当前和未来人类福利的海洋自然环境因素都称为海洋资源，通常把港湾、海洋航线、水产资源的加工、海洋中的风能、海底地热、海洋景观、海洋空间以及海洋的纳污能力等都视为海洋资源(刘成武，2001)。

海洋纳污能力作为海洋资源的一种类型，具有海洋资源特有的自然性、稀缺性和有限性、整体性、区域性等特征，同时还具有一定程度上的可再生和恢复特征(可更新资源)。

(2)海域排污总量控制的行政属性

根据我国宪法和有关法律规定，海域属国家所有。2001 年 10 月全国人民代表大会通过的《中华人民共和国海域使用管理法》明确规定了海域属国家所有；第十届人民代表大会第五次会议通过的《中华人民共和国物权法》，第 46 条规定"矿藏、水流、海域属于国家所有"，进一步丰富和完善了海域属国家所有的规定，第 122 条专门规定"依法取得的海域使用权受法律保护"，进一步明确了海域使用权派生于海域的国家所有权，是基本的用益物权。国家海洋局国海管字〔2008〕273 号印发的《海域使用分类体系》明确"排污倾倒用海"作为用海的类型加以管理。海洋相关专家普遍认为，《中华人民共和国海域使用管理法》不仅仅是完成了从海域之国家主权到海域之国家所有权宣布的法律程序，海域所有权的设定，不仅仅是国家对海域控制权、支配权的诞生，而应当是一种更为严格和具体的国家责任的诞生，海域国家所有不是一种国家对海域占有、使用、收益和处分的权利，而是一种保护海域的义务和责任(尹田, 2004)。

我国宪法明确规定, "国家保护和改善生活环境和生态环境, 防治污染和其他公害"。《中华人民共和国海洋环境保护法》第三条规定"国家建立并实施重点海域排污总量控制制度, 确定主要污染物排海总量控制指标, 并对主要污染源分配排放控制数量"。国务院批复的《国家海洋局主要职责内设机构和人员编制规定》, 国家海洋局"承担保护海洋环境的责任。按国家统一要求, 会同有关部门组织拟订海洋环境保护与整治规划、标准、规范, 拟订污染物排海标准和总量控制制度。组织、管理全国海洋环境的调查、监测、监视和评价, 发布海洋专项环境信息, 监督陆源污染物排海、海洋生物多样性和海洋生态环境保护, 监督管理海洋自然保护区和特别保护区"。因此, 海洋环境管理是国家的一项基本职能, 也是一种组织活动。行使排污总量控制和排污权管理是依法行使海洋环境管理权过程中产生的具有法律效力的行为。

(3)海域排污总量控制制度的内涵

在法理学中, 法律制度是法律规范的有机组合。法律制度和规则所针对的并不是某一个具体问题或少数特例, 而是要解决比较具有一般性的问题。在自然资源法的体系中, 学者认为, 自然资源法律制度, 是指在自然资源法中, 调整特定自然资源社会关系, 并具有相同或相似法律功能的一系列法律规范所组成的整合性的规则系统。它是自然资源法基本原则所蕴涵法律精神的具体化, 是自然资源法的重要组成部分(张璐, 2004)。以此推而广之, 海洋资源保护法律制度是指调整在保护海洋资源过程中所产生的社会关系的法律规范组合, 是海洋资源保护与合理利用的法律制度化(谭柏平, 2008)。而从环境法体系中, 环境法律制度是围绕环境法而建立起来的, 它是指由调整人们在环境资源的开发、利用、保护和管理以及污染防治过程中所产生的各种特定环境社会关系的一系列法律规范及其运行机制所组成的相对完整的规则系统。它是环境管理制度的法律化, 是环境法规范的一个特殊组成部分。

由于海洋纳污能力具有的自然资源与环境资源的共同属性, 排污总量控制制度是建立在海洋纳污能力(环境容量)国家所有权和国家对海洋环境管理权基础上的综合性的环境资源管理制度, 是调整海洋环境容量利用、控制海洋污染、管理入海污染物排放活动所产生的一系列社会关系和法律规范的总和, 它由有关法律的条文和专门的法规、行政规章构成, 包括管理机构及其职能和管理原则、办法、措施、程序等规定, 是综合性的海洋自然资源保护利用和环境管理制度。

如何确定海域排污总量控制制度的构成, 需要从法律制度的基本内涵出发, 为合理界定其基本构成寻求理论依据。资源与环境的双重性实际上就决定了海域排污总量控制制度的建设应该考虑自然资源法的基本制度构成内容即自然资源权属制度、自然资源流转制度、自然资源行政管理制度以及行使国家环境管理权特别是环境行政行为过程中(主要包括: 环境行政立法、环境行政执法、环境行政司法以及环境行政合同、环境行政指导等)所产生的各种特定环境社会关系的一系列法律规范及其运行机制所组成的相对完整的规则系统(张璐, 2004; 吕忠梅, 2008)。因此, 污染总量控制的制度体系包括环境容量所有权管理、环境容量使用权管理、总量流转管理和保障制度等方面，每个方面包含不同的层次和具体内容。海域排污总量控制，作为综合性的资源环境法律制度，涵盖环境制度建设的各个方面。

1.2.2　海域排污总量控制制度的基本框架和内容

海域排污总量控制，作为综合性的资源环境法律制度，涵盖环境制度建设的各个方面，包括海洋环境容量的调查制度、海域排污总量分配制度、海洋生态补偿制度、排污许可制度、排污权交易制度、总量控制监测与核查制度、责任追究与国家索赔制度等制度建设。其中，海洋环境容量的国家管理权的确定，是海域排污总量控制制度的核心，海洋纳污能力作为海洋资源的组成部分，其所有权也当然属于国家，海域排污权作为海洋资源利用的重要组成部分，须经国家确认或赋予，权利的实现须有制度的保证；权利的行使应有规范约束，保证使用权主体诚实地行使权利，权利行使过程中产生的争端应有确定有效的解决机制，权利被非法侵害后经确定的行政或司法程序可以得到预期的救济（图 1.2 – 1）。

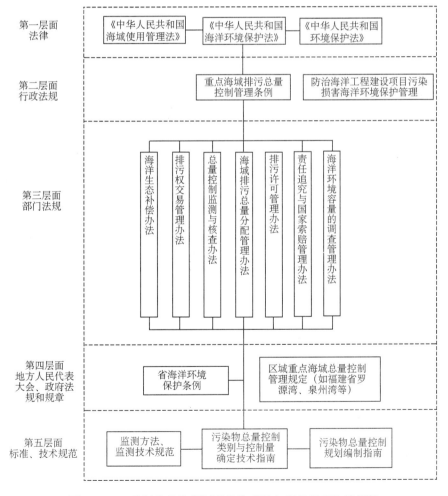

图 1.2 – 1　排污总量控制制度的构成及与相关关系法律框架

按照我国现行的立法体制，具有法律效力的规范性文件可分为以下 5 个层次：第一层次是全国人民代表大会及其常委会制定的法律，在排污总量控制制度中主要是指《中华人民共和国海洋环境保护法》、《中华人民共和国环境保护法》、《中华人民共和国海域使用管理法》等法律；第二层次是国务院根据国家法律制定的行政法规，目前依据《中华人民共和国海洋环境保护法》出台的行政法规有《防治海洋工程建设项目污染损害海洋环境管理条例》，鉴于海域排污总量控制涉及面广、对海洋污染防治的重要性，有必要依据《中华人民共和国海洋环境保护法》的规定，制定"重点海域排海污染物总量控制管理条例"（以下简称"总量条例"）由国务院发布实施（在条件不成熟时，可先进行第三层次的部门规章）；第三层次是由国家海洋行政主管部门以及其他涉及排海总量控制的部门颁布的部门规章，主要包括如海洋环境容量的调查管理办法、海域排污总量分配管理办法、海洋生态补偿办法、排污许可管理办法、排污权交易管理办法、总量控制监测与核查办法、责任追究与国家索赔管理办法等；总量制度的第四层面的内容，是由地方人民代表大会、政府一系列规章组成的，如福建省罗源湾、泉州湾总量控制管理办法。此外，依据海洋环境保护法、总量条例以及海洋行政管理规章颁布的标准、规范和技术规程，作为第五层面的内容，也是总量控制制度的有机组成部分。

1.2.3 入海污染物总量控制制度建设的核心

近年来，各级政府在海洋污染控制方面开展了大量卓有成效的工作，以入海污染物总量控制为核心的海洋污染控制制度建设与实施取得明显效果，但总体而言，我国的海洋污染控制与管理工作起步较晚，面对沿海地区高速发展产生的海洋污染压力，需要进一步完善海洋环境法律法规体系，建立海陆统筹的污染控制机制和体制，完善海洋生态补偿和海洋污染溯源追究制度，在全社会形成节约能源资源和保护生态环境的产业结构、增长方式、消费模式，严格控制主要入海污染物的排放，改善海洋生态环境质量，提高生态文明观念。

（1）以生态系统管理的理念构建总量控制的机制与体制

在我国，海洋环境保护的管理工作，由环保、海洋、海事、渔政等多个部门，根据分工对不同类型的污染源实施监督治理。尽管法律明确规定了沿海各部门的职权范围，但各部门职能交叉、机构重复设置的问题依然存在，条块分割的局限性，使海洋管理演化为一种"各自为政"的局面，导致全国沿海治污普遍存在"陆上环保不下海，海上环保不上陆"的问题，职能分散导致一些突发事件处置工作很难协调。以油污染为例，根据职能分工，油田开发造成的原油污染由国家海洋局负责；过往船只及沉船造成的污染由海事部门负责；陆源造成的污染由环保部门负责。然而，海洋环境的污染和损害是不受行政划界和部门限制的，在一个行政区域和部门内发生的污染问题，往往会通过流动的海水扩散到更大范围的区域生态系统，所以按照传统的行政区划进行的海洋管理以及依据资源的开发利用形成的行业管理，无法有效地解决海洋发展中面临的环境与资源等问题（王琪和陈贞，2009）。

1992 年在巴西的里约热内卢地球峰会上，生态系统途径作为生物多样性保护的基础概念被提出，并在生物多样性公约和世界自然保护联盟等的积极倡导和推动下，迅速成为研究和管理实践的热门。在海洋管理领域，生态系统途径更多的被称为基于生态系统的管理。基于生态系统的海洋区域管理是综合性的资源环境管理方法，它与传统的海洋管理相比，在管理对象、空间尺度、管理目标都有明显差别。生态系统管理对象基于自然生态系统，管理尺度较大，从区域、国家甚至全球的范围。基于生态系统管理的理念实施海洋污染控制，有利于改变我国目前海洋污染控制管理各自为政、区域分割的局面，建立海陆统筹的入海污染物控制管理体制，建立更加完善的海洋治污的长效机制。2010 年 3 月，环境保护部和国家海洋局签署了《关于建立完善海洋环境保护沟通合作工作机制的框架协议》。根据协议，双方将在海洋环境保护监督管理工作衔接、共同加强海洋生态保护等 9 个方面加强沟通与合作，这标志着基于生态系统管理的海陆统筹保护海洋环境的新局面初步形成。

（2）完善污染溯源追究与生态补偿机制的财政经济政策

当前，我国面临的海洋环境形势依然十分严峻。随着沿海地区社会经济的快速发展，沿海城镇规模不断扩大、重化工和高污染产业不断集聚，污染物的排海数量不断增加，海水水质不断恶化，对海洋生态系统造成污染损害和压力也将进一步加剧，传统的、单一的专项治理和预防措施已经不能适应海洋环境保护发展的形势。由于我国法律在环境责任、环境污染损害赔偿等方面规定的缺失，在一定程度上影响了污染者负担原则的有效落实，因此，开展海洋污染的溯源追究，全面追究污染者的环境责任，是切实落实污染者负担原则、有效应对环境挑战的迫切需要。建立基于入海污染物总量的污染溯源追究与生态补偿机制，明确海域、沿海区域与流域污染控制的责任，使环境行政处罚与污染者造成的实际环境损害和获取的收益挂钩，有助于推动海洋环境行政管理从粗放型向精细化转变，深化环境经济政策体系的创新，促进海洋污染控制管理从主要利用行政手段向综合运用法律、经济、技术和必要的行政手段的转变。

1.3 入海污染物总量控制的技术与方法

1.3.1 入海污染物总量控制的技术路线

以人体健康与生态系统健康保护为最终目标，按照生态系统管理的理念，建立入海污染物总量控制的技术体系（图 1.3 - 1），该技术体系包括海域生态系统健康评价与生态功能分区、海域水环境质量基准与标准体系建立、控制单元划分、排污污染负荷计算与分配、水环境监管技术等。其中，海域生态系统健康评价与生态功能分区、海域水环境质量基准与标准是总量控制的基础，为水体问题识别和水质目标确定提供依据；控制单元划分明确了总量控制的管理单元；入海排污污染负荷计算与分配制定，并分配到各种类型污染源；污染负荷削减监管技术方案则对控制措施的实施进行监管。

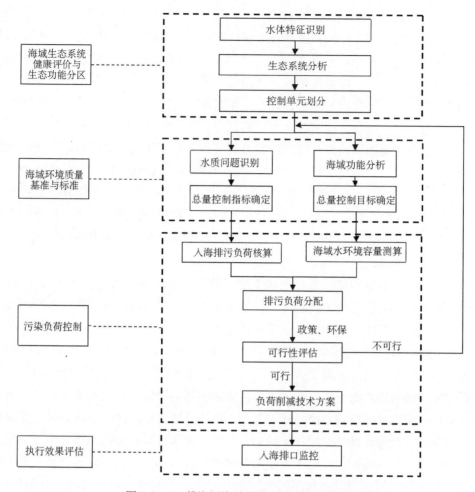

图 1.3 – 1　排海污染总量控制管理技术体系

1.3.2　关键技术

（1）排海负荷通量估算技术

排海负荷通量的计算，是入海污染物总量控制管理技术体系的基础，其核心思想是利用数学模型，科学地认识污染物排放与水体用途的作用关系，制订出科学的水污染控制方案，主要分为以下 3 个步骤：①通过现有数据、报告以及野外调查确认污染源类型、数量和空间位置，对污染源进行评估，为污染排放负荷的计算提供依据；②根据资料的完整状况、可用性以及排污单元的大小，采用监测数据统计、产出系数模型等多种方式，估算不同污染源的污染物实际负荷量；③利用水质模型对排海负荷通量进行估算。

（2）总量控制指标与目标确定技术

水质指标不仅是衡量目标水体水质是否健康的基本依据，也是制定污染物削减措施的立足点，目前采用指标主要包括营养物指标、水化学指标、有毒物质指标以及生物指标等。在选择上述水质指标作为总量控制指标时，要考虑到污染物对人类和生态系统健康的影响以及水体在使用功能和区域特性上的差异，可以直接采用或调整修改各种水质基准，确定能够反映这些功能和区域差异的定量指标的目标值。

水质指标目标值可以通过对比水质资料、参考现有分类系统以及专业人员判断等方法来确定。水质指标目标值的确定应当在充分考虑目标水体的生态结构、功能以及影响水质标准的各项因素的条件下，尽量以现时的监测、实验数据以及模型模拟的结果作为确定依据，排除主观干扰，力求客观、科学和规范。由于季节等自然因素的影响，河道流量以及海域水体纳污自净能力会发生规律性变化，如果不考虑这些动态变化过程，很容易导致局部时期水污染突发事件。因此，水质指标目标值除应明确浓度大小外，还应明确在特定时间内可接受的超标次数(频率)以及持续时间，增强水质指标本身的可操作性，严格控制污染物的排放。

(3)海域环境容量计算评估技术

海域环境容量是制定入海污染物总量控制目标的依据，一般通过科学的数学模型模拟计算得到。数学模型的选取要考虑环境管理目标、研究区特征以及是否有足够的数据来支撑这 3 个方面的因素。详细数学模型的建立和使用费用高，运行时间长，且不能保证减少不确定性。因此，数学模型要与科学理论相一致，应该能够说明其预测的不确定性，要适合于问题的复杂程度，并与可得到的数据量相适应，具有足够的可信度和灵活性，允许更新和改进。

(4)排海污染物总量分配技术

按分配的受体不同，污染负荷总量分配可分为海域分配、涉海流域分配与涉海区域分配 3 个层次。海域分配的污染负荷分配是将污染物排放总量分配到划分的各个海区，主要是用于海区污染控制目标的制定，具有一定的管理意义，能够初步解决新增污染源合理性问题，但没有具体的实施意义；涉海流域的总量分配需要分配到各种流域与子流域，能够较好地辨析各集水区允许排污量，具有明确的管理意义，但没有实施意义；涉海区域的总量分配需要分配到各级行政单元，能够较好地辨析各行政单元允许排污量，并包含非点源和点源之间的负荷分配以及点源之间的负荷分配，具有明确的管理意义与实施意义。

参考文献

程庆贤，肖兰芳. 1991. 我国海洋生态环境面临的严峻问题[J]. 海洋通报(6)：68－73.

黄明健. 2004. 环境法制度论[M]. 北京：中国环境科学出版社：202.

刘成武. 2001. 自然资源概论[M]. 北京：科学出版社：277.

吕忠梅. 2008. 环境法学[M]. 北京：法律出版社.

石钢德. 2009. 海洋污染：无法承受之痛[J]. 科学 24 小时(5)：6－8.

谭柏平. 2008. 海洋资源保护法律制度研究[M]. 北京：法律出版社：39.

王琪，陈贞. 2009. 基于生态系统的海洋区域管理[J]. 海洋开发与管理(8)：12 – 16.

尹田. 2004. 中国海域物权和理论与实践[M]. 北京：中国法制出版社：5.

张晨. 2009. 海洋污染防治中的国际合作研究[D]. 青岛：中国海洋大学.

张璐. 2004. 论自然资源法的基本制度构成[C]//中国法学会环境资源法学研究会. 林业、森林与野生动植物资源保护法制建设研究：2004 年中国环境资源法学研讨会(年会)论文集(第四册). 重庆.

第2章 入海污染物总量调查与监测

入海污染物总量调查与监测是总量控制工作中的一项基础性工作，通过对入海污染物总量的调查与监测，系统掌握入海污染物的基本信息，准确确定目标海域主要污染物的产生量、排海量及环境质量的响应关系，是评估海洋环境容量、实施总量控制和进行环境决策的重要依据。

2.1 入海污染物来源与分类

2.1.1 陆域污染源

据统计，目前海洋中的污染物总量中有超过85%的成分来自陆源排放。在陆地上，这些污染物主要由工农业生产、城镇生活等人为因素以及水土流失等自然因素产生，然后通过地表径流、各种类型的直排口或混排口、地表漫流甚至地下水汇入海洋。由于生活和生产方式不同，产生的污染物往往具有相当大的差异。根据污染物产生的原因，可分为以下几种情况。

（1）工业污染源

工业生产中会产生大量的废水、废渣和废气。其中，废水中污染物的组成和生产行业、产品和工艺直接相关，不同行业所产生的污染物差别甚大，因此，工业污染源产生的污染物是最复杂的。一些工业生产所产生的污染物如表2.1-1所示。

表 2.1-1　部分工业生产过程中产生的污染物

工业类型	产生的污染物
钢铁工业	酸类、悬浮物、COD、挥发酚、氰化物、六价铬、锌、氨氮
有色金属工业	酸类、COD、悬浮物、氰化物、重金属
火力发电	热能、余氯
石油加工及炼焦业	COD、油类、硫化物、挥发酚、多环芳烃、苯并(a)芘、苯系物
氯碱工业	碱类、酸类、汞、悬浮物
医药工业	COD、BOD_5、油类、总有机碳、悬浮物、挥发酚
电镀工业	酸类、重金属、氰化物

续表

工业类型	产生的污染物
造纸及纸制品业	碱类、COD、BOD_5、挥发酚、悬浮物、色度、硫化物、木质素、油类
纺织染整业	色度、COD、BOD_5、悬浮物、总有机碳、苯胺类、二氧化氯
屠宰及肉类加工	COD、BOD_5、悬浮物、动植物油、氨氮、大肠菌群、细菌总数
发酵和酿造工业	COD、BOD_5、悬浮物、色度

由于工业污染源产生的污染物特别复杂，一些污染物(如 COD、动物油、植物油等)排放入环境之后能得到较快的降解，另一些(如重金属、悬浮物等)则通过沉淀、吸附、络合等作用在环境中得到去除。然而还有一些污染物(如多氯联苯、二噁英等)在环境中很难发生降解作用，其结果是最终参与了生物循环过程，从而对生态环境构成长期的影响。

（2）生活污染源

生活污染源主要是指由人类消费活动产生的污水及废弃物，城市和人口密集的居住区是主要的生活污染源产生地。人们生活产生的污水，包括由厨房、浴室、厕所等场所等排出的污水和污物，按其形态可分为：不溶物质，约占污染物总量的 40%，或沉积到水底或悬浮在水中；胶态物质，约占污染物总量的 10%；溶解质，约占污染物总量的 50%。污水中的污染物主要包括无机氮、无机磷等无机物以及淀粉、糖类、脂肪、蛋白质和尿素等有机物。此外，大部分的污水还含有种类繁多的致病菌，如异养细菌、大肠菌群等。

同工业污染源产生的污染物相比，生活污染源产生的污染物种类要简单得多，其对环境的副作用也相对较小，但不能因此忽视生活污水的危害。在某些地区，由于排放的生活污水中含有高浓度的有机物质，在降解过程中消耗大量的溶解氧，直接导致水体缺氧，高等水生生物的无法生存，此外生活污水中存在大量的氨，对水生生物也具有较强的毒性。

（3）农业污染源

农业污染源主要是种植业耕作过程中的肥料使用以及畜禽养殖业的污水排放。我国以占世界 7% 的耕地养活占世界 22% 的人口，资源和环境的压力要远远高于其他国家。进入 21 世纪以来，面对巨大的人口、资源和环境压力，我国农业集约化水平也在不断提高，化肥农药等的施用成为提高土地产出水平的重要途径。目前，我国已成为世界上最大的化肥使用国，2004 年化肥施用量达 4 637 万 t，其中氮肥的使用量占全世界的近 30%。另外，我国化肥的平均施用量是发达国家化肥安全施用上限的 2 倍，而平均利用率相对较低，仅为 40% 左右。未被利用的氮、磷元素一部分被土壤吸附，另一部分则通过地表径流、农田排水进入环境，成为农业污染源之一。目前，我国每年有超过 1 500 万 t 的废氮流失到农田之外，流失状况达到惊人的程度。其次，农业生产中农药过量施用也是农业污染的主要原因之一。据统计，目前我国农药的施用在水稻生产中达 40%，在棉花生产中更是超过 50%，一些高产地区每年施用农药可达 30 余次，每公顷用量高达 300 kg。农药的过度使用同样导致了严重的污染，据统计农药使用后仅有约 1/3 被植物吸收或滞留于土壤，超过

2/3 的农药会随径流经江河湖泊汇入海洋中，构成海洋中的营养盐输入。

畜禽养殖业污染源在近年来也成为农业污染源的重要组成部分。自 20 世纪 90 年代以来，我国集约化畜禽养殖业迅猛发展，产生了大量畜禽粪便，但由于农业有机肥利用率持续降低，致使畜禽粪便成为迫切需要解决的污染物。2003 年我国畜禽粪便产量高达 24 亿 t，其中规模养殖占 30%以上，而粪便处理率严重偏低，经过环境影响评价的养殖场更是不到养殖场兴建总数的 10%。根据环境保护部对我国规模化畜禽养殖业污染情况的调查，从畜禽粪便的土地负荷来看，我国总体的土地负荷警戒值已经体现出一定的环境压力水平，此外，畜禽粪便未经处理随意排放并进入水体导致水体污染尤其是饮用水源受污染的现象较为普遍，成为亟待整治的问题。

（4）水土流失源

水土流失是指在水力、重力、风力等外营力作用下，水土资源和土地生产力的破坏和损失，包括土地表层侵蚀和水土损失，也称水土损失。水土流失在通常情况下即可发生，是一种自然现象，但本书所指的水土流失是由于人类对水土资源不合理的开发和经营，导致地面的水和土离开原来的位置，流失到较低的地方，再经过坡面、沟壑，汇集到江河河道中去的行为。

水土流失的直接结果，是将大量土壤连同其中的溶解态和非溶解态物质搬运至地表径流当中，其中的溶解态物质以氮磷矿物为主。此外，发生于农田的水土流失还将化肥和农药带到江河和水库湖泊中，最终流入海洋。这是造成水质恶化，特别是许多湖泊和海域富营养化的重要原因。水土流失造成的水资源损失（包括数量减少和质量下降），对水资源甚为缺乏的我国，无疑是雪上加霜，其影响是十分重大而深远的。

据 20 世纪 50 年代初期统计，我国水蚀面积为 150 万 km^2，风蚀面积为 130 万 km^2，共占国土面积的 29.1%，年均土壤流失总量 50 余亿 t，其中约 17 亿 t 流入海洋。水土流失对水环境(河流、湖泊、水库、海洋以及地下水等"地表储水体"的总称)影响研究概况：欧阳球林(1999)认为水土流失对水环境的影响是多方面的。物理上，严重影响水的感官性能，即混浊度增大，尤其降雨期间显著；化学上，主要是加快了富营养化进程，从而导致藻类的迅速繁殖。从生物学、微生物学上讲，微生物大量增加，还可能有病毒性细菌的存在。

2.1.2　海域污染源

（1）船舶污染

船舶污染物主要通过两种途径产生：一是船舶在正常航行、停泊和装卸过程中产生的污染，即所谓的操作性污染；二是船舶海难事故产生的海洋污染，也称突发性污染。

船舶操作性污染具体包括运输性污水污染、生活污水和船舶垃圾污染。其中，运输性污水主要包括从运输性船舶船舱内排放的压舱水、洗舱水和机舱水以及用于清除船上液体泄漏的各种材料和货物的应急排放污水；生活污水和船舶垃圾包括厨房、洗浴室等排放的污水、含粪便的厕所冲洗水、医务室和运输动物舱内的冲洗水。船舶垃圾通常是指在船舶营运过程中产生的各种食品、日常用品和运输工具的废弃物。突发性污染指船舶发生碰撞、搁浅、触礁、起火爆炸等意外事故而造成有毒有害物质泄漏形成的污染，这类污染如果发生在近岸海域则将对海洋环境造成极大的危害。

（2）海洋及海岸工程污染

海洋工程是指位于海岸或者与海岸连接的向海的一侧为控制海水或利用其部分或全部功能，并且对海洋环境有影响的基本建设项目、技术改造项目和区域开发的建设项目。海洋工程包括：人工岛、海上和海底物资储藏设施、跨海桥梁、海底隧道工程；海底管道、海底电（光）缆工程；海洋矿产资源勘探开发及其附属工程；海上潮汐电站、波浪电站、温差电站等海洋能源开发利用工程；大型海水养殖场、人工鱼礁工程；盐田、海水淡化等海水综合利用工程；海上娱乐及运动、景观开发工程等。

海洋工程建设中产生的污水、固体废弃物和海上作业泥浆，特别是海洋油气矿产资源勘探和开发过程中排放的不符合排放标准的含油污水、残油和废油对海洋环境造成极大的损害。对海底固体矿产资源勘探开发造成的污染物悬浮使海水混浊度增加，扩散后影响邻近海域的清洁度。开采过程中伴随产生的放射性矿物质使海洋生物死亡或衰竭，有些开采区域内珊瑚礁及微生物被毁后，部分海底生物失去繁衍和栖息场所。在开采后就地加工各种矿物质的过程中，洗矿水伴有不同的化学物质，引起各种化学反应的污染物。开采出来的矿物质被堆放在海底，在水中分解也会污染水体，并伴有大量的重金属污染。在海洋石油平台弃置作业期间，如果不注重环境保护，不封采油井口，任地层内的流体流出海底，也将会继续对海洋环境造成严重的污染。

（3）海洋水产养殖污染

20世纪80年代以来，我国沿海各省份以海湾、浅海和滩涂为依托，依靠自然或人工方式开展的鱼、虾、贝、藻等品种的海水养殖业迅速发展，使得养殖产量占我国海水水产品年总产量的比重高达70%，为满足我国人民日益增长的食用需求作出了巨大贡献。但另一方面，由于一些地方养殖技术落后，为追求经济效益盲目扩大养殖规模，在近岸海域，尤其是在一些海湾中造成了严重的养殖污染。同农业种植业类似，水产养殖业超规模的投放饵料和肥料的情况同样存在，一方面大大降低了饵料的利用率，另一方面未经利用的饵料和肥料中的营养成分（主要是氮和磷及有机质）在海水中溶出并造成了水体严重的富营养化，加之养殖区水动力偏弱，很容易导致水产养殖疾病的发生，给养殖业带来损失的同时使得养殖环境遭受较为严重的损害。

（4）海洋倾废污染

人类利用海洋空间资源处置废弃物已有130多年历史了，我国的海洋倾废活动已有100多年的历史，但在20世纪80年代之前，我国的海洋倾废活动基本处于无政府状态，垃圾废物多数是倾倒在未经环境影响评价的附近海域，对海洋环境的影响和海洋废物倾倒的分类研究工作也一直没有进行，造成了部分海域的海洋环境长期处于恶化状态。

从海洋倾废的历史、现状及发展来看，疏浚物的倾倒是海洋倾废的重点。疏浚作业是保证港口正常营运及航道畅通的一项重要活动，老港的维护及新港区的开挖都离不开疏浚作业。施工过程中由于挖泥船的机械扰动、溢流、洒漏等因素，导致一部分本已沉积海底的疏浚土再次在水面悬浮，并随流输移、扩散，对施工区附近海域环境造成一定影响。施工期间形成的悬浮物高浓度扩散场，对海洋生物呼吸器官产生堵塞影响，使生物窒息死亡；同时，航道疏浚破坏了底栖生物尤其是定居性贝类的栖息环境，导致其减产或死亡；其次，疏浚物中有毒(害)物质可在倾倒过程中重新释放进入海洋环境中，并通过水生生物的新陈代谢在生物体内进行积累，从而对生物本身及食物链产生毒害作用。

(5)外海污染物输入

对于目标海域，由于和其他相邻海域的连通，因此，不可避免地会受到其他海域的影响，其中也包括污染物质的交换。这种交换所导致的结果使得污染物能够自本海域向外输出或者自外海向本海域内输入，输送的速率和方向取决于本海域和邻近海域的水动力因素。值得注意的是自然情况下通过外海输入的物质(如营养盐)大多情况量是非常大的，但一般不会引起相应海域生态环境的剧变，如果邻近海域受到了污染，若通过交换作用输送至本海域，则同样会对本区域的生态环境产生影响。

2.1.3 大气污染源

海气间的物质交换作用一直是海洋学研究的重要课题之一，不少研究均表明了大气沉降是陆源污染物和营养物质向海洋输送的重要途径，并且在一些地区(如南黄海)成为海洋环境中污染物的重要输入途径。大气中的污染物质可通过干沉降和湿沉降两种途径直接入海，其中干沉降的典型表现形式是沙尘暴，每年春季在黄海、渤海及东海北部海域均有发生，而湿沉降的主要表现形式是各种类型的降水，如降雨和降雪，我国各海域均有发生。

大气沉降对海洋环境的影响主要表现为氮磷营养物质的输入，其次是金属类矿物。万小芳等(2002)估算了南黄海和东海海域营养盐的大气入海通量，结果表明海域营养盐的气溶胶浓度和降水中的离子浓度有明显的季节性变化，氨盐以湿沉降方式为主，而磷酸盐以干沉降为主。张国森等(2003)的研究表明，在长江口邻近海域，大气湿沉降可能是赤潮暴发的一个诱发因子。

2.1.4 入海污染物的分类

经由各种途径输入海洋中的污染物，在海洋环境中通过物理、化学和生物的作用，发生各种形式的迁移和转化，最终为环境所利用或移除。根据迁移转化过程及对海洋环境影响的异同，可将污染物分为如下几类。

(1)石油及其产品

石油是从地下深处开采的黑色或棕黑色可燃黏稠液体。主要是各种烷烃、环烷烃、芳香烃的混合物。它是古代有机物(主要是动物)经过漫长的地质年代过程逐渐形成的，与煤一样属于化石燃料。石油主要被用来作为燃料和化工行业使用，其炼制品具有广泛的用途，柴油、汽油、煤油是目前世界上最重要的几种一次能源。石油制品，如塑料、合成橡胶和化学纤维是生产生活中不可或缺的原材料。

原油进入海洋环境后，会因风浪的破碎作用逐渐分散，易挥发的组分在较短时间内进入海洋大气，较重的组分则沉入海底，中间组分则溶解或悬浮于海水中，并在细菌的作用下逐渐分解。石油及其制品对海洋环境的影响可分为短期影响和长期影响，短期影响主要体现在其进入海洋后形成的大片油膜，将大气与海水隔开，妨碍空气中的氧溶解到海水中，使溶解氧含量迅速减少，同时油膜对于水禽造成了较为致命的威胁。中期及长期的影响主要集中在石油及其制品中烃类的毒性，实验表明：当水中的石油浓度达到 0.001 mg/L 时，低级微生物的有机体组织就会受到破坏；当含量达到 0.01 mg/L 时，可使鱼类受到致命伤害。部分鱼类虽能够逃避油污的影响，但因此改变了洄游路线。此外，石油制品对于海洋无脊椎动物及哺乳动物、海洋植物等都会造成影响。

（2）重金属

化学上常把密度大于 4.5 g/cm³ 的金属称为重金属，包括汞、铜、锌、铅、镉等。从环境污染方面所说的重金属是指汞、镉、铅、铬以及非金属砷等生物毒性显著的物质。

重金属进入海洋环境后，一部分会吸附在悬浮颗粒物上保持悬浮状态或随其沉入海底并从环境中移除，另一部分则会同海水中的各种络离子发生络合并长期存在于海水中，其中一部分会进入食物链中并沿食物链富集转移。由于重金属不会发生降解，因此，其对海洋生态环境的影响是长期的。重金属对于环境的毒性主要体现在其可使蛋白质变性，这对低等水生生物（如浮游生物）是致命的。同时由于富集作用，其在高等海洋生物中的浓度较高，可引起海洋生物的遗传物质发生改变，降低胚胎、幼体及成体的存活率，通过敏感种的灭绝导致生态退化，对生态系统构成直接和间接的威胁，从而使生物物种和群落发生改变，影响生物多样性，降低生物资源的利用价值。

（3）持久性有机污染物

持久性有机污染物是指人类合成的能持久存在于环境中、通过生物食物链累积并对人类健康造成有害影响的化学物质。它具备 4 种特性：高毒、持久、生物积累性、亲脂疏水性。常见的持久性有机污染物主要有有机氯杀虫剂、多氯联苯等工业助剂以及二噁英等生产副产品。持久性有机污染物进入海洋后也能缓慢地发生降解，但降解过程耗时长达数十至数百年，在此期间其对海洋生物的毒性足以对海洋生态构成威胁。由于其亲脂疏水性，更加倾向于进入海洋生物的脂肪组织，随食物链迅速富集，并对高等海洋生物造成危害。

（4）其他有机物质

其他有机物质是指除石油类、持久性有机污染物之外的有机物质，主要是由碳水化合物、蛋白质、油脂、氨基酸、脂肪酸酯类等组成。这些有机物质进入海洋环境后，在物理、化学和生物的作用下在较短时间内可以发生降解，因而从毒性上讲对海洋环境危害相对较小。但是，由于有机物质在降解过程中要消耗海水中大量的溶解氧，因此，若存在长期、大量的输入，则将使海水环境严重缺氧，从而对海洋生态系统构成严重损害。事实上，海洋有机物污染是世界海洋近岸河口普遍存在并最早引人注意的污染，并为其提出了衡量指标：化学需氧量（COD）和 5 日生化需氧量（BOD_5），量值越高表示水体受有机物的污染越严重。

同内陆水体(如河、湖)相比,海洋对有机物质的自净能力普遍较强。我国海域海水中化学需氧量的含量整体不高,超标的地方出现在莱州湾、长江口以及个别陆源化学需氧量输入较多的海湾或河口中。

(5)营养盐

营养盐也称为生源要素,是一种在功能方面与生物过程有密切关系的物质。在海洋中营养盐通常是指氮、磷、硅,它们作为浮游植物生长所必需的物质直接参与到海洋生物地球化学循环当中。这些物质本身并不具备任何生物毒性,但其大量排入却可导致浮游植物的过分生长,引发赤潮,从而导致水环境恶化,环境学上称这种现象为"富营养化"。

同化学需氧量污染状况不同,我国近岸海域因氮磷引起的富营养化状况是十分严重的。据调查,我国沿海 11 个省所辖海域均存在不同程度的富营养化状况,富营养化严重的区域主要集中在黄河口、长江口、珠江口及近岸的多数海湾中,导致赤潮时有发生。目前由氮磷超标引起富营养已成为我国近岸海域存在的首要环境问题,同时也是污染物总量控制工作所要解决的重点问题之一。

(6)放射性核素

放射性核素是由核武器试验、核工业和核动力设施释放出来的天然或人工放射性物质,如铀 -238、铀 -235、碘 -131、锶 -90、铯 -137 等。我国仅有核电站和军用核工厂附近因放射性废液排入而存在放射性核素检出的情况。

(7)废热

同其他污染物不同,废热是通过向海洋传递能量造成生态环境的改变。海洋热污染源主要是沿海而建的发电厂,其次是冶金、化工、造纸、纺织和机械制造等工厂。研究表明,如果在局部海域有比原正常水温高出 4℃ 以上的热废水常年流入时就会产生热污染,而随着我国新建火电、核电站的不断增加,水体热污染已经成为增长最快的污染之一。

热污染主要从两个方面对海洋环境造成影响。一是水温异常会显著改变海洋生物的习性、活动规律和代谢强度,从而影响到水生生物的分布和生长繁殖。而增温幅度过大和升温过快,对海洋生物有致命的危险。同时增温加速了水生态系统的演替或破坏。例如,同样的营养条件下,水温在 20℃ 时,硅藻为水中的优势种;达到 32℃ 时,绿藻为优势种;而在 37℃ 时,只有蓝藻才能生长。鱼类种群也有类似变化,对狭温性鱼类来说,在 10 ~ 15℃ 时,冷水性鱼类为优势种群;超过 20℃ 时,温水性鱼类为优势种群;当水温为 25 ~ 30℃ 时,热水性鱼类为优势种群。水温超过 33 ~ 35℃ 时,绝大多数鱼类不能生存。另一个是热污染对海水中氧气的溶解度直接构成影响。海水温度为 20℃,盐度为 33,海表面气压为 1 个标准大气压的情况下,海水中溶解氧饱和量为 7.5 mg/L,而在保持其他条件不变的情况下水温升高至 30℃ 时,海水中溶解氧饱和量迅速降低至 6.3 mg/L,从而发生水体缺氧现象。而当水中的溶解氧值降到 5 mg/L 时,一些鱼类的呼吸就会发生困难,因此,热污染对海洋生态的影响是整体性的,但由于海水热容的原因,热污染通常是局部性的。

2.2 入海污染物总量监测与统计方法

2.2.1 入海污染物总量监测体系

对入海污染物实施监测，摸清污染物入海状况是开展总量控制的基础性工作。由于不同种类的污染物来源不同，输入海洋的途径也不同，其调查监测手段显然也是不同的。对于污染物入海状况监测，通常使用的方法主要有 3 种：现场调查、统计调查与模拟计算。现场调查需要亲自到现场通过实验工作，获取第一手资料；统计调查是通过不同的形式从其他方获得第二手资料；模拟计算是利用数学模型进行定量计算的方法，具有简便易行的特点，但由于目前模型本身的缺陷及适用性存在问题，因此，在结果的权威性上无法和前两种结果相比。

在这里就产生了一个问题，是不是现场调查开展得越多越好，甚至可以取代统计调查和模拟计算呢？答案是否定的，这是因为任何形式的调查都要付出成本，而现场调查的成本位于 3 种调查方法之首，当其一旦受到成本限制，调查频次的减少会引发另一个比较严重的问题，就是每次调查是否能客观地反映调查对象，即代表性问题。相比之下，后两种方法由于数据较为全面，在代表性方面要优于前者。因此，在实际过程中，这 3 种方法的使用是相互交叉的。例如，对于自然河流和连续性强的排污口采用的是现场调查的方式，对于季节性河流和间断性的排污口主要采用以统计调查为主的方式，而对于面源（农业种植业、禽畜养殖业和水产养殖业）主要采用数学模型的方式进行。这 3 种方法共同构成入海污染物的监测体系，各方法具体的适用范围如表 2.2 - 1 所示。

表 2.2 - 1　入海污染物总量监测方法

污染物来源	产生方式	适合的监测方式
陆上污染源	入海河流	现场监测
	直排口	统计监测、现场监测
	水土流失	统计监测、模型计算
	农业种植	统计监测、模型计算
	畜禽养殖	统计监测、模型计算
	生活排污	统计监测、模型计算
海上污染源	海上养殖	统计监测、养殖排污模拟实验
	船舶排污	统计监测
	海洋倾废	统计监测
	外海输入	现场监测
	其他	统计监测
大气污染源	干沉降	现场监测
	湿沉降	现场监测

当然，对于这 3 种方式定量结果的一致性仍是一个悬念。因此，验证工作的地位是很重要的，通常见到的是对模型的验证，如陆地面源入海通量的模拟结果就需要通过现场调查进行验证，两者之间结果的相差程度占两者结果平均值的 30% 以内就算是能够允许的，可以说目前的调查方法仍然不够准确。鉴于此，我们将在接下来的章节中给出各种方式所通常采用的监测方法，并对其优缺点进行分析，以帮助读者掌握对方法进行筛选的策略。

2.2.2　陆源汇水区的划定方法

在一定的地理区域内，由于污染物是以各种形式(如雨水冲刷、直接排放)，通过汇水区与对应的地面水部分(河流的纳污段或纳污的湖、库等)相通，即各汇水区中的污染物在汇水区中汇集迁移并进入该汇水区对应河流的纳污河段或纳污湖库之中。因此，汇水区的划分给污染物的区划分类和计算提供了科学的平台，没有汇水区的划分则污染物通量的研究和计算在时空上无法界定，从而也就无法进行污染物的区划分类和计算，可见，流域的划分在污染源研究中具有重要的支撑作用，同时也是污染源调查工作的基础(谷丰，2004)。

在进行汇水区划分之前，首先需要搞清涉及汇水区的有关概念，分别是分水线、汇水区和流域。分水线是指相邻流域分水岭最高点的连线，它是划分汇水区范围的依据。在分水线圈定的范围内，形成一个在功能上能汇集水的区域，称为汇水区。在汇水区域中，地表水主要是由降水形成的地表径流相继贯连到小溪、小河、大河，从而在分水线范围内形成脉络相通的水系，则该分水线范围内的区域称作流域。

对于汇水区的划分，原则上可借助等高线的地形图或高精密度的地面三维卫星遥感图和地理信息系统，加必要踏勘后绘制。对于以丘陵山地为主的区域，由于该地形相邻流域的分水岭脉络清晰，流域分水线确定，流域范围容易划界。而对于以平原地区为主的区域，由于其地形起伏差异小，分水岭不明显，则应借助地貌和人工构筑物对地表产流作观测分析，以引起地表径流分流的自然堤沙嘴、公路、铁路、河岸、堤坝等地物作划分汇水区的参照依据。对于河网流域以及与河相连的湖泊流域，则情况变得较为复杂，因水流彼此相通，水流方向也有变化，其分水线可能发生变动，此时应作多方综合分析，使原来看似模糊和变动的界线尽可能趋向相对稳定，并明确地加以界定。具体方法为：以雨后地面产流流向为示踪依据，确定地表径流分流地带为流域划分的界线。此外，也可按下面的方法进行：为确保流域社会资料的完整便于统计，汇水区的划分可参考沿周围地区各行政单位的界线，并按不同地区的水质保护要求将沿海域周围向外扩至一定的等距离线作为汇水区的界线，径流汇入水文状况联系密切的区域划入汇水区内部。

2.2.3　工业污染源调查与统计

工业污染源的调查主要集中于对工业排污口的排污状况进行监测，此外，考虑到监测方法上的相似性，对城市综合污水处理厂的调查也参照工业污染源的调查方法。由于近年来我国在点源污染控制领域做了大量工作，大部分污水排放口都有在线自动监测装置，因此，对于点源的监测应优先采用统计监测的方法，即从环保部门直接获取数据。如果对于某一个区域缺乏此方面的资料，则可采用现场调查的方式进行。

在开展调查之前，应详细了解排污口的名称、排放污水的主要性质、排污口所属企业的生产方式（连续或间歇）、排放污水的主要污染物及历史超标污染物等，并在此基础上拟订调查或监测方案。具体为：根据工业产污单位的环评报告书以及《地表水和废水监测技术规范》确定所要开展的监测项目，城镇污水处理厂需根据《城镇污水处理厂污染物排放标准》确定所要开展的监测项目。时间上有能力安装连续自动监测设备的应尽可能安装，以便对其实施高频率的监测。如果不能实现连续监测，则对于连续稳定生产排污的企业每季度调查一次，对于强季节性生产的企业，则最好每月监测一次。采样站点应布设在厂区外排口或厂区处理设施排放口，所有排放口均须分别布点采样、分析。水样的分析应参照环保行业的相关标准进行，一些参数的分析方法如表 2.2 – 2 所示。

表 2.2 – 2　几种污染物的分析方法

序号	参数	分析方法	依据标准
1	COD	重铬酸钾法	GB 11914—1989
2	氨 – 氮	纳氏试剂分光光度法	HJ 535—2009
3	BOD_5	稀释与接种法	HJ 504—2009
4	挥发酚	溴化容量法	HJ 502—2009
5	氰化物	容量法和分光光度法	HJ 484—2009

2.2.4　农业污染源调查与统计

农业污染源的调查主要集中于农业种植业和畜禽养殖业，由于农业生产方式具有分散性强的特点，因此，污染物主要以非点源形式产生，仅有部分工厂化养殖为点源。由于工厂化养殖的监测方法可参照工业排污口的方式进行，故在此不再赘述。现将农业非点源的监测方法介绍如下。

2.2.4.1　农业种植业

当前，化肥的大量使用所造成的面源污染和水体富营养化已经成为影响环境健康的重要因素，在陆地面源入海污染物通量计算工作中，肥料流失的计算占有重要的一席。同因土壤流失生成的污染物入海通量计算相比，农业化肥污染物入海通量较为简单。其计算公式为：

$$F_{agui} = T_{agu} \cdot \eta_i \cdot \zeta_i \qquad (2.1)$$

式中，F_{agui} 为因施用化肥所导致的第 i 种污染物的入海通量，单位为 kg/a；η_i 为肥料的流失率（%），根据各地实际情况或有关文献取值，如果无统计数据，默认值氮肥为 30%，磷肥为 20%；ζ_i 为该种化肥中第 i 种污染物的折纯量，可通过实验或直接从化肥的标注上获得。

2.2.4.2　畜禽养殖业

畜禽养殖业污染物入海总量调查一般采用排污系数法。具体的步骤如下。

首先，调查畜禽养殖基本情况：养殖所属区划、畜禽种类、饲养阶段、各阶段存栏量、饲养周期、饲养对象平均体重等；污染物产生和排放情况：污水产生量、清粪方式、粪便和污水处理利用方式、粪便和污水处理利用量、排放去向等；受纳水体：污染物所进入的水体，包括河流、排污口(河)等。

其次，根据调查结果在《第一次全国污染源普查　畜禽养殖业源产排污系数手册》中查到养殖对象对某种污染物的理论排污系数。然后按下式计算养殖对象中某种污染物的现场排污系数，其计算公式为：

$$FD_{site} = FD_{default} \cdot \frac{m_{site}^{0.75}}{m_{default}^{0.75}} \qquad (2.2)$$

式中，FD_{site} 为现场排放系数；$FD_{default}$ 为手册中提供的理论排污系数；m_{site} 为现场测得的饲养对象的平均质量；$m_{default}$ 为手册中提供的饲养对象的参考质量。最后根据养殖阶段、养殖周期和养殖数量计算污染物的排污系数，其计算公式为：

$$F_{xq} = \sum_{i=1}^{n} k \cdot FD_{site} \cdot d_i \qquad (2.3)$$

式中，F_{xq} 为一个养殖周期内污染物的排放总量，单位为 kg/d；k 为养殖对象的保有量，单位为头或只；FD_{stie} 为污染物的排污系数，单位为 kg/[头(只)·d]；d_i 为一个养殖周期内第 i 个养殖阶段所持续的天数。应当注意的是，当一个养殖周期跨年度时，应当将根据公式产生的结果做进一步处理，使其成为年平均值，即使 F_{xq} 最终折算为 kg/a。

2.2.5 生活污染源调查与统计

随着人们生活水平的不断提高以及城镇、农村第三产业的不断发展，由此导致因生活源产生的污染在入海污染物总量的比重中不断地增大，因此，对生活源污染物入海状况进行调查是非常必要的。由于此处我们讨论的是面源生活污染，所以在对城市、城镇或农村的某个区域进行调查时应首先了解该地区生活污水的去向，即是否有完善的污水收集管网及综合大型污水处理机构，如果有则需要对污水管网的分布范围进行考察。在后续的计算过程中，进入污水处理厂的这一部分面源污染将被视为点源，并需从面源计算区域中扣除。

对于未入网的生活面源污染的计算也是采用模型法进行的。目前得到普遍应用的有两种算法：一个是排污系数法，它是通过实验算出人均的排污系数，然后与人口规模相乘得到。具体步骤为：首先统计汇水区内涉及的城市、城镇、农村的行政区划、常住人口数量以及生活污水和生活垃圾的产生、处理、利用、排放情况、生活污水受纳水体名称等。然后根据调查的结果，使用《第一次全国污染源普查　城镇生活源产排污系数手册》等资料或文献，获得地区人均排污系数 f；之后按照下式计算污染物的年排放总量：

$$F_l = 360 \cdot N \cdot f \qquad (2.4)$$

式中，F_l 为城市(城镇、农村)生活源污染物排放总量，单位为 kg/a；N 为城市(城镇、农村)的常住人口，单位为万人；f 为城市(城镇、农村)生活源排污系数。

第二种是综合污水法，即根据调查得到人均综合用水量，再乘以人口和多年平均生活污水水质得到，其步骤为：调查该地区各城市、城镇、农村常住人口、用水量和排水量以及多年平均生活污水中污染物的浓度，资料时段不少于 3 a；然后按照下式对污染物排放量进行计算：

$$F_l = C_p \cdot \left(\frac{1}{n} \sum_{i=1}^{n} \frac{W_{di}}{W_{ui}} \right) \cdot \left(\frac{1}{R} \sum_{i=1}^{n} W_{di} \right) \tag{2.5}$$

式中，F_l 为城市(城镇、农村)生活源污染物排放总量，单位为 kg/a；C_p 为平均生活污水中污染物的浓度，单位为 mg/L；W_{di} 为地区中某个子区的生活排水量，单位为 L；W_{ui} 为地区中某个子区的生活用水量，单位为 L；R 为该地区常住人口总数。

此外，第三产业中一些经营性、服务性行业产生的污染物也属于生活源污染物。由于总体上其污染物产生量相对较少，因此，常常可以忽略。但如果存在不能忽略的情况，则可通过相关的文献或资料，使用物料衡算或产排污系数法对其排放的污染物通量进行计算。

2.2.6 水土流失调查与统计

对于大范围的农田和林区来说，面源污染与水土流失是密切相关的。在降雨过程中，土壤由于降水侵蚀和冲高刷作用被大量带入水体。这些土壤颗粒物不仅本身是主要的面源污染物，同时也是其他污染物的携带者，因此，水土流失所产生的沉积物是面源污染的直接来源，对水土流失进行深入的研究将非常有利于解决面源污染物计算的问题。

一般情况下，影响水土流失的主要因素有气候、土壤特征、植被状况、地势及人类利用活动等。在对此方面的研究中，美国在 1960 年由水土保持专家 Wischmeier 较为完整地提出了通用土壤流失方程(Universal Soil Loss Equation，USLE)，使土壤流失预测进入了一个新的阶段。该方程在 1984 年引入我国后(朱萱和鲁纪行，1984a，1984b)，广泛应用于水土流失计算、面源污染的总量计算与区域规划中。通用土壤流失方程的表达形式为：

$$A = R \cdot K \cdot LS \cdot C \cdot P \tag{2.6}$$

式中，A 为年度土壤流失量，单位为 t/(hm$^2 \cdot$a)；R 为降雨侵蚀因子，单位为 MJ·mm/(hm$^2 \cdot$h·a)；K 为土壤侵蚀因子，单位为 t·hm$^2 \cdot$MJ·mm；LS 为坡长、坡度因子，无量纲；C 为作物覆盖及管理因子；P 为侵蚀控制措施因子，无量纲。

为求算年度土壤流失量，则需要对公式中的所有参数进行确定。首先应确定降雨侵蚀因子 R，它可以用某次降雨所产生的总动能和 30 min 内最大降雨强度的乘积，其形式为：

$$R = \sum E \cdot I_{30} \tag{2.7}$$

式中，E 为某降雨过程中某阶段降雨量所产生的暴雨动能，单位为 J/m^2；I_{30} 为某降雨过程中连续 30 min 的最大降雨强度，它们均可通过降雨实验得到。

年平均降雨侵蚀因子可采用累加的方式进行计算。即一个地区一年内所有降雨的 R 值累加起来为该地区一年的 R 值。多年的 R 值加在一起除以年份即可得到年平均降雨侵蚀因子，也就是可以用于年度水土流失量计算的 R 值，计算时使用的降雨资料年限不应低于 25 a。此外，一些学者针对我国的部分特定地区的实际情况，提出了与特定地区相适合的

R 值计算公式，为简化 R 的核算工作量提供了便利。

土壤侵蚀因子 K 值的确定：K 值是表示一定种类的土壤在降雨时被侵蚀的程度。具体定义为长 22.1 m，宽 1.5 m，坡度为 9%，顺坡耕作的某种土壤类型的裸露休闲地每单位 R 值的侵蚀量。K 值的确定也需要进行模拟降雨实验，工作量比较大，但根据前人（Olson 和 Wischemeier）对于 K 值的研究工作，将侵蚀因子制成表格（表 2.2 - 3），则只需确定土壤类型和有机物含量，根据表格直接获得 K 值，从而大大简化了计算手续。

表 2.2 - 3　土壤侵蚀因子 K

编号	土壤类型	有机质小于 0.5%	有机质小于 2%	有机质小于 4%
1	黏壤土	0.28	0.25	0.21
2	黏土	0.23	0.2	0.17
3	砂质壤土	0.27	0.24	0.19
4	粉砂质黏土	0.25	0.23	0.19
5	砂质黏土	0.14	0.13	0.12
6	砂质黏壤土	0.27	0.25	0.21
7	壤质砂土	0.12	0.1	0.08
8	水体	0	0	0

坡长、坡度因子 LS 的确定：LS 表示坡度和坡长的综合特性。其中坡长因子按照下式进行计算：

$$L = \left(\frac{\lambda}{22.13}\right)^{\delta} \tag{2.8}$$

式中，λ 为坡长，单位为 m；δ 为常数，当坡度小于 0.5% 时，δ 取 0.3，当坡度为 0.5% ~ 10% 时，δ 取 0.5，当坡度大于 10% 时，δ 取 0.6。

坡度因子按照下式进行计算：当坡度 θ 小于 5° 时，$S = 10.8 \sin\theta + 0.03$；当坡度 θ 在 5° ~ 10° 之间时，$S = 16.8 \sin\theta - 0.5$；当坡度 θ 大于等于 10° 时，$S = 21.9 \sin\theta - 0.96$。最后将 L 因子和 S 因子相乘，即可得出 LS 因子。

作物覆盖及管理因子 C：这个因子是根据地面植被覆盖状况不同而反映植被对土壤流失影响的因素。植被既可指地面植物，也可指农作物收获后的残茬儿。C 值的范围从 0 ~ 1，值越低表示植被的保护程度越高。具体的 C 值可参照表 2.2 - 4。

表 2.2 - 4　作物覆盖及管理因子 C

编号	冠层类型与高度	植被覆盖度/%	C
1	无明显的冠层（水田）	25	0.18
2	无明显的冠层（旱地）	10	0.31
3	疏林地（含幼龄果园）	40	0.04

续表

编号	冠层类型与高度	植被覆盖度/%	C
4	灌木丛(含成林果园)	30 ~ 50	0.035
5	荒草地	50	0.06
6	林地	>70	0.017

侵蚀控制措施因子 P：该因子是各种管理措施对于土壤侵蚀作用的综合分析。P 值一般在 0.25 ~ 1.00，当土壤没有任何保护措施时 P 值为 1。根据实验，不同措施的 P 值可参见表 2.2 – 5。

表 2.2 – 5　水土保持措施 P 值估算表

用地类型	P 值	用地类型	P 值
水田	0.01	居民点	1
耕地	0.35	工矿建筑用地	1
菜地	0.02	湿地	1
果园	0.4	交通用地	1
林地	1	裸地	1
灌木林	0.2	水体	0

通过以上的计算，仅仅得出的是理想状态下水土流失的产生量，然而在实际过程中，汇水区所产生的土壤流失量在迁移过程中会发生沉积，因此，最终到达汇水区排放口的水土流失要少于理论产生量，并可采用下式进行计算：

$$S = A \cdot A_c \cdot T \tag{2.9}$$

式中，S 为到达汇水区排放口的水土流失量(也称为沉积物产生量)；A_c 为排水面积；T 为沉积物输送率，意义是沉积物产生量占流域土壤理论流失总量的百分比，需要根据各地的情况研究确定。求出沉积物产生量之后，就进入最后一步开始计算污染物的输出通量了。污染物的输出通量可根据下式进行计算：

$$F_{si} = C_i \cdot r_i \cdot S \tag{2.10}$$

式中，F_{si} 为第 i 种污染物的输出量，单位为 kg/a；C_i 为第 i 种污染物在土壤中的吸附浓度，单位为 mg/kg；r_i 为富集率，需要通过实验确定。

到现在为止，水土流失面源的污染物入海量已经可以计算出来了，但这只是工作的一小部分。事实上，为使计算精度得到有效的提高，实际工作中是将整个汇水区划分为一个一个小的计算单元，在分别对各个单元的污染物入海通量的计算结果基础上进行叠加，得到最终的污染物入海通量。显然这个计算量是非常大的，靠人们手工计算根本无法完成。但目前已经可以借助于地理信息系统的相关模块进行计算，节省了较多的人力物力，也使得精确化计算得以实现。关于地理信息系统在此方面的应用，读者可参考第 8 章的有关内容。

此外，如果条件允许，应当通过实验的方式对计算结果进行验证。其方法为：在汇水区中选择一个汇水子区，确定该汇水区的汇集口；在汇集口处布设适当的断面和站位，选择在有产流的情况下，参照河流或排污口的布置方式，并对汇水污染物浓度和流量进行监测，对于一个子区的监测周期为 1 a；计算实验所得出的污染物排放通量，并与通过理论计算得出的污染物产生量进行比较，按下式计算两种方法之间的相对偏差：

$$\alpha = \left| \frac{Y_t - Y_s}{Y_T + Y_s} \right| \times 2 \times 100\% \qquad (2.11)$$

式中，α 为相对偏差，Y_t 为选定的汇水子区污染物排放通量的理论计算值，Y_s 为该汇水子区污染物排放通量的实际监测值。当 α 小于 30% 时，认为两种方法之间的差异尚能接受，可使用该模型对其他汇水子区进行计算；当 α 大于 30% 时，两种方法之间的差异不能接受，此时应仔细查找造成方法之间偏差过大的原因，如果发现是因理论模型参数数值出现的问题时，则应寻求新的参数值，并进行重新计算；如果某个参数的数值最终无法获取，则应以对汇水区汇水口的现场监测结果为准。

2.3 入海污染物总量监测

2.3.1 河流污染物入海通量监测

河流污染物的入海量调查是总量控制污染源调查中的重要一环。由于在多数研究区域中污染物输入所占比重较大，因此，对其流量和污染物浓度的调查、观测和计算应格外小心。在开始调查之前应对河流的信息进行充分的搜集和了解，包括地理位置、汇水区域及面积、入海口状况，尤其是感潮段的位置、长度以及水文的季节变化特征要了解得特别详细。由于实际工作过程中大部分的工作都涉及感潮河段这一概念，因此，先将这个概念阐述清楚是完全有必要的。

所谓的感潮河段，就是河流流量及水位受潮汐影响的河段。感潮河段的通量调查中，有几个关键点需要引起充分注意，它们分别是：潮区界、潮流界、零盐度处以及河海界，下面分别对这几个术语进行解释(图 2.3 – 1)。

潮流界与潮区界：当涨潮波进入河口后，在其传播过程中因受河水顶托及河床阻力的影响，能量逐渐损耗，涨潮时流速越来越慢，潮差越来越小。在涨潮流消失的地方(即潮水停止倒灌处)称为潮流界。在潮流界以上，河水受潮水顶托，潮波仍可影响一定距离，使河流存在"潮差"。在潮差为零的地方称为潮区界，它是感潮河段的起点。

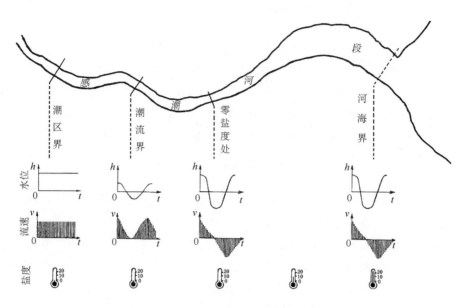

图 2.3 – 1　感潮河段及水位、流速和盐度变化示意

零盐度处：在河口区，由于潮汐的作用，海水和淡水不断地交汇、混合，并在沿河口区河流的径流方向形成一个盐度梯度。这个盐度梯度表现为自海向径流方向盐度呈递减趋势，当盐度降低为 0 时，其所处的位置称为零盐度处，它是海、淡水交汇的上界。

河海界：同以上 3 个科学术语相比较，河海界这个术语更多的带有管理性色彩。它是指为了便于行政管理，厘清责任，由政府及部门共同约定的海洋与河流的分界线。当前河海界的划分工作存在一系列的争议，主要是在边界认定方面存在不同的法律性、技术性理解及冲突（周秋麟等，2009）。但一些地方已经开始此方面的工作，如福建省在 2004 年对全省 98 条入海河流划定了明确的河海界（图 2.3 – 2），为后续的管理工作提供了便利。

图 2.3 – 2　福建省部分划定界面的河流（左为龙江，右为晋江）

通常对于一条河流来讲，几个界线由上游至下游的排列顺序依次为：潮区界—潮流界—零盐度处。应当注意的是，这几个界线并不是固定的，零盐度处会随着潮汐的变化而

移动，而潮区界和潮流界也会因为河流处于不同的季节和水期而发生移动。至于河海界，由于是管理界线，因此，它可以位于任何一个位置，甚至可以划定在潮区界以上。此外，与其他 3 个界线不同，河海界一经确定就固定下来，不再受到任何因素的影响。

2.3.1.1 河流入海量的核算

河流的入海流量的测量是水文工作所要解决的首要问题。鉴于目前我国水文部门已经建立了较为完备的水文监测网并对流域实施了系统性、长期性的水文监测，因此，对于开展总量控制工作的人员和机构来讲，直接从水文部门获取准确、权威的流量资料是最为简便的办法。但若遇到水文资料缺失，或水文部门对某条河流没有开展监测时，则需要自己对河流流量进行测量，下面就介绍一下河口区河流的入海流量测量的一些策略。

(1) 选择合适的调查断面和站点

由于感潮河段内的流速是受潮汐影响而随时间变化的，这给测量造成了很大的麻烦。因此，调查断面应当设定在潮区界或其上游处，这种情况下测出的数值才被认为是准确的。当河流的感潮段很长，或者有支流汇入时，也应在此设置断面，其所获得的流量将视为该河流的主径流流量。同时，对于各支流的断面选取也应参照这个方法进行。调查断面一旦确定，站点就比较容易布设了。对于使用普通叶轮式测流仪器来说，采样垂线和站点应根据河流断面的结构进行，在此方面，河流采样的技术规程对此进行了详细的规定(表2.3 – 1和表2.3 – 2)。

表 2.3 – 1　江河断面上采样垂线的布设数目

水面宽/m	采样垂线布设	相对范围
≤50	一条(中泓处)	—
50 ~ 100	左、中、右 3 条	左右设在距湿岸 5 ~ 10 m 处
100 ~ 1 000	5 条	左右设在距湿岸 5 ~ 10 m 处
≥1 000	7 条	左右设在距湿岸 5 ~ 10 m 处

表 2.3 – 2　采样垂线上采样点的布设数目

水深/m	采样点数	位 置
≤5	1	水面下 0.5 m
5 ~ 10	2	水面下 0.5 m，河底上 0.5 m
≥10	3	水面下 0.5 m，1/2 水深，河底上 0.5 m

(2) 选择合适的调查方法

河流流量的测量方法有很多，较为常见的有流速仪法、声学多普勒测流法、浮标法和比降法。流速仪法是最基本的方法，它是在部分或全部调查垂线上用流速仪测定流速，用部分平均流速与部分面积之乘积作为部分流量，部分流量的总和即为断面流量。为此，调查人员需要租用船舶，对于较浅的河流则需涉水进行测量。测量时人员、船舶和仪器必须处于固定静止状态。此外，为保证剖面的准确性，采样断面必须保证与河岸相垂直。

近年来，随着声学多普勒海流剖面仪（ADCP）在水文调查领域的广泛应用，使得该方法的测量工作大大简化。使用联机的差分全球定位系统（DGPS）结合 ADCP 对河道进行走航式调查能够快速对河流流量进行计算。由于 ADCP 采样频率很高，且能够快速自动获得单条垂线在各个深度的流速，因此其采样是动态的。进一步讲，其采样垂线无须进行事先设定，采样面也无须保证与河岸相垂直，船舶或人员行进的轨迹可以是斜线或曲线。采样后根据软件可立即获得剖面的流量。

浮标法适用于不易雇船或采样很危险的河流及水域，该方法是在感潮河段上游设置上、中、下 3 个断面。从上游投放浮标（如气球、空的瓶子等标志明显的漂浮物），测定其流经上下断面的历时和经过中断面的位置。以上下断面间距除以历时求得浮标流速，再乘以系数（与河流宽度和上、中、下 3 个断面的距离有关），可求得垂线平均流速。然后用类似流速仪法的步骤，计算部分流量与断面流量。该方法具有简单易行的特点，在一些小型的河流（尤其是一些排污河）中得到了广泛的应用。

比降法适用于长期、低成本的河流流量观测，它是用实测的水面比降连同断面资料和观测点的或借用的糙率资料，用水力学公式计算的流速和流量。观测开始时，需要用流速仪法或声学多普勒测流法测量真实流量，同时测量观测点的水位，利用水位－流量关系推导流速。由于每条河的水位－流量关系均有所不同，因此，对单个观测点资料的积累是十分重要的。该方法很适用于水文观测站所作的长期观测，而对于低频率测量河流流速或流量的机构、人员和项目是不适合的。

（3）选择合适的频率和时间

对于一条自然河流，其入海径流量随时间变化情况主要取决于流域内的自然气候和降水状况。随着目前人类对自然的开发和改造，很多河流入海径流量的变化更多的是与水资源开发利用、水利工程调节有关。鉴于出现的上述状况，如果要获得一个令人满意的数据，理论上对河流流量的调查或观测的频率是越高越好。然而另一方面，频率的提高与调查所投入的成本是成正比的，因此，从经济上限制了调查频率的无限制提高。在这种情况下，选择合适的时间就成为需要解决的问题。对于一条河流来说，选择 1 个月调查或观测一次的频率是基本能够描述出河流入海通量的。如果频率再低，实行 1 a 4 次或 3 次的代表性水期（丰、平、枯）调查，则得出数据的可信度是勉强的，而且涉及年径流量估算的技术性问题。

对于经过现场测量而获得的数据即实测径流量来说，它还仅仅是一个半成品，因为流量测量现场工作的完成仅仅是年径流量计算工作的一部分。要使获得的数据最终成为有用的数据，还需进行后续的一系列处理，其中包括感潮河段内的水量还原和年净流量的统计计算。所谓的水量还原是指在感潮河段内对因人类和部分自然活动对径流影响的量的扣除。其计算公式如下：

$$W_z = W_g + W_b + W_q - W_t - W_e - W_s \tag{2.12}$$

式中，W_z 为入海总水量，单位为 m^3；W_g 为经由干流进入感潮河段内入境水量，现场测得，

单位为 m^3；W_b 为经由各支流进入感潮河段内入境水量，现场测得，单位为 m^3；W_q 为感潮段内非经径流引入的水量，如城市排污等，统计获得，单位为 m^3；W_t 为感潮段内沿岸各提水站的提水量，包括灌溉、城市工业、生活提水等，统计获得，单位为 m^3；W_e 为感潮段内的蒸发损失量，需根据感潮段内河流的覆水面积和当地蒸发量进行计算，单位为 m^3；W_s 为感潮段内的渗漏损失量，需根据感潮段内河床的底面积和当地土壤的渗透率进行计算，单位为 m^3。

当河流的几个单次入海流量获得之后，接着就可以计算该条河的年度径流量了，其公式为：

$$C = \sum_{i=1}^{n} W_i \cdot a \tag{2.13}$$

式中，C 为河流年度入海总量，单位为 m^3；W_i 为第 i 次调查所计算出的河流入海总量，单位为 m^3；a 为第 i 次调查所代表的时间间隔。

2.3.1.2 污染物在河口区的转化行为及其浓度推算的基本原理

河口区是陆海作用较为复杂的一个区域，许多物质在河口区由于受到多种作用，如盐度的改变、溶解 – 沉积环境的改变、悬浮颗粒物的吸附 – 解析等，出现了很多特殊的现象。研究这些现象的原因能够使我们对物质在河口区的行为有一个深入的了解。由于研究河口区污染物中物质的迁移、平衡是了解元素向海洋输送通量及元素在河口区生物、化学、物理和沉积过程的基础，在此，我们认为在探讨河流入海污染物浓度推算之前对污染物在河口区的一些行为进行简要的阐述是十分必要的。

在河口区，为方便对河水和海水互相混合的过程中物质行为的研究，人们较多地借助于盐度理论稀释曲线（简称 TDL）方法确定近岸区物质的转移量及转移区域。所谓的盐度理论稀释曲线，就是在淡咸水交汇处物质浓度随盐度变化的关系，具体地讲，就是自淡水端零盐度处开始沿盐度升高的梯度不断测定污染物的含量，至海水端为止（盐度至少应大于 30），之后以盐度为横轴，污染物浓度为纵轴做散点图。通过散点图上污染物浓度和盐度之间的关系确定污染物在河口区交汇处的行为，一组典型的盐度理论稀释曲线如图 2.3 – 3 所示。图 2.3 – 3 中（a）、（b）、（c）分图表示物质浓度随盐度升高而下降，本书中所涉及的大部分陆源污染物均遵守该行图示的规律，（d）、（e）、（f）分图表示物质浓度随盐度升高而上升，一些物质如钠离子及海源污染物（如石油烃）等遵守该行图示规律。

根据盐度理论稀释曲线（史志丽等，1982），可对污染物（或元素）在河口区的行为作出如下判断：当淡、咸水两种水体相互混合时，如果其盐度理论稀释曲线呈现良好的线性关系，则表明该元素的保守性好，在淡咸水交界处未参与转化过程，如果不呈线性关系，则可以根据曲线的形状来确定该元素是从悬浮物中释放到水体中（溶出作用），还是从水体中转移（去除作用）。采用这种方法甚至可以大致地估计出溶出或去除的数量及区域。

至于针对某一条特定的河流的某种污染物在河口区到底是呈保守、溶出还是去除作用则没有明确的规律。对于同一种污染物在不同河流的河口区所呈现的规律是不同的，如同样是对于硅酸盐，在福建省的九龙江口表现为转移，而在长江口却有较好的保守性（李法西，1964）。不仅如此，即使是在同一河口的不同季节，对于同一种污染物其遵守的规律也有可能是不同的。孙秉一和于圣睿（1984）以硅酸盐为例，通过建立数学模式对河口区硅酸盐的行为进行了研究，结果发现河口区硅酸盐和盐度的关系受河流流速、涡动扩散系数、河流入海处混合水的流径以及硅的转移速率常数等因素的影响，可谓非常复杂。但我们并不期望本书的读者能够根据上述内容进行深入的研究，因为以上的内容最终只是在表明一个结论：由于河口区的作用，从河流输入河口的污染物总量与经过河口而进入海洋的污染物总量并不一定是相等的。

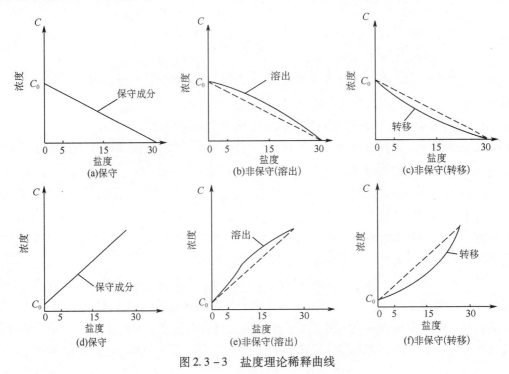

图 2.3 - 3　盐度理论稀释曲线

于是就产生了一个问题，就是真正进入海洋的污染物总量到底应该如何计算？换句话说，就是在输水量确定的情况下如何推算河流入海污染物的浓度呢？在这里我们仍需要利用上面提到的盐度稀释曲线图，按照以下情形处理即可得到入海污染物的浓度（图 2.3 - 4）。

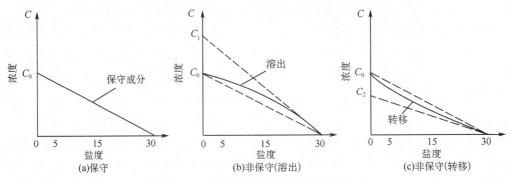

图 2.3 - 4　河流入海污染物浓度推算示意

① 入海污染物在盐度稀释曲线上为保守形态而呈现一条直线时[图 2.3 – 4(a)]，则直线与纵轴(及浓度轴)的交点所对应的浓度就是河流入海污染物的浓度(图中的 C_0)。

② 入海污染物在盐度稀释曲线上为非保守形态而呈现一条上弯或下弯的曲线时[图 2.3 – 4(b)、(c)]，则以海水端(盐度大于或等于 30)的点为原点，做该曲线的切线，切线与纵轴(及浓度轴)的交点所对应的浓度就是河流入海污染物的浓度(图中的 C_1 或 C_2)。

这个计算方法在 1980—1984 年中美长江口合作调查中首次得到应用，用于估算长江的入海污染物浓度，之后即用于河流入海污染物的浓度计算研究中。最近，一些学者(Chen et al.，2010)根据 C_0 和 C_1 或 C_2 之间的差，结合流量也将其应用于经由河口转移或溶出污染物的研究中。

2.3.1.3　河口区污染物的调查与分析策略

对于污染物入海浓度的调查，需要考虑污染物在感潮河段内可能的变化趋势，设置合理的调查方式。具体来讲要考虑以下几个事项：①能客观反映"入海"处的污染物浓度，不至于因为感潮段过长导致结果严重扭曲；②河口区污染物浓度随潮汐变化，因此，如果不能避免潮汐的影响，就一定要把握好潮时；③尽可能避免因盐度的问题所导致的对污染物分析方法上出现差异而造成无法对比的结果；④能够满足行政管理的需要。

从上述 4 个方面来讲，与河流的入海径流量的调查相比，河流入海污染物的调查难度显然要大得多。首先根据第一点的要求，污染物浓度调查断面应当尽可能地接近于河口区向海一侧以求反映"入海"浓度，但同时，河口区由于潮汐的作用使得淡、海水发生了混合，因此，若调查断面过于向海，则调查取样的水体中含有海水，反映不出河流的特征。此外，这也使得污染物调查与河流流量调查不存在同步性。其次，第二点、第三点在实际过程中是很难避免的。部分条件较好的调查区域可以动用数艘船舶在一个潮点(如低平潮时刻)快速完成调查，但对条件不具备的地区来讲则很难实现如此精准同步的调查。此外，河口区淡海水不断交汇、混合使得取得的样品基底不够稳定，因此，存在基底效应的污染物分析方法并不适用于河口的水质分析，但事实上能够满足这个条件的水质分析方法普遍较少，由此产生的误差(专业术语称为"盐误差")给污染物浓度的最终确定造成了很大麻烦。对于第四点的要求，主要是针对那些已经划定河海界的地区而论。由于河海界是管理性质的界线，因此，河口的自然属性在界线划定过程中得到充分完全的考虑，所以对于已划界河流入海污染物通量的调查方式完全不同于对自然河口的调查方式，由此产生的问题也是比较难以解决的。根据历史及近期对河流入海污染物的浓度调查实践，本书将常用的调查方法列述如下，并对其优缺点加以分析。

(1)传统方法

目前，大部分机构所采用的浓度调查方法是依据《水质　采样方案设计技术规定》、《江河入海污染物总量及河口区环境质量监测技术规程》等规程中的有关内容确立的。通常情况下是在河口区的零盐度处及其上游河段设置调查断面，如果水文观测断面离河口距离不至于太远，则也可选取河流的最后一个水文观测断面作为污染物浓度观测断面。断面设置时应避开死水及回水区，选择河段顺直、河岸稳定、水流平稳、无急流湍滩且交通方便处。采样断面选定之后，按照表2.3－3和表2.3－4的要求在采样断面上设置采样垂线和采样点的数目。

表2.3－3　江河断面上采样垂线的布设数目

水面宽/m	垂线数[①]	垂线数[②]	相对范围
≤50	1条（中泓处）	1条（中泓处）	1. 垂线布设应避开污染带，要测污染带应另加垂线
50～100	左、中、右3条	2条（近左、右岸有明显水流处）	2. 确能证明该断面水质均匀时，可仅设中泓垂线
100～1 000	5条		
≥1 000	7条	3条（左、中、右）	3. 凡在该断面计算污染物通量时，必须按本表设置垂线

注：①《江河入海污染物总量及河口区环境质量监测技术规程》。
　　②《水质　采样方案设计技术规定》（HJ 495—2009）。

表2.3－4　采样垂线上采样点的布设数目

水深/m	采样点数	说明
≤5	上层1点	1. 上层指水面下0.5 m处，水深不到0.5 m时，在水深1/2处
5～10	上、下层2点	2. 下层指河底以上0.5 m处
≥10	上、中、下3层3点	3. 中层指1/2水深处
		4. 封冻时在冰下0.5 m处采样，水深不到0.5 m时，在水深1/2处
		5. 凡在该断面计算污染物通量时，必须按照本表设置采样点

采样断面确定后，采样时段和频率的选择就变得非常重要。原则上，采样时段和频率应与流量调查时间保持一致，但当流量数据是经由水文部门获得而无须开展现场调查时，则需单独确定采样时段和频率。理论上，采样频率越高，则对污染物浓度变化的描述就越精确，计算出的通量效果就越好。然而在总调查经费有限，采样频率受到限制的情况下，选择合适的调查时段就显得格外重要。为确保结果的科学性和客观性，设定采样时间时首先应深入了解河流的水文特性，尤其是丰、平、枯3个水期所处的时间（此方面我国南方和北方河流差异甚大），其次是污染源（点源、面源）在河流水体污染物中的大致比例。对于河口区设有闸门的河流，应充分了解河流闸门开闭的规律，在此基础上确定污染物浓度的调查时间。对于自然河流，应尽可能力求实现每月调查一次，若条件不允许，应保证在丰、平、枯3个水期的代表月各调查一次。对于设有闸门的河流，应在闸门开启时或闸门开启前后24 h内对闸内的水质进行调查和分析。

这个方法所调查的污染物浓度实际上应算作为污染物经由河流输入河口区的浓度，而非输入至海洋中的浓度，但由于调查方法简便易行，因此，最早得到推广和应用。各监测站使用该方法已积累起几十年的历史资料，而且目前它仍然是最常用的调查方式。此外使用该方法无须考虑潮汐影响，不会因盐度问题产生分析方法上的差异。

（2）盐度稀释曲线法

基于 2. 3. 1. 2 中提供的原理，需要作出一个盐度梯度，因此，与传统方法不同，使用该方法布设站点应当自河口区淡水端零盐度处开始沿径流方向向海布设直至进入海水端为止，布设的站点盐度要满足表 2. 3 – 5 的要求。

表 2. 3 – 5   不同盐度监测站点设置方法

盐度	0	0.5	1	2	5	10	15	20	25	30	>30
站位数	1	1	1	1	1	1	1	1	1	1	1

应当注意的是，初次布设站点时应当对淡、海水端的水质稳定性进行考察。王奎等（2010）通过对长江口区的研究，表明表层盐度低于 0.15，并且盐度的周日变化幅度在 0.02 个盐度范围内，同时大部分污染物浓度周日变化小于或接近该污染物分析方法的精密度，则可认为淡水组成处于稳定状态，可以作为淡水端代表河水源的浓度。海水端应选择在对海域水文特性起主要影响的海源性水团区，并以该水团区域的污染物浓度作为海源的浓度。

使用本法的调查频率和时间与传统的方法基本相同。此外它还具有一些自身的特点，即由于布设的站点在区域内分布较广，调查时对于较大的河流最好采取多船同步的方式进行观测，尤其是在淡、海水交汇区最好是在一个潮点（如低平潮时）内完成，调查之前应对海洋潮波向河口内的传导状况非常熟悉，根据潮波在河口中的传导速率精确地确定采样时刻。

这个方法能够准确地得出污染物入海的真实浓度，但其缺点也很明显，主要体现在工作量较大，潮时的精确掌握对调查者的现场调查采样技术提出了较高的要求。此外，使用该方法采集到的样品基底存在较大变化，因此对污染物的分析方法提出了较高的要求。

（3）利用已划定的河海界限进行调查的方法

该方法基本上与传统的调查方法是相同的，不同点在于所调查的断面即是河海界，为了取得较为满意的结果，调查时点应当选择在小潮的低平潮时刻，因为此时河 – 海的混合作用最小，污染物分布相对均匀。但即使是这样，由于在本部分开始所阐述的原因，不同的河海界其盐度差异较大，因此，若对不同的河流开展调查，或对同一条河流不同水期调查时，所获得的样品的基底存在较大差异，因此，盐度稀释曲线法中所出现的问题在这个方法中也是存在的。

综上所述，以上 3 种方法各自的优点和缺点均非常明显。在实际工作中需要根据应用目的进行选取。例如，若是需要结合历史数据对于一条河的入海通量进行比较或趋势性分析，则为保持方法的一致性，应选用传统方法（尽管实际上它只是进入河口区的浓度）；若是要准确测量污染物的入海浓度，盐度稀释曲线法无疑是最佳选择；至于利用已划定河海界调查法，则适用于有明确管理界线的河流。

完成了调查方案的设计之后，现场工作就变得很重要了，在这里我们并不想对这个过程作详细的阐述，因为大部分的调查单位和人员按照水质调查规范的要求是完全可以胜任这项工作的。在此我们仅对总量控制工作中因相似的调查参数之间样品基体差异造成分析误差的问题进行探讨，以帮助那些长期受此问题困扰的工作者们。

所谓的基体效应(matrix effect)是为某种物质所处的基体存在差异而在分析过程中对该物质性质的描述出现了偏离。在入海污染物浓度调查工作中基体效应的直接体现即是因盐度(或氯离子)而产生的偏离，也就是海水分析化学中所提到的盐误差。表2.3-6总结了当前一些主要污染物的分析方法及其对于基体变化的反映。

表2.3-6 几种污染物参数的分析方法及其对于基体变化的反映

序号	参数	分析方法	依据标准	是否有基体效应
1	悬浮物	重量法	GB 17378.4	无
2	化学需氧量	重铬酸盐法	GB 11914	有，氯离子干扰
3	化学需氧量	重铬酸盐－氯气校正法	HJ/T 70—2001	超限值时氯离子可能干扰
4	化学需氧量	碱性高锰酸钾法	GB 17378.4	无
5	活性磷酸盐	磷钼蓝分光光度法	GB 17378.4	无
6	亚硝酸盐－氮	萘乙二胺分光光度法	GB 17378.4	无
7	硝酸盐－氮	锌－镉还原法	GB 12763.4	有，盐效应
8	硝酸盐－氮	镉－铜还原法	GB 17378.4	无
9	氨－氮	次氯酸盐氧化法	GB 17378.4	无
10	氨－氮	靛酚蓝分光光度法	GB 17378.4	有
11	总氮	过硫酸钾氧化法	GB 12763.4	无
12	总磷	过硫酸钾氧化法	GB 12763.4	无
13	油类	紫外分光光度法	GB 17378.4	无

从表2.3-6中可以看出，虽然大部分污染参数不存在基体效应，但有3个关键性参数存在明显的基体效应，分别为硝酸盐的锌－镉还原法，化学需氧量的重铬酸盐法和氨－氮的靛酚蓝分光光度法。而这3个参数在以往的总量控制工作中是相当重要的污染指标，因此，尽可能地解决其基体效应成为污染物调查工作中的一项重要任务。对于氨－氮靛酚蓝分光光度法来讲，在实际工作使用得较少，因此，问题不大。对于硝酸盐－氮的锌－镉还原方法来讲，盐度主要是对锌－镉片的还原率构成影响。据文献报道(韩舞鹰，1986)，用锌－镉片对硝酸盐在蒸馏水中的还原率仅为海水中的25%。因此，向水样中添加一定量的盐可以提高硝酸盐－氮的还原率。于志刚等(1998)通过研究发现，通过向不同盐度的水样中加入人工海盐1.5 g(氯化钠和硫酸镁质量比6∶1)，使水样的盐度提高到3.0%～

6.5% 以后所有待测样品的还原率均不再受盐度影响，从而可以消除盐效应。然而，这需要大量的工作，而且如果所使用的人工海盐组分（氯化钠和硫酸镁）中硝酸盐 - 氮空白很高时，使用该方法将是非常危险的。因此，我们建议在对河口区进行硝酸盐 - 氮调查分析时尽量使用镉 - 铜还原法，以避免锌 - 镉还原所产生的一系列问题。

对于化学需氧量的重铬酸盐法，盐度对其影响主要体现在氯离子上，在酸性条件下海水中大量存在的氯离子可被重铬酸盐氧化，从而显著增大了化学需氧量测定的空白值，甚至使得该方法无法使用。长期以来，不少学者就如何消除 Cl^- 的干扰进行了不懈的努力，先后提出了汞盐法、低浓度氧化剂法、银盐沉淀法、标准曲线校正法、铋吸收剂除氯法等。杨俊仕等（2002）曾对标准重铬酸钾法的适用范围和 Cl^- 的干扰程度进行了研究，发现 Cl^- 的干扰程度与有机物浓度有很大的关系，即有机物浓度越高则 Cl^- 的干扰越小，反之则干扰越大。当 COD > 500 mg/L、Cl^- < 20 mg/L 时，无明显干扰；当 COD 为 200 ~ 350 mg/L、Cl^- < 20 mg/L 时，会产生较大的干扰；当 COD < 100 mg/L、Cl^- 为 2 ~ 20 mg/L 时，会产生非常大的误差。而海水中的氯离子浓度远高于此，如盐度为 30 的海水中氯离子含量为 0.55 mol/L，折合质量浓度为 19.5 mg/L，COD_{Mn} 一般小于 1 mg/L，可估计出其 COD_{Cr} 远小于 100 mg/L，因此，标准上使用汞掩蔽法进行 COD_{Cr} 的测定完全不适用于河口区化学需氧量的研究。而另一种目前使用较好的方法，即含氯气校正的重铬酸钾法。虽然可以适用于氯离子浓度在 20 g/L（折合盐度约为 30.5）以下的 COD_{Cr} 的测量，但其 COD_{Cr} 检出限高达 30 mg/L，由于自然河流的 COD_{Cr} 估计值通常没有这么高，因此该方法仅适用于排污河流的污染物浓度测定。

鉴于方法的单纯改良看似已经发挥到了极致，但问题依然未能得到有效解决，因此，我们考虑引入一个与 COD_{Cr} 和 COD_{Mn} 有关（尤其是线性关系），但不受氯离子影响的参数。这个参数就是总有机碳，它的分析方式：高温催化燃烧 - 非色散红外测量不受盐的干扰，使用 TOC 作为桥梁，探索 COD_{Cr} 和 COD_{Mn} 关系的实验称为 COD_{Cr-Mn} 折算实验，其具体做法是：在采样时同时采集 COD（视盐度决定是铬法还是锰法）和 TOC 样品，并分别进行测试，之后对其进行相关性分析（取 $a = 0.05$），若相关性良好，则在此基础上对其进行回归分析，从而建立淡水区的 COD_{Cr} 与 TOC 的一元线性回归方程。按同样的方法计算海水区的 COD_{Mn} 和 TOC 值，通过两个回归方程式得出 COD_{Cr}、TOC 及 COD_{Mn} 之间的关系。

总量控制工作的一个目标就是筛选控制指标，然而目前在营养盐方面海洋和环保部门所依照的监测指标却各不相同，如在氮磷方面，环保部门通常以总氮（TN），总磷（TP）作为指标，而海洋部门则以溶解无机氮（DIN）和溶解无机磷（DIP）作为指标，因此，对指标进行折算是必要的，其步骤也较为简单，即对同一个取样点分别测定其 DIP 和 TP 值（或 DIN 和 TN 值），计算不同时期无机磷（无机氮）在总磷（总氮）中的比例，并按照如下公式（以磷为例）计算折算系数：

$$a = \frac{1}{n} \sum_{i=1}^{n} \frac{DIP_i}{TP_i} \tag{2.14}$$

式中，DIP 为溶解无机磷的含量，单位为 mg/L；TP 为总磷的含量；n 为采样的样本数。

2.3.1.4 河流污染物入海通量的核算策略

在流量和污染物浓度能够同时获取的基础上，单次调查所获得河流污染物入海通量可以直接计算得出。之后大部分工作者可能会根据调查所代表的时段长度对通量进行简单的相加，最后得出河流污染物的年度入海通量。事实表明单纯性采用这样的方法会产生相当大的误差。富国等(2003)在对常用的5个时段通量估算方法进行比较以及应用取向分析后发现，对于同一条河流不同的方法估算的结果相差较大，原因主要有以下几点：一是时间离散通量由时间平均方法引出，在浓度及流量时段内变化较大的情况下均离散，一般不能忽略；二是由于污染物的点源、面源特性的差别(如点源的污染物浓度随径流量的增加而减小，而面源正相反)，在统计长时间通量(如年度通量)时对于不同的污染物采用不同的估算方法是必要的。因此，在进行时段通量的估算方法上对点源、面源的处理需要有一个主观或经验的判断，其具体的做法，首先作出污染物浓度随径流变化的散点图，之后确定其关系，是正相关、负相关还是无关。正相关表明面源在污染物组成中是占优的，负相关表明点源在污染物组成中是占优的，无关表明面源和点源对污染物的贡献几乎相当，污染源属混合类型。最后根据流量变化分布及污染源的组成开展时段通量的估算的应用取向分析(表2.3-7)。

表 2.3 - 7　时段通量的估算方法及特点及其应用取向分析

方法	计算公式	方法要点	对流通量	离散通量	应用范围
a	$W_a = K \sum_{i=1}^{n} \frac{C_i}{n} \sum_{i=1}^{n} \frac{Q_i}{n}$	瞬时浓度 C_i 平均与瞬时流量 Q_i 平均之积	有	无	对流项远大于时均离散项的情况，弱化径流量的作用，较适合径流季节变化较小的情况
b	$W_b = K \left(\sum_{i=1}^{n} \frac{C_i}{n} \right) \overline{Q}_r$	瞬时浓度 C_i 平均与时段平均流量 $\overline{Q}_r$ 之积	有	无	对流项远大于时均离散项的情况，强调径流量的作用，较适合径流季节变化较小的情况
c	$W_c = K \sum_{i=1}^{n} \frac{C_i Q_i}{n}$	瞬时通量 $C_i Q_i$ 平均	有	有	弱化径流量的作用，较适合径流季节变化较大，点源占优的情况
d	$W_d = K \sum_{i=1}^{n} C_i \overline{Q}_p$	瞬时浓度 C_i 与代表时段平均流量 $\overline{Q}_p$ 之积	有	有	强调径流量的作用，较适合径流季节变化较大，面源占优的情况
e	$W_e = K \dfrac{\sum\limits_{i=1}^{n} C_i Q_i}{\sum\limits_{i=1}^{n} Q_i} \overline{Q}_r$	时段通量平均浓度 $\dfrac{\sum\limits_{i=1}^{n} C_i Q_i}{\sum\limits_{i=1}^{n} Q_i}$ 与时段平均流量 $\overline{Q}_r$ 之积	有	有	强调时段总径流量的作用，较适合径流季节变化较大，面源占优的情况

注：W 表示时段通量；n 表示估算时间段内的样品数量；K 为估算时间段的转换系数或时段长度。

2.3.2　直排口排污负荷监测

2.3.2.1　陆源入海排污口的分类及其特性

所谓的陆源入海排污口，是指由陆地直接向海域排放污水的排放口。对于排污口的分类，一般是根据污染源或排污主体所属的类型，将排污口划分为：工业排污口（是指产污主体为一个或多个《国民经济行业分类》中所述的采矿业、制造业、电力、燃气及水的生产和供应业等的入海排污口）、市政排污口（是指通过城镇污水管网排海的入海排污口）。此外，也可根据排污口的排污方式分类，分别为渠道或管道漫滩排污、管道深海排污、河道排污等［如图 2.3 - 5(a)、(b)、(c)所示，其中图 2.3 - 5(b)展示的是污水处理厂管道排污前最后一级取样口］。

(a)　　　　　　　　　　　　(b)　　　　　　　　　　　　(c)

图 2.3 - 5　排污口的不同排放方式

2.3.2.2　陆源入海排污口污染物调查与核算

由于陆源入海排污口数量众多，排污方式、排污状况各异，因此，在现场调查之前应当清楚地了解排污口的地理位置、行政归属、类型、纳污区域、大致的排放量、排污时段特征、主要污染物、排放方式以及邻近海域的海洋功能区划。

在了解陆源入海排污口信息的基础上，即可开始制订排污口调查方案。首先应确定调查断面和站点，具体可遵循以下方法。

① 漫滩排污口的采样点位应设在海滩上该排污口的出口处，采样时应尽量避免受到潮汐的影响，在小潮期的低平潮时刻采集样品。

② 污水河(沟、渠)的采样断面应设在该排污河(渠、溪)不受潮水影响的入海口处，对于在入海口处有闸的污水河，调查断面或点位应当设置在闸门的向河一侧。确定观测断面后即可开始布设监测垂线和监测站点，其布设方法与河流站点的布设方法相同，因此，可参照表 2 - 9 和表 2 - 10 的模式。

③ 对于污水处理厂、电厂等使用管道将污水运输至浅海在海底排放的排污口，采样点位的设置可参照《污水海洋处置工程污染控制标准》中的要求，设置在陆上污水排放设施最后一级出水口或竖井中。

④ 调查观测断面或点位布设应充分考虑在雨(雪)季、汛期等不利条件下能够保证后

续监测顺利进行。

⑤ 调查观测断面确定后，记录站位经纬度，在后续的观测中不得改变。

在确定调查断面和站点之后，接下来的工作是确定调查频率和时间。同河流相比，入海排污口流量和浓度与时间之间的相关性相对较差，因此，为确保调查或观测的代表性，应优先对排放污水的流量－时间关系曲线进行分析。若排污口排放污水的"流量－时间"排放曲线波动较小，用瞬时流量代表平均流量所引起的误差小于10%时，则在任意时间均可进行瞬时流量和浓度的测定，通常1 a之内按照4个季度，在每季度开展4次调查即可。若排污口排放污水的"流量－时间"排放曲线虽有明显波动，但其波动有固定的规律，可以用该时段中几个等时间间隔的瞬时流量来计算出平均流量，则可根据规律定期定时进行瞬时流量和污染物浓度的测定。如排污口排放污水的"流量—时间"排放曲线，既有明显波动又无规律可循，则原则上必须连续测定流量和污染物浓度，当调查频率因财力限制而无法达到时，则应选取典型的排污时段对流量和污染物浓度进行观测。

调查方案确定之后，就进入了现场调查工作。主要包括排污口污水流量及污水中污染物的调查与分析，现将开展这两项共组的策略阐述如下。

污水流量测量方法：由于大多数排污口的排污流量是不稳定，甚至是间歇的，因此，最为妥当的方法是从排污口管理方直接获得流量数据。在无法获取流量数据的情况下，方可进行实地测量，测量主要使用如下方法进行。

(1)容积法

容积法是指将污水纳入已知容量的容器中，测定其充满容器所需要的时间，从而计算污水量的方法。本法简单易行，测量精度较高，适用于计量污水量较小的连续或间歇排放的污水。对于流量小的排放口用此方法。但溢流口与受纳水体应有适当落差或能用导水管形成落差。

(2)流速仪法

流速仪法是通过测量排污渠道或管道的过水截面积，以流速仪测量污水流速，计算污水量。适当选用流速仪，可用于很宽范围的流量测量。多数用于渠道较宽的污水量测量。测量时需要根据渠道深度和宽度确定垂直测点数和水平测点数。本方法简单，但易受污水水质影响，难以用于污水量的连续测定。排污截面底部需硬质平滑，截面形状为规则几何形，排污口处须有3~5 m的平直过流水段，且水位高度不小于0.1 m。

(3)量水槽法

量水槽法是在明渠或涵管内安装量水槽，测量其上游水位，计量污水量。常用的有巴氏槽。用量水槽测量流量与溢流堰法相比，同样可以获得较高的精度(±2% ~ ±5%)和进行连续自动测量。其优点为：水头损失小、壅水高度小、底部冲刷力大，不易沉积杂物。

(4)溢流堰法

溢流堰法是在固定形状的渠道上安装特定形状的开口堰板，过堰水头与流量有固定关系，据此测量污水流量。根据污水量大小可选择三角堰、矩形堰、梯形堰等。溢流堰法精度较高，在安装液位计后可实行连续自动测量。为连续自动测量液位，已有的传感器有浮子式、电容式、超声波式和压力式等。利用堰板测流，由于堰板的安装会造成一定的水头损失，另外固体沉积物在堰前堆积或藻类等物质在堰板上黏附均会影响测量精度。

采样方式确定之后，就应当根据排污口的排放方式选择以下几种方式进行样品采集。

① 涉水观测。适用于水深较浅，岸边不易进行观测的漫滩排放口。

② 桥梁观测。借助于横跨排污河道、明渠或闸坝排污口的观测。

③ 船只观测。适用于水体较深、水面较宽，需设置多条垂线进行采样的大型排污口。

排污口入海污染物的调查：与河流的入海状况相比，陆源入海排污口由于具有尺度小的特点，其入海污染浓度的调查可以直接简化为对排放口的调查。为保证数据的一致性，原则上污染物的调查需同流量调查同步进行。在流量数据是由统计方式得出时，应当在排污代表性时段采集样品。排污口污染物调查站位的布设方法与河流站点的布设方法相同，因此可参照表 2.3 - 3 和表 2.3 - 4 的模式。

接下来，确定排污口所观测的目标污染物变得非常重要，应当在对排污口污染源进行充分了解的基础上进行确定。对于市政排污口，一般情况下排放的主要是生活类污水，因此，COD_{Cr}、BOD_5、氨 - 氮、总磷、总氮及悬浮物成为调查时必须考虑的参数（当然，若要同时考虑到海路参数之间的统筹问题，则应加测盐度、溶解无机氮的溶解无机磷）。对于工业排污口，由于其污染源存在较大的差异，情况就比较复杂。此时应当对污染源的污染物进行筛选，在调查一般性污染物的基础上适当关注特征污染物，如对于一个电镀集控区的排污口调查的污染物为：盐度、COD_{Cr}、氨 - 氮、总磷、活性磷酸盐、六价铬、氰化物、挥发酚、汞、铅、镉、铜、锌。

确定了调查参数之后，就需要由现场调查人员和实验室分析工作者去将其完成。由于在此方面有大量的技术规定，因此，本书不打算对调查过程进行详细的阐述。仅有一点需提示读者，排污口污水有可能对人体造成伤害，因此采样前应务必做好防护工作。样品采集完毕即进入分析阶段，各个参数均应按照相关的标准或规程进行实验，部分可受盐度影响的样品在分析前必须先测定污水的盐度，当发现存在氯离子干扰或盐效应时应寻求其他合适的分析方式，如排污口 COD_{Cr} 的测定在盐度大于 2 时改为重铬酸钾 - 氯气校正法方可保证结果的准确性。

在流量和浓度数据获得之后，最后一步就是计算排污口的污染物入海通量了。由于排污口的计算模式与河流计算模式相同，使用的策略也是一样的，因此，读者可参考 2.2.4 中提供的方法对年度通量进行计算。

2.3.3　海水养殖污染物监测

与陆源污染源相比，水产养殖业由于具有分散、季节性强等特点，给监测带来了很大困难，以至于至今都没有建立起系统的监测体系，从而也就无从获得养殖排海污染物总量的系统观测数据。实际的调查过程中，污染物入海量的核算方法应根据养殖方式和养殖品种确定，手段上是以统计调查为主，现场调查分析为辅的方式进行的。目前，水产养殖常用的污染物监测及核算方法大约有 3 种，分别为竹内俊郎法、化学分析法和物料平衡法，具体如下。

竹内俊郎法：是从给饵料的营养成分中，扣除蓄积在养殖生物体内的量，剩余的即是环境负荷量，其原理接近物料平衡法，也可以说是物料平衡法的简化。因简便实用，被大多数人采用。其计算公式为：

$$T = \left(\frac{P_s}{P_y} \times K_f - K_b \right) \times 10^3 \tag{2.15}$$

式中，T 为每 t 养殖产品的某种污染物产生量，单位为 kg/t；P_s 为养殖过程中饵料总用量，单位为 kg；P_y 为养殖总产量，单位为 kg；K_f 为饵料中污染物的含量（%）；K_b 为养殖产品体内污染物的含量（%）。若要养殖排污总量，则将 T 与养殖总产量 P_y 相乘即可。

化学分析法：是对排出鱼塘的养殖污水进行水质分析，然后根据鱼塘总排水量进行废物氮磷估算。其计算公式为：

$$F_y = F_w \times (C_{out} - C_{in}) \times k \tag{2.16}$$

式中，F_y 为污染物排放总量，单位为 t；F_w 为养殖过程中的排水总量，单位为 m³；C_{out} 和 C_{in} 分别是排水和进水中污染物浓度，单位为 mg/L；k 为体积及质量单位转换系数。

物料平衡法：是根据食物用量、生物量和营养物在生物体内的总氮含量来计算污染负荷的。该方法认为食物是养殖系统内直接产生废物的唯一来源，因而通过投喂食物的总量与被生物体利用部分的差值来计算总的废物量，并且可以通过一系列的物质平衡关系式计算废物排放量。其计算公式为：

$$F_y = (P_s \times K_f - P_y \times K_b) \times k \tag{2.17}$$

式中，F_y 为污染物排放总量，单位为 t；P_s 为养殖过程中饵料总用量，单位为 kg；K_f 为饵料中污染物的含量，单位为 mg/kg；P_y 为养殖总产量，单位为 kg；K_b 为养殖产品体内污染物的含量（%）；k 为体积及质量单位转换系数。

张玉珍等（2003）以福建省九龙江五小川小流域水产养殖为例对上述 3 种方法进行了研究探讨。发现氮、磷污染负荷估算值大小次序为：竹内俊郎法 > 物料平衡法 > 化学分析法，其中竹内俊郎法和化学分析法算出的污染物负荷几乎相差 5 倍（表 2.3 - 8），这是由 3 种方法各自不同的侧重点造成的。竹内俊郎法计算的是养殖产生的氮、磷的环境负荷量，该值往往都是从偏安全也即从偏大角度来考虑的。化学分析法因只采集鱼塘水样，测的污染物浓度实际上只包含了水体可溶态和悬浮态两者浓度之和，对底泥中的污染物含量却没有考虑在内。据一些研究，鱼塘底泥中的污染物含量可占总的 40% ~ 50%，这是导致化学分析法偏小的主要原因。物料平衡法遵循输入鱼塘的污染物量为投入中各种物质中污染物量和养殖产品中污染物含量之和。从理论上讲，用这种方法计算的污染物排放量是比较符合实际情况的，所以其计算结果介于竹内俊郎法结果和化学分析法结果之间，并接近竹内俊郎法。

表 2.3 – 8　3 种方法对污染物排放量估算结果比较（张玉珍等，2003）

计算方法	氮负荷/(t·a^{-1})	磷负荷/(t·a^{-1})
竹内俊郎法	8.45	3.10
化学分析法	4.76	0.73
物料平衡法	7.37	2.924

根据以上分析，则可根据养殖实际情况选择监测和估算方法。如果投饵料方式比较单一或资料不足，用竹内俊郎法比较简便实用，结果偏差不会太大；对投饵料方式较为复杂的情况，则因饵料同营养成分折算过程比较复杂和困难，会影响竹内俊郎法估算结果精度，故建议采用物料平衡法计算。对化学分析法，在不考虑底泥污染负荷对水环境产生的影响时，可以考虑采用，当然，化学分析法对于网箱养殖、浮阀养殖和底播等开放式养殖是无法在现场使用的，仅适用于室内模拟实验。

以上 3 种方法均需开展大量的现场实验工作，而且工作量相当大，尤其是在有几种养殖生物集中在一个区域时，养殖区选取的代表性以及投饵同营养成分的折算需要有丰富经验的机构和部门开展，这对于没有从事过此方面工作的人员来说是一件比较困难的事情。事实上以往开展的养殖污染通量调查时，在确定上述两项时更多的是文献报道值，但由于国内该领域前期工作开展较少，只有厦门等一些地区有此类数据，所以对于文献值在其他研究区域的适用性是值得商榷的，所以简单快捷的方式成为目前污染物核算的一个重要需求。鉴于我国在 2008 年开展的全国污染源普查在产排污系数监测方面取得了较大的进展，获得了相对准确权威的数据，因此，使用现成的产排污系数进行计算同其他方法相比显然是简单易行的，它只需进行以下工作就可得出较为准确的养殖污染物排放量。

① 通过收集资料等方式，汇集调查区域海水养殖的养殖产品类别、养殖模式、养殖品种、养殖品种的苗种投放量、养殖产量以及养殖区所在的省市。

② 根据养殖产品类别、养殖模式、养殖品种以及所在的省市，在《第一次全国污染源普查　水产养殖业污染源产排污系数手册》中查到对应的污染物养殖排污系数。

③ 按照公式(2.18)计算排污量：

$$F_y = -P_y \times \beta \tag{2.18}$$

式中，P_y 为养殖总增产量，单位为 kg，是养殖产量同苗种投放量之差；β 为根据养殖地区、状况、品种等因素在《第一次全国污染源普查　水产养殖业污染源产排污系数手册》中查到的排污系数。

2.3.4　船舶污染物监测

海上船舶活动具有范围广、分散、随机性强的特点，因此，计算由其产生的污染物及其入海量是一件比较困难的事，仅能根据已有的统计资料进行粗略的估算。因此，应了解活动的船舶类型（货船、油船、客船、渔船等），各种类型船舶的吨位及船舶数量，各类船舶的配备(是否含有油水分离装置,废水是否集中排放),船舶属地(本地或外地船舶)。此外,对于货船和客船还应调查年均航次,每次航行距离,货船工作人员数量,客船的平均载客数量,船员、旅客人均生活污水产生量,客船年(月)生活污水排放量;对于外地船舶还需调查平均停留时间;对于渔船,应根据吨位分别调查其日(年)机舱水发生量,渔船机舱水的含油量,年实际航行天数,日均航行距离,不同吨位渔船的船员数量、渔船船员的人均生活污水产生量,但在缺乏船舶排污量的情况下,需要开展现场检测。首先应根据船舶性质、吨位进行分档,编为若干组,之后登船进行实地调查,采集水样并进行分析。

船舶向海排放污染物主要有两种情况:一是由客轮、货船和渔船等排放的生活污水,二是渔船机舱水排放。生活污水的年排放量通过调查获取数据,或根据各类船舶的乘客或者船员数量进行估算。单艘船舶生活污水中的污染物含量则通过调查结果或检测数据获得并按照下式进行计算:

$$F_{vi} = C_i \times n \times q \times 10^{-9} \tag{2.19}$$

式中,F_{vi} 为生活污水第 i 种污染物年排放总量,单位为 t/a;n 为客轮的年客运量或其他船舶船员数量,单位为人/a;q 为人均生活污水日产生量,单位为 L/(人·d);C_i 为生活污水中第 i 种污染物的浓度,单位为 mg/L。

对于单艘渔船机舱水排放污染物入海量的估算,可按照下式进行计算:

$$F_{vi} = \frac{q}{\rho} \times D \times C \times (1 - E) \times 10^{-6} \tag{2.20}$$

式中,F_{vi} 为机舱水第 i 种污染物年排放总量,单位为 t/a;q 为航行船舶机舱水日产生量,单位为 t/d;ρ 为机舱油污水比重,单位为 t/m^3;D 为船舶在渤海内的平均航行天数,单位为 d;C 为船舶机舱水含油浓度;E 为船舶含油污水去除效率。

2.3.5 外海污染物监测

对于一部分海湾来讲,由于处于特殊的地理位置,外海输入可能成为海湾污染物的重要来源。尽管总量控制的后续工作并不能对这一部分的污染物输入进行调控,但通过了解其输入的量在海湾污染物中所占据的比例,就可以成为评估总量控制效果的重要依据,因此,开展外海污染物输入的调查是具有一定意义的。

由于外海输入调查涉及的工作量很大,要投入相当多的物力和财力,因此,为了提高调查的性价比,需在开展这项调查之前对外海输入的适用性进行初步论证。首先应对海湾外围污染源的情况进行充分了解,大致估计其可能对海湾造成的影响,如果污染源很少,或存在一定污染源但对海湾污染物输入影响在 10% 以下的外海输入是可以忽略不计的,这种情况下没有必要对外海输入进行调查。如果存在较大的输入量,则需对外海输入状况进行充分的考察。即通过资料了解外海海流及海水的水文化学特性,如海流的季节变化、流向的稳定性等,在此基础上根据海湾示范区的外边界布设调查断面,分别对海流流速、流向以及需要调查的污染物浓度进行测量。由于近岸海域潮汐的作用比较强烈,对于同一站点在不同时刻污染物浓度相差甚大,因此,这个测量应当保证 24 h 连续进行,最好是使用浮标观测，周期不应低于 1 a。

将观测到各时点的海流同污染物浓度相乘，就得到各时点的污染物的交换通量，再将这个通量按照时间顺序进行矢量叠加，即可得到污染物的年度交换通量，

2.3.6 大气污染物监测

污染物经由大气沉降进入海洋的途径有两种，分别为干沉降和湿沉降。干沉降是气溶胶粒子的沉降过程（如沙尘暴）（张金良等，1999），而湿沉降主要体现于降雨和降雪过程。但不论是哪一种，均强烈受到调查区域天气及气候的影响，因此，对大气沉降的调查应当是长期而连续的，最短调查周期不应小于 1 a。同时，为了保证调查的连续性，在观测区域内设立固定的连续观测点是十分必要的。

观测点设置时应优先考虑对调查区域的代表性，即能够客观反映调查区域的大气质量水平和调查要素的分布规律。在此基础上结合对区域风向风速玫瑰图的分析结果确定观测点的位置，尽量将观测点设在调查区域的主导风向的下风向，位置一经确定后即不可变动。实际在设置过程中，依托沿岸或岛屿是较为便利的一种手段，但应注意观测地点应当保持开阔，即与观测海域的扇形角最小不得小于 180°，而且周围应保证没有能够对小区域造成影响的大气污染源（如沿海岸线建设的工厂等）、障碍物和地面扬尘。由于大气沉降的尺度远大于本书中所提及的研究片区的尺度，因此观测点的个数不必很多。在考虑工作量的情况下，通常布置 1 个观测点就够用了，复杂情况下也不必超过 2 个。观测点应建有采样平台，采样平台应与海水高平潮面有一定的相对高度，以避免海水浪花飞溅到采样器上。采样平台上安置各类采样器，采样器的采样头应与基础面有 1.5 m 以上的相对高度，以减少基础面对垂直气流的影响。

目前对于大气沉降的采样已形成了很多方法，不同的方法在测定结果方面有时会产生较大的差异（盛文萍等，2010），因此，选择合适的观测方法是比较重要的。在当前，常见的主要有以集尘缸湿法为主进行的干沉降采样以及主要以雨量器采集法进行的湿沉降采样。鉴于技术的进步，同时兼具干湿两种功能采样的大气沉降自动采样器在市场上已非常普及，大大减轻了工作人员的劳动强度。但采样器仅完成的是采样工作，对于周期性，如一个月或一个季度采集到的样品仍应由分析人员及时对其进行分析。目前应用于干湿沉降物的分析手段很多，如对于颗粒物沉降量采用重量法分析，对于氮、磷等营养物质采用离子色谱或分光光度法进行分析，等等。由于涉及的内容在大气监测技术规程等中已有详细的阐述，因此对于详细的干湿沉降采样及分析过程，读者可参考具体仪器的说明书或相关规范。大气湿沉降的通量可按照下式计算：

$$D_w = \sum_{i=1}^{n} \frac{C_i \cdot P_i}{100} \tag{2.21}$$

式中，D_w 为大气湿沉降通量，单位为 kg/hm^2；C_i 为每次降水中调查要素的平均浓度，单位为 mg/L；P_i 为每次降水量，单位为 mm。

对于干沉降，计算公式为：

$$D_d = \sum_{i=1}^{n} \frac{C_i \cdot h}{10\,000 \times d_i} \qquad (2.22)$$

式中，D_d 为大气干沉降通量，单位为 kg/（m² · d）；C_i 为每次降水中调查要素的平均浓度，单位为 mg/L；h 为湿法集水的高度，单位为 cm；d_i 为采样持续天数。

2.4　污染源产污量与入海量响应关系

对于进入一个区域或流域的污染物来讲，由于其载体本身环境容量的作用，在转移过程中会不断地发生消耗，因此，当其到达入海口时其浓度与原始的排放浓度相比可能出现比较大的衰减。在这种情况下，如果不搞清污染物在流域转移中的衰减关系，则会导致后续污染物总量控制目标或量度的确定产生较大偏差。因此，建立排放与入海总量核定体系，摸清排放与入海间的关系成为污染源调查与监测过程中的另一项重要工作。

通常情况下，污染源产污量与入海量相应关系也是通过模型计算和模拟实验验证这两种方式获得的。首先需要判断污染物在环境中迁移转化发生降解所属的化学反应动力学模型。根据环境学研究表明，污染物中 COD、BOD_5 和氨氮在水环境中的降解符合一级反应动力学的关系，即符合如下关系：

$$C = C_0 \times e^{-K_p \times t} \qquad (2.23)$$

式中，t 为反应时间，单位为 d；C_0 为初始时刻污染物的浓度，单位为 mg/L；C 为 t 时刻污染物的浓度，单位为 mg/L；K_p 为污染物的降解系数（d^{-1}）。

其次，通过实验获得降解系数。如对于式（2.23）两边求自然对数，可得：

$$\ln C = \ln C_0 - K_p \times t \qquad (2.24)$$

式（2.24）表明降解系数 K_p 是 $\ln C$ 和 $\ln C_0$ 的一次函数，则需通过设计实验来确定 K_p 的数值。实验很简单，在要研究的汇水子区的径流中布设站位进行水样采集，在实验室模拟河流的流动和光照条件进行培养（也可使用围隔方式在现场培养），每天取水检测污染物的浓度，持续一段时间（如 20 d），将污染物浓度的对数结果作图，用统计方法检查相关性并求出降解系数。

最后，将获取的降解系数代入反应动力学模型及地图模型，结合汇水子区、汇水区内的河流流速、径流入海总长度即可得出汇水子区内任何一点到入海口处的降解情况。采用同样的方法可计算汇水区内其他地方排污的衰减情况，结合小区的排污状况即可得到汇水区内污染源产污量与入海量的相应关系。

参考文献

陈吉宁，李广贺，王洪涛. 2004. 滇池流域面源污染控制技术研究[J]. 中国水利，52（9）：47-50.

富国，雷坤. 2003. 河流污染物通量估算方法分析（Ⅱ）：时空平均离散通量误差判断[J]. 环境科学研究，

16(1)：5 - 9.

富国. 2003. 河流污染物通量估算方法分析（Ⅰ）：时段通量估算方法比较分析[J]. 环境科学研究，16
    (1)：1 - 4.

谷丰. 2004. 农业非点源污染监控工作的主要步骤[J]. 辽宁城乡环境科技，24(1)：5 - 7.

国际海事组织. 2010. 国际船舶压载水及沉积物控制和管理公约[M]. 北京：人民交通出版社.

韩舞鹰. 1986. 海水化学要素调查手册[M]. 北京：海洋出版社：136 - 143.

李法西. 1964. 河口硅酸盐物理化学过程研究：Ⅰ·活性硅含量分布变化及其影响因素的初步探讨[J].
    海洋与湖沼，6(4)：311 - 322.

慕金波，酒济明. 1997. 河流中有机物降解系数的室内模拟实验研究[J]. 山东科学，10(2)：50 - 55.

欧阳球林. 1999. 水土流失对清林径水库水质的影响研究[J]. 水土保持通报，19(3)：19 - 22.

盛文萍，于贵瑞，方华军. 2010. 大气氮沉降通量观测方法[J]. 生态学，29(8)：1671 - 1678.

史志丽，孙秉一，王恕昌. 1982. 胶州湾东北部表层沉积物中锌及铅的研究[J]. 山东海洋学院学报，12
    (4)：27 - 36.

孙秉一，于圣睿. 1984. 河口区水体中元素的平衡：一个简单的数学模式[J]. 海洋学报，6(1)：25 - 32.

陶威，刘颖，任怡然. 2009. 长江宜宾段氨氮降解系数的实验室研究[J]. 污染防治技术，22(6)：8 - 20.

万小芳，吴增茂，常志清，等. 2002. 南黄海和东海海域营养盐等物质大气入海通量的再分析[J]. 海洋
    环境科学，21(4)：14 - 18.

王奎，陈建芳，徐杰. 2010. 夏季长江口无机氮的加入与转移偏移理论稀释曲线的解释[J]. 海洋学报，
    132(4)：77 - 87.

王修林，李克强，石晓勇. 2006. 胶州湾主要化学污染物海洋环境容量[M]. 北京：科学出版社：3 - 20.

杨俊仕，谢翼飞，李旭东. 2002. 高氯离子废水中低 COD 简易分析方法研究[J]. 油气田环境保护，12
    (3)：22 - 25.

于志刚，姚庆祯，张经. 1998. 锌 - 镉法测定天然水中硝酸盐的盐误差及其解决方法[J]. 理化检验 - 化
    学分册，34(11)：496 - 497.

张国森，陈洪涛，张经，等. 2003. 长江口地区大气湿沉降中营养盐的初步研究[J]. 应用生态学报，14
    (7)：1107 - 1111.

张金良，于志刚，张经. 1999. 大气的干湿沉降及其对海洋生态系统的影响[J]. 海洋环境科学，18(1)：
    70 - 76.

张玉珍，洪华生，陈能汪，等. 水产养殖氮磷污染负荷估算初探[J]. 厦门大学学报（自然科学报），42
    (2)：223 - 227.

中华人民共和国环境保护部. 2009. 水质采样方案设计技术规定（HJ 459—2009）[S]. 北京：中国环境出
    版社.

中华人民共和国渔业船舶检验局. 2010. 渔业船舶法定检验规则[M]. 北京：人民交通出版社.

周秋麟，尹卫平，周通. 2009. 入海河口河海分界的若干思考[J]. 海洋学研究，27(S1)：55 - 63.

周淑春，陈蓓，程川. 2006. 三峡库区小城镇面源污染现状与应对措施探讨：以万州区分水镇为例[J].
    农业环境科学学报，25 (S1)：665 - 669.

朱萱，鲁纪行. 1984a. 非点源污染与水土流失控制：美国"通用土壤流式方程"的应用（续二）[J]. 环境
    与可持续发展，55(11)：19 - 24.

朱萱，鲁纪行. 1984b. 非点源污染与水土流失控制：美国"通用土壤流式方程"的应用（续）[J]. 环境与

可持续发展, 56(12): 2 – 8.

朱萱, 鲁纪行. 1985. 非点源污染与水土流失控制: 美国"通用土壤流式方程"的应用(续二) [J]. 环境与可持续发展, 57(1): 5 – 6.

Chen Hongtao, Yu Zhigang, Yao Qingzheng. 2010. Nutrient concentrations and fluxes in the Changjiang Estuary during summer[J]. Acta Oceanol Sinica, 29(2): 107 – 119.

第3章 入海污染物总量控制目标

3.1 制定总量控制目标的理论与方法

3.1.1 水环境质量基准与标准

水环境质量基准（Water Quality Criteria）是指一定自然特征的水生态环境中污染物对特定对象（水生生物或人）不产生有害影响的最大可接受剂量（或无损害效应剂量）、浓度水平或限度，它是基于科学实验和科学推论而获得的客观结果，不具有法律效力；而水环境质量标准（Water Quality Standard）是以水环境质量基准为理论依据，在考虑自然条件和国家或地区的人文社会、经济水平、技术条件等因素的基础上，经过一定的综合分析所制定的，由国家有关管理部门颁布的具有法律效力的管理限值或限度（USEPA，1993；Canadian Council of Ministers of the Environment，1991；程惠民等，1998；高娟等，2005；胡必彬，2005），一般具有法律强制性。环境基准与标准是两个不同的概念：环境基准是制定环境标准的理论基础；环境标准是进行环境规划、环境现状评价、环境影响评估、环境突发事件应对以及环境污染控制等环境管理的重要依据。

水环境质量标准是水环境管理的基础，也是水污染物总量控制中的主要约束条件，是确定水质保护目标以及水环境容量大小的主要依据，它决定着水体允许接纳污染物量的大小，其在水污染控制中的影响和作用不言而喻（吴丹等，2005）。水质标准本身的科学性、合理性、适用性和可操作性成为关系到容量总量控制能否全面实施的关键要素之一。

国外环境基准与标准研究以美国最具代表性与先进性。美国水质基准的研究工作始于20世纪60年代初，之后相继发表了《绿皮书》、《蓝皮书》、《红皮书》和《金皮书》等水质基准文献。1980年，美国环境保护署（USEPA）初步制定了"推导保护水生生物及其用途的数值型国家水质基准的技术指南"（简称"指南"），并分别在1983年和1985年进行了修订。1998年，美国又开始制定区域性营养物基准，并于2000年发布了河流、湖库的营养物基准制定导则（USEPA，1998），至今已逐步颁布了14个生态区主要基于生态学原理并结合实际水环境功能特征的河流、湖库、河口、湿地这4种自然生态类型的水环境（营养物）基准。2001年又发布了河口和海岸的营养物基准制定技术手册。

目前，美国已建立起完善的水质基准推导方法学体系，形成了以保护水生生物和人体健康的水质基准为核心，还包括防止水体富营养化的营养物基准、生物基准，以及感官基准、微生物基准、底泥基准、细菌基准等较为完整的水质环境基准体系，并且在水质标准中得到了广泛的运用。迄今为止，美国环境保护署共提出了 165 种污染物的基准，其中涉及合成有机物（106 项）、农药（30 项）、金属（17 项）、无机物（7 项）、基本物理化学特性（4 项）和细菌（1 项）等。根据基准的制定方法，可将水质基准划分为两大类：毒理学基准，该类基准是在大量科学实验和研究的基础上制定的，如人体健康基准和水生生物基准；生态学基准，该类基准是在大量现场调查的基础上通过统计学分析制定的，如营养物基准等。根据表述方式的不同，水质基准还可以分为数值型基准和叙述型基准等，其中数值型水质基准因为便于管理而成为最普遍的形式。

保护人体健康的基准用以毒理学评估和暴露实验为基础的污染物的浓度表示，是分别根据单独摄入水生生物以及同时摄入水和水生生物两种情形计算出来的。人体健康基准的核心是对污染物剂量－效应（对象）关系的认识，曲线分为两类：有阈值和无阈值。有阈值曲线表明人体对该种污染物在一定暴露浓度下具有自我消除能力，或者难以察觉可忽略不计，这种物质就是常规污染物；而无阈值曲线的污染物在人体中具有累积效应，会造成人体健康不可逆效应，甚至具有"三致"风险，这些物质被称为有毒污染物或"优先污染物"。一般认为污染物对少数人群的环境风险不应超过 $1.0 \times 10^{-5} \sim 1.0 \times 10^{-4}$，对社会全体人群的风险不应超过 $1.0 \times 10^{-7} \sim 1.0 \times 10^{-6}$。当污染物的环境风险达到与正常死亡率相当的 1.0×10^{-3} 水平时，被认为是不能接受的，必须采取紧急措施。

保护水生生物的基准包括暴露的浓度、时间和频次等，是针对淡水水生生物和海水水生生物两种情形计算出来的。淡水（或海水）水生生物基准对于每个污染物都制定了 2 个限值，分为基准最大浓度（Criteria Maximum Concentration，CMC）（急性）和基准连续浓度（Criteria Continuous Concentration，CCC）（慢性），其中，CCC 是为了防止在低浓度的污染物长期作用下对水生生物造成的慢性毒性效应而设定的，在该浓度下水生生物群落可以被无限期暴露而不产生不可接受的影响；CMC 是为了防止在高浓度的污染物短期作用下对水生生物造成的急性毒性效应而设定的，一般认为在该浓度下，水生生物群落可以被短期暴露而不产生不可接受的影响。

氮、磷等营养物质对水生生物的毒理作用相对较小，其危害主要在于促进藻类生长而暴发水华，从而导致水生生物的死亡和水生态系统的破坏（孟伟等，2006）。因此，防止水体富营养化的营养物基准是基于生态学原理和方法制定的，而不是用生物毒理学方法。富营养化的发生不仅与水质条件相关，同时也与湖泊、水库（简称湖库）、河口海湾的地理和气象条件以及自身的水动力条件相关，因此，不可能采用一个统一的营养物基准来反映不同区域的水体富营养化条件。需要根据不同区域的特点和水体类型，制定具有区域针对性的营养物基准。因此，制定营养物基准的首要工作就是确定营养物基准的适用区域单元，而研究表明水生态区是一种非常有效的空间单元。目前，美国的营养物基准是根据总氮、总磷、叶绿素 a 和透明度等指标表示的，并针对湖库、河流、河口海湾和湿地 4 类水体分别制定基准值。

我国水质基准研究起步较晚，最初仅是对国外资料进行收集和整理（徐宗仁，1981；

夏青和张旭辉，1990；夏青等，2004）以及对水质基准推导方法的论述（张彤和金洪钧，1996；汪云岗和钱谊，1998；周忻等，2005）。这些工作为之后我国水质基准的深入研究提供了丰富的参考资料。近年来，由于我国水体污染的不断加剧以及水污染修复成效甚微，水质基准的研究也逐渐引起了政府和相关学者的关注和重视。吴丰昌等（2008）针对湖泊水环境质量阐述了我国开展区域性水质基准研究的重要性和迫切性，并提出建立我国区域特点的湖泊水质基准理论、技术和方法体系是目前我国环境管理的重大科技任务。

目前，我国多数研究集中于使用国外分析方法结合我国毒性数据推导适合我国的水质基准。张彤和金洪钧（1997a；1997b；1997c）参照美国环境保护署推荐的"推导保护水生生物及其用途的数值型国家水质基准的技术指南"，根据我国水生生物区系选取代表性生物进行毒性实验研究，用获得的毒性数据推导了丙烯腈、硫氰酸钠和乙腈的水生态基准。Yin 等（2003a；2003b）也使用类似的方法推导了 2，4 - 二氯苯酚和 2，4，6 - 三氯苯酚的基准。在雷炳莉等（2009）的研究中，比较分析了毒性百分数排序法、蒙特卡罗构建物种敏感度分布曲线法和生态毒理模型方法，探讨了五氯酚、2，4 - 二氯酚和 2，4，6 - 三氯酚在我国太湖地区的水质基准，研究显示生态毒理模型方法的计算结果低于其他两种方法，体现了该方法更能够反映种间效应优势，可以为水生态系统提供足够保护。

3.1.2 海洋生态系统健康评价

生态系统健康评价是环境管理的一个新方法，为环境管理提供了新的思路，生态系统健康评价与环境管理的关系具体可以体现在以下几个方面。

① 生态系统健康是环境管理的基础。

② 生态系统健康是环境管理的目的。

③ 生态系统健康理论为环境管理提供新的手段、技术支持和管理方式。

④ 生态系统健康程度是环境管理中的主要生态问题。

⑤ 优化的环境管理是生态系统健康的社会保障。

一个健康的生态系统在时间上能够维持它的组织结构和系统自治，生态系统健康是可持续发展的硬技术（如生态工程技术、环境工程技术、生物工程技术、生态系统保护和恢复技术等）和软科学（如区域内各类型生态系统的科学管理、政策法规、全民环境教育等）交叉、耦合的结果，可作为环境管理的技术支撑。另外，生态系统持续健康要求自然生态系统为人类生态系统和社会经济生态系统提供最大限度的持续稳定的服务，生态系统健康与人类健康的关系、环境变化与人类健康的关系是生态系统健康研究的核心内容，而环境管理的目标是自然与人类的和谐，资源和社会经济的可持续发展，从这一点看来二者也是统一的。

总量控制是指以控制一定时段内一定区域内排污单位排放污染物总量为核心的环境管理方法体系。我国目前的总量控制注重水污染防治本身，以水质达标为目标，较少的从生态系统管理和人体健康的角度进行考虑。因此，必须转变环境管理观念，从单项的水污染防治到综合生态系统管理的转变，从生态环境保护到人体健康保护转变。基于环境容量的污染物排海总量控制，正是体现了对海洋生态系统的保护，是以海洋生态系统健康为出发点和落脚点，不但关注水污染防治，而且还关注生态系统健康，从生态系统管理的角度进行总量控制。

以海洋生态系统健康保护为最终目标，将污染物排海总量控制与海域水质和生态系统健康有机结合，从而实现在海域生态系统结构与功能评价的基础上制订污染控制总体方案。

3.1.2.1 海洋生态系统健康

Constanza(1992)将生态系统健康概括为三方面，提出生态系统健康指数 HI：$HI = V \cdot O \cdot R$。式中，V 是系统活力，O 是系统组织指数，R 是系统恢复指数。Constanza 和 Mageau 对生态系统健康定义为：它是用一种综合的、多尺度的、动态的和有层级的方法来度量系统的力、组织和活力。

迄今，生态系统健康评价主要有两种方法，一是指示物种评价，二是指标评价。指示物种评价主要依据生态系统的关键物种、特有物种等的数量、生产力及一些生理生态指标描述生态系统的健康状况。而指标评价主要是综合生态系统的多项指标，反映生态系统的结构、功能。对于海洋生态系统来说，指标体系法更为合理(马克明等，2001)。

根据生态系统健康评价的目标和指标筛选的原则，将生态系统健康评价指标分为生态学指标、生物化学指标和社会经济指标 3 大类，这 3 大类指标又包括一系列的量化亚类指标(Shear，1996；Xu et al.，2001；祁帆等，2007)。

生态学指标包括 4 个亚类指标：生态系统综合水平指标、群落水平指标、生物毒素疾病指标、种群及个体指标。生态系统综合水平指标主要包含生产力、新陈代谢、总初级生产力、净初级生产力、多样性指数、平均互信息可传递性、恢复时间、可承受的最大胁迫、生态缓冲容量、边界等评价指标；群落水平指标包括了分类群组成、物种多样性、生物量、生物体形分布、群体结构、食物链、营养结构、关键种、外来种、优势种、乡土种等评价指标；生物毒素疾病指标包括生物毒素、贝毒、浮游植物细胞和液泡、大肠杆菌、动物流行病学、寄生虫、细胞或亚细胞水平的生化效应、致癌作用等评价指标；种群及个体指标包括了个体生长率、先天性缺陷、个体的不同组织对化学物质的反应、藻类细胞的形态变化、机体耐受量、行为效应、雌性化、种群生长率与死亡率、种群年龄结构、种群体型结构、繁殖对数目、种群地理分布、种群迁移情况、产卵地点、个体、种群生物量、生物地理学、生物化学指标等评价指标。

生物化学指标包含了海岸线特点、紫外线辐射强度、海平面变化、颜色、水位、冰分布与冰特点、冻期、大气污染指数、水流、化学需氧量、生化需氧量、总有机碳、溶解氧、温度、PAH/PCB 等难降解污染物、气候波动、水深、氧化还原电位、沉积物毒性、盐度、pH 值、水体矿化度、水体富营养化程度、重金属含量、无机污染物浓度、能量流动、系统间物质循环、化学迁移速率、放射性、辐射污染状况、水域、海域面积等评价指标。

社会经济指标主要包括收入指数、景观价值、美学价值、人口健康水平、技术增长率、资源消费指数、通货膨胀指数、人口增长率、工作稳定性、景观格局等评价指标。

3.1.2.2 海洋生态系统健康评价

从污染物排海总量控制特点出发，以外部指标、环境表征因子、生态指标（包括生物群落结构、生态系统功能和系统指标）3 个方面表现海洋生态系统健康，构建我国海洋生态系统健康评价指标体系。

外部指标：主要是指海洋生态系统外的物质和能量输入，包括外源输入的量（污染物质与能量）和生态系统的最大承载力；内源的输出，也就是生态系统的对外功能（生物物质和能量的输出，水资源的输出）。

环境表征因子指标：指表征评价海域海洋生物所处的水质环境以及沉积物环境等。主要以水体中的透明度、盐度、溶解氧、pH 值、COD、无机氮、活性磷酸盐，沉积物中的有机质及硫化物、重金属及持久性有机物，生物体内的石油烃、重金属及持久性有机物等因子反映。

生态指标：是根据海洋生态系统的内部因素来衡量海洋生态系统的状态。该研究借鉴生态系统完整性评价（Roland et al.，2002）、淡水湖生态系统的健康评价研究进行综合考虑（胡会峰等，2003）。生态指标包含群落特征及结构、生命周期、营养物质循环以及综合状态等（Xu，1996），可分为 3 个层面：生物群落结构子系统（结构指标）、生态系统功能子系统（功能指标）和系统指标。

生物群落结构子系统主要以浮游植物、浮游动物、底栖生物的多样性指数以及优势度等因子表征，这个指标反映海洋生态系统不同种群的构成和量的关系。生态系统功能子系统包括生态演替、光合作用以及生产力等指标，这个指标反映生态系统内部的功能。系统指标是在将生态系统作为一个整体分析其状态。

3.1.3 海洋生态系统服务与海洋功能区划

生态系统服务指人类直接或间接从生态系统获得的收益。主要包括向社会经济系统输入有用物质和能量、接受和转化来自经济社会系统的废弃物以及直接向人类社会成员提供的服务。生态系统服务都是生物组分与非生物组分共同的结果，并通过一定的生态过程表现出来。联合国的千年生态系统评估（Millennium Ecosystem Assessment，MA）将生态系统的服务类型分为供给服务、调节服务、文化服务以及支持服务 4 种类型，旨在针对于生态系统的变化与人类福祉间的关系通过整合现有的生态学和其他学科的数据、资料知识，改进生态系统管理水平，以保证社会经济的可持续发展。

国内研究人员针对海洋生态系统，将海洋生态系统服务分为供给服务、调节服务、文化服务和支持服务 4 大类。海洋生态系统的供给服务是指从海洋生态系统获得的产品，主要包括食品、原材料和基因资源供给等；海洋生态系统的调节服务是指人类从海洋生态系统的调节作用获得的收益，主要体现气候调节、气体调节（空气质量调节）、净化调节、生态控制和干扰调节；海洋生态系统的文化服务是指人类从海洋生态系统获得的非物质的收益，如休闲娱乐、教育及文化服务方面的作用；海洋生态系统的支持服务是海洋生态系统支持和产生其他生态系统服务的基础服务，如初级生产、营养循环和生境提供等。

王其翔、唐学玺认为，海洋生态系统服务的实现途径有两条：海洋生态系统和海洋生态经济系统。气候调节服务、气体调节服务、生物控制服务、干扰调节服务、初级生产服务、营养元素循环服务、物种多样性维持服务和提供生境服务的实现主要决定于海洋生态系统自身的结构与功能，服务的产生过程即是它们的实现过程，这8项服务的实现不依赖于人类的社会经济活动，它们属于海洋生态系统自身的功能和效用。有些生态系统服务的实现必须有人类的社会经济活动参与，具体地说，食品生产服务必须有人类的渔业经济活动参与；原料供给服务必须有大规模工业生产和其他生产性活动；提供基因资源服务需要有基因工程技术的参与；废弃物处理服务是针对人类社会生活、生产所产生的各种排海污染物而言的；休闲娱乐服务需要人们来体验和消费；离开人类社会，精神文化服务、教育科研服务便失去了存在的载体。

生态系统是人类赖以生存和发展的基础，它不仅可为人类提供各种所需的自然资源，而且还可通过对气候等的调节为人类提供适宜的居住环境；但是，人类为发展经济的各种生产活动又或多或少地对生态带来一些负面影响，而环境的恶化则会阻碍经济的进一步发展。为合理确定资源开发利用与保护的生态适宜度，促进人与环境持续协调发展，我国政府和有关部门组织编制了主体功能区划、生态功能区划、海洋功能区划、海洋环境保护规划（区划）等，其本质是一种系统认识和重新安排人与环境关系的复合生态系统规划，是促进人与环境持续协调发展的可行的调控政策和海洋管理的基础。

3.1.4 富营养化评价方法

富营养化是指海洋生态系统中限制性营养盐的增加及其引起生态系统的相应变化（Smetacek，1991；陈尚等，1999）。富营养化可分为自然富营养化和人为富营养化。在自然条件下水体由贫营养向富营养发展往往需要几千年或几万年才能完成。但是随着世界人口的不断增加、工业化程度的提高和城市化进程的加快，大量富含氮、磷的工业废水和城市生活污水被排入海湾、河口和沿岸水域，引起浮游植物和大量水生植物在适宜的光照和其他理化条件下异常繁殖，初级生产力（有机碳）急剧增加，水体溶解氧下降，水质恶化，其他水生生物大量死亡，导致水域在短期内呈现富营养化状态。

3.1.4.1 营养指数方程

因此，目前提到的富营养化，基本都指人为富营养化。日本的冈市友利于1972年提出如下营养指数方程：

$$E = \frac{COD \times DIN \times DIP \times 10^6}{4\,500} \tag{3.1}$$

式中，COD、DIN、DIP 分别为化学需氧量、溶解无机氮、溶解无机磷，均以 mg/L 为单位，当该指数 $E \geq 1$ 时，则表示海域水体已呈富营养化状态。

该方程自1983年由邹景忠教授引入国内后，被有关研究人员广泛应用于我国近岸海域富营养化现状评价。但近些年来，随着人们对富营养化认识水平的加深，认识到在所有海区中均完全照搬此公式是不科学的，主要原因在于该公式中的分母 4 500 是来源于特定海区中 COD、DIN、DIP 三者富营养单项阈值的乘积，而在不同海区中，这三者的阈值是不同的。因此，陈彬等(2002)提出，此式分母项 4 500 以 $COD' \times DIN' \times DIP'$ 来替代，得营养指数(E)的计算公式为：

$$SPC = \frac{M_0 - M_t}{t - t_0} = \frac{\Delta M}{\Delta t} \tag{3.2}$$

式中，COD、DIN、DIP 分别为每一个站位的化学需氧量、无机氮、无机磷的监测值，单位为mg/L；COD'、DIN'、DIP' 分别为化学需氧量、无机氮、无机磷的海域富营养化阈值，COD' 值为 1 ~ 3 mg/L、DIN' 值为 0.2 ~ 0.3 mg/L、DIP' 值为 0.01 ~ 0.03 mg/L。不同海域，其 COD'、DIN'、DIP' 取值有所不同。

3.1.4.2 参照状态评价法

营养指数是表征水体富营养状况的直观指标，但并不等于说高浓度的营养盐就一定会导致海域藻类急剧增长进而引起赤潮，营养盐是作用于整个海湾的生态系统。参照状态是指受影响最小的状态或认为可达到的最佳状态，为确定随时间推移由人类引起的海洋环境变化提供基线。由于参照状态是追踪水体自然、初始的一种较好状态，可将区域范围内受土地开发和人类活动影响最小的海湾水域作为参照水域，因此用以衡量此区域内该水体类型相对未受干扰的营养状态。

3.1.4.3 河口－海岸营养物基准制定方法

河口－海岸营养物基准制定中参照状态(reference condition)概念的引入有效地回答了哪种状况下的营养状态可被认为是基准状态的问题。参照状态是追踪水体自然、初始的一种较好状态，可将区域范围内受土地开发和人类活动影响最小的河口－海岸水域作为参照水域，用以衡量此区域内该水体类型相对未受干扰的营养状态。参照状态介于富营养化、原始未开发的两类营养状态之间。其与后者的数值范围被认为是基准值理论上的合理范围。

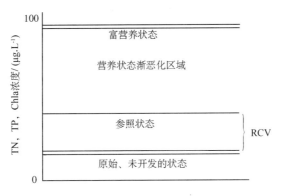

图 3.1 - 1　营养物基准与参照状态示意

河口－海岸营养物基准制定过程中，基准值的确定应以参照状态为基础。美国环境保护署主要汲取了生态学基准制定中的"最低影响参照点(minimally impacted reference sites)"

思想来确定参照状态。实践中，各区域的数据储备、污染现状、是否存在参照点等情况不一，参照状态的确定方法相应也有所不同。参照状态本身一般不能明确地作为基准来提出，仅是提供基准值一个可参考的上限，建立参照状态后，允许根据历史数据分析、模型模拟及专家判断对其进行适当修正。

（1）技术路线

河口－海岸营养物基准制定主要涵盖 6 个步骤，分别为：组建区域技术协作组（Regional Technical Assistance Group，RTAG），了解背景状况，包括河口－海岸上游流域、河口－海岸生态系统等；划分河口－海岸，包括区域的河口－海岸分类以及河口－海岸内部分区；选择基准变量指标；建立历史及现状数据库，开展补充采样监测；建立参照状态，提出推荐基准值；基准值评价、解释和校正。

推荐基准值首先按照各步骤针对各个基准指标逐一建立，继而由 RTAG 专家进行综合分析，包括分析各指标推荐基准值的匹配状况。若出现压力指标浓度高、响应指标浓度低等不相匹配的问题，将由 RTAG 专家进行综合诊断及决策。推荐的基准值需要提交 RTAG 专家进行评价、确定和解释。基准值的校正则主要由地方政府根据实际状况开展。从各主要步骤来看，河口－海岸分类及分区、建立参照状态较为复杂和关键，需要借助诸多模型方法来完成。

（2）河口－海岸分类及分区

由于解决河口－海岸区"人为"富营养化是基准制定的目的，因而，河口－海岸分类分区的过程中应尽量避免人类活动导致的营养物污染影响。河口－海岸分类及分区的出发点是河口－海岸生态系统对营养物的敏感性，美国提出了影响河口－海岸对营养物负荷（或浓度）响应敏感程度的 7 类特征因子，分别为冲淡水影响与水力停留时间、河口－海岸单位面积的营养负荷比、垂向混合与层化、藻类生物量、波浪、水深、周边河口－海岸影响，其中，实践中分析较多的为冲淡水、水力停留时间和垂向分层。

分类过程一般从传统的河口－海岸生境类型划分着手，可根据景观特征将河口－海岸划分为平原海岸型、潟湖及沙坝型、峡湾型、构造型，辨析不同地形地貌对于营养物敏感度的影响。其次，基于物理特征层面实施分类，可依次考虑咸淡水混合、层化与环流、水力停留时间（如淡水停留时间）、径流、潮汐及波浪等因素。对不同影响因子作用下河口－海岸的营养物敏感性进行分析，对营养物敏感性相似的河口－海岸进行归类。

具体的分类方法有很多，除表格对比法、指数法等定性、半定性分析法以外，美国主要采用的定量分析方法有两种，一是美国海洋与大气管理局提出的河口－海岸输出潜力法，通过建立一个敏感矩阵来实现；二是类比经验模型法，通过类比河口－海岸系统对营养物的退化反应来实现，其假设前提是影响因子（营养物）对所有系统的影响和扰动具有普适性，任何退化反应均是由这一影响因子造成的。前者目前多用于较大河口－海岸系统的预测分析，后者则多用于较小的河口－海岸，且效果比较理想。除此之外，涵盖更多影响因子，尤其关注生物效应的理论方法及框架也正在发展中，但其对数据要求较高，目前用于河口－海岸分类的可操作性较弱。

在河口 – 海岸分类的基础上, 针对单个河口 – 海岸生态系统, 根据实际需要和自然特征, 可选择性地开展河口 – 海岸内部分区, 分区主要考虑因素为盐度、环流、水深、径流特征等。河口 – 海岸分区在一定程度上能增加实践中的可操作性。

(3) 参考状态确定

建立河口 – 海岸区营养物参照状态有两种基本途径, 一是基于现场观测数据分析(in-situ observation based approach), 二是基于流域分析(watershed-based approach)。对应于参照点是否可寻、生态系统退化是否严重等情景, 采取的途径不一样, 具体分析方法也相应有所变化(表 3.1 – 1)。各方法在确立参照状态的操作过程中, 均应考虑区域内季节和年际水文变化因素。

表 3.1 – 1　河口 – 海岸营养物参照状态建立方法

	情景分类	推荐方法	衡量指标
情景 1	生态环境状况完好	参照点指标频率分布曲线法	TN、TP、Chla 浓度; 透明度
情景 2	生境部分退化, 但参照点可寻	参照点或观测点指标频率分布曲线法	—
情景 3	生境严重退化, 包括所有潜在参照地点	回归曲线法; 历史、现状数据综合分析法	—
情景 4	生境严重退化, 且历史数据不足	子流域存在参照点, 采用子流域推算; 子流域无参照点, 利用模型进行回顾计算	TN、TP 负荷

基于现场观测数据分析的途径适用于情景 1、情景 2 及情景 3。其中, 情景 1 需要大量时空数据支持, 且数据可靠性得到认可。参照状态一般取参照点相应指标的频率分布曲线的中值。该方法的原理在于, 由于参照点受环境影响较小、营养物浓度波动小, 理论上认为参照点不存在趋势性变化, 参照点各指标值的频率分布曲线中值可以较好地表达受"最低影响"的参照状态。在实际情况中参照状态的值可与盐度梯度相对应, 即确立不同盐度状态下的营养物参照状态。

情景 2 中, 鉴于实际条件下难以存在基本未受影响的参照点, 受到营养物影响程度较小的部分地域被认为具备"参照状态的环境质量", 可作为参照点。在数据充足的情况下, 可以取参照点营养物指标频率分布曲线的上 25 个百分点对应值或所有观测点营养物指标频率分布曲线的下 25 个百分点对应值。在数据不足的情况下, 借鉴河口 – 海岸和海岸分类成果, 可建立类比河口 – 海岸和海岸数据库, 得到相似河口 – 海岸和海岸生态系统的营养物频率分布曲线。一般而言, 该数据库建设需要 15 个以上相似河口 – 海岸和海岸的数据支撑, 15 个以下略显不足, 若只有 1~2 个相似河口 – 海岸和海岸, 则仅能定性地用于辅助分析。事实上, 相对于河流、湖泊而言, 河口 – 海岸和海岸一般比较个体化, 对营养物敏感性差别显著, 较缺乏物理性质相似、可用于类比的河口 – 海岸和海岸, 因而, 频率分布曲线法的运用相应的受到限制。

情景 3 中，主要通过分析历史变化过程来识别参照状态，是不存在参照点时的替代方法。可通过三类途径实现，一是历史记录分析（包括历史营养物数据、水文数据）；二是柱状沉积物采样分析；三是模型回顾分析。历史记录分析的实现首先要求具备充足的数据库；其次，分析者应具有丰富的研究经验，能够进行敏锐、科学的判断，在复杂历史情况中去伪存真、层层剖析；再次，需要选择相对稳定的时间、空间段；最后，要求在相似物理特征子区中开展分析（如同一盐度区）。若历史变化过程较清晰，主要借助回归过程曲线来识别参照状态。若历史变化过程模糊，存在较多无法评估和剔除的干扰影响时，可对历史数据及现状数据进行综合评估，借助频率分布曲线法来完成。柱状沉积物分析法则较适用于受外界扰动最小的沉寂区域，尤其是营养物浓度远低于现状的历史状态分析。对于较浅的河口－海岸，一般难有良好的沉积区，不宜使用该方法。模型回顾分析法存在很多的不确定性，譬如计算机回顾模拟过程中，数据难以量化时则无法校正历史营养状态、水文状态，因而颇具争议，当前两类途径无法实现时，可以考虑采用该方法。

基于流域分析的途径主要适用于情景 4。与其他 3 种情景不同，情景 4 中其参照状态以营养物参照负荷而非营养物参照浓度的形式表示。其方法要求建立营养物负荷－浓度相应关系模型，使各指标的参照负荷直接对应于参照状态下的浓度值。若河口－海岸的上游流域基本未受干扰，则流域的营养物负荷代表着良好的自然状态，为参照负荷。若上述条件不满足，而河口－海岸上游流域存在一些开发程度低、受影响小的子流域片区，则可以通过子流域、流域片区的营养负荷推算整个流域的最小营养负荷。但后者的采用必须考虑整个流域地理相似性，判断能否足以支持将参照子流域推广到整个流域。如若不能，则须找出第二类甚至第三类典型子流域来做推算。此外，运用该方法的前提条件还包括流域内大气沉降作用、原始营养负荷水平相似（如用单位面积粮食产量衡量）、海岸地区污染负荷相对于上游流域而言可忽略、地下水对河口－海岸影响不显著。

3.1.4.4 模型辅助分析

参照状态的确定涉及大量经验模型、数学模型的引入和运用。其中，经验模型中主要借鉴的是统计学模型，其特点是从观测数据寻找规律，便于掌握和运用，能够在一定情况下获得十分有效的信息。数学模型则相对更能准确反映污染负荷与营养物浓度之间的关系。根据水动力条件以及模拟精度要求，营养物基准制定中主要采用的数学模型可归为 4 个层次，见表 3.1 – 2。上述模型的选择运用应在满足基本研究需求的情况下，尽可能选择简单的模型，避免过多成本投入。

表 3.1 – 2 营养物基准制定中的推荐数学模型

层次	模型/方法	时间尺度	空间尺度	水动力耦合情况	数据需求	投入时间
层次 1	淡水组分法	稳态	一维	无水动力参数	较少	数日
	潮交换修正模式	稳态	一维	无水动力参数	较少	数日
	对流－弥散方程	稳态	一维	无水动力参数	较少	数日
	二维箱式模型	稳态	二维	无水动力参数	较少	数日

层次	模型/方法	时间尺度	空间尺度	水动力耦合情况	数据需求	投入时间
层次 2	QUAI2E	稳态	一维	水动力参数	适中	数月
层次 3	WAPS5	准动态/动态	一维、二维或三维	水动力参数输入或水动力场模拟	适中或大量	数月
层次 4	CE - QUAL - W2	动态	二维	水动力场模拟	大量	数月
	CH3D - ICM	动态	三维	水动力场模拟	大量	数月或年
	EFDC	动态	三维	水动力场模拟	极其丰富	数月或年

3.2　生态系统健康的污染胁迫因子识别

影响海洋环境和海洋生态健康的因子很多，根据污染物对海洋环境的影响方式，入海污染物因子分为以下几种类型：耗氧有机物、营养盐氮、磷、石油类、持久性有机污染物、重金属以及其他污染物等。

根据污染物对人类和海洋环境的影响方式，本书将污染物因子分为以下几种类型：耗氧有机物、营养盐氮、磷、石油类、持久性有机污染物、重金属以及其他污染物等，具体如下。

3.2.1　耗氧有机物

耗氧有机物主要指动、植物残体和生活、工业产生的碳水化合物、脂肪、蛋白质等易分解的有机物，这些有机物质进入海洋环境后，在物理、化学和生物的作用下在较短时间内可以发生降解，因而从毒性上讲对海洋环境危害较小。由于这些有机物在分解过程中要消耗水中的溶解氧，使水质恶化，其危害主要是通过耗氧过程来实现，所以也称为耗氧有机物。海洋有机物污染是世界海洋近岸河口普遍存在并最早引人注意的一种污染，其衡量指标主要有：化学需氧量（COD）和 5 日生化需氧量（BOD_5）、TOC 等，量值越高表示水体受有机物的污染越严重。

化学需氧量是耗氧有机污染的综合指标，对海洋环境有正负两方面的影响。化学需氧量对海洋生物的正面影响是海洋中的有机物、营养物是海洋生物生存和繁育的物质条件，一些海水养殖场所选在河口两边、城市附近，就是要利用这里的天然的海水肥力，即海水中的有机物和营养物。化学需氧量对海洋生物的负面影响是，当海水中的耗氧有机物超过一定的限度，就可能导致生态异常，在海水中有机物和营养物过高的情况下，某些藻类会过度繁殖，也就是发生赤潮，当这些赤潮生物成熟死亡后，会消耗海水中的溶解氧，严重时会把溶解氧全部耗尽，进而造成严重的死鱼、死虾事件，同时，有机物的分解将使水体中的溶解氧含量减少，甚至被耗尽，产生厌氧分解，使得水质恶化，导致甲烷、硫化氢、氨等有害气体的产生，而且水体的酸碱度也会改变，使得有害物质对海洋生物的毒性增强。

化学需氧量对人体健康通常没有直接的、严重的影响。海水中的化学需氧量过多会降低海水在游乐方面的价值。在海水发生赤潮的情况下，海水将不适用于游泳、划水等项目。在这种极端的情况下，赤潮生物分解过程中产生的毒素会粘贴和损害人的皮肤或其他器官。

有研究表明，化学需氧量的浓度大于 1.0 mg/L 的海域就有可能发生赤潮。另外，根据厦门湾和其他港湾已出现的情况，对于暖水内湾，当海水化学需氧量的浓度以2.0 mg/L 的频率增加时，赤潮就有可能频繁发生。因此，2.0 mg/L 的化学需氧量的浓度是暖水内湾出现赤潮的一个最重要的指标。

根据张珞平等(2004)提出的预警原则，由于人们对自然生态环境认识的局限性，往往在对环境问题的决策中出现失误，预警原则要求即使没有科学的证据，只要假设某些人为活动有可能对生命资源产生某些危险或危害的效应，就应采取适用的技术或措施减缓或直至取消这些影响，预警原则是维护生态系统健康和生态安全的重要原则。

3.2.2　石油类污染物

石油类污染物主要包括各种烷烃、环烷烃、芳香烃的混合物。石油及其产品进入海洋环境中后，会因风浪的破碎作用逐渐分散，易挥发的组分在较短时间内进入海洋大气，较重的组分则沉入海底，中间组分则溶解或悬浮于海水中，并在细菌的作用下逐渐分解。石油类对水生动物长期毒害表现在干扰损害水生动物的细胞功能和神经系统，影响摄食和繁殖活动。水生动物慢性中毒的石油烃浓度为 10 ~ 100 μg/L，个别敏感种类低于 1 μg/L 便会引起慢性中毒。

硅藻类水生植物可忍受 8 000 μg/L 的燃料油，但同属硅藻类植物都在 24 h 内死于 80 μg/L燃料油的海水。有些敏感种类在含油浓度 0.08 μg/L 时，细胞分裂速度延缓，甚至停止。

任何微型海藻在含煤油浓度 3 μg/L 时数日，其生长率明显降低，硅藻在 30μg/L 中则生长缓慢。

海洋动植物对石油烃的吸收并积存于脂肪或酯中。在南海的鱼类，甲壳动物体，软体动物体可检出以 2，3 环芳香烃为主的石油烃，牡蛎体内石油烃含量可高达 114 μg/g 干重，相当于富集 5 000 ~ 7 000 倍(贾晓平和林钦，1990；林钦和贾晓平，1991)。

石油烃类直接对人体毒害是影响中枢神经系统和造血系统，可引起衰弱、嗜眠、眩晕、痉挛、昏迷。石油烃中芳香烃部分毒性较大，并可通过海产品进入人体，是人类可能致癌的来源之一。

石油烃对人类的危害之一还在于对水产品造成油嗅味。多硫原油在海水中浓度为 100 μg/L，水产品会发生油嗅味，一般原油在海水中嗅觉阈值浓度 300 μg/L，汽油为 100 μg/L，芳香烃为 150 μg/L。总的来说，石油烃嗅、味感官阈值大大低于对人体健康造成危害的浓度。

资料表明, 鱼类和贝类在含油量为 0.01 mg/L 的海水中生活 24 h 即可带有油味, 如果浓度上升为 0.1 mg/L, 2~3 h 就可以使之带有异味。

3.2.3　持久性有机污染物

有机氯、有机磷农药和多氯联苯等人工合成物质, 具备 4 种特性: 高毒、持久、生物积累性、亲脂疏水性。常见的持久性有机污染物主要有有机氯杀虫剂、多氯联苯等工业助剂以及二噁英等生产副产品。持久性有机污染物进入海洋后也能缓慢地发生降解, 但降解过程耗时长达数十至数百年, 在此期间其对海洋生物的毒性足以对海洋生态构成威胁。由于其亲脂疏水性, 更加倾向于进入海洋生物的脂肪组织中, 随食物链迅速富集, 并对高等海洋生物造成危害。

3.2.4　营养盐

营养盐也称为生源要素, 是一种在功能方面与生物过程有密切关系的物质。在海洋中营养盐通常是指氮、磷、硅, 它们作为浮游植物生长所必需的物质直接参与到海洋生物地球化学循环当中。氮、磷等海洋生源物质的循环主要与以下几个过程有关: 各形态间的相互转化过程, 沉积物—海水界面过程和海洋生物生产过程, 径流过程, 矿化成岩过程和颗粒沉降过程。而影响这些过程的有 pH 值、温度、水文条件、沉积物颗粒大小、氧化还原度和生物扰动等诸多因素。

氮、磷是海水中的主要营养物质, 在天然情况下, 甚至在"富营养化"的情况下, 氮、磷的浓度都远远达不到使海洋生物直接受害的程度, 对水生生物的毒理作用相对较小, 其危害主要在于发生海水"富营养化", 进而发生赤潮, 赤潮生物能释放出使其他生物受害的毒素, 海水中的溶解氧极度降低或被耗尽, 经济类生物减少或大量死亡, 从而造成严重的环境问题和经济问题。水体中缺乏氮和磷时, 将限制藻类的生长繁殖, 甚至导致生态不平衡。因此, 防止水体富营养化的营养物基准是基于生态学原理和方法制定的, 而非生物毒理学方法。

水体中的氨氮是指以氨 (NH_3) 或铵离子 (NH_4^+) 形式存在的化合氨。氨氮是各类型氮中危害影响最大的一种形态, 是水体受到污染的标志, 其对水生态环境的危害表现在多个方面。在氧气充足的情况下, 氨氮可被微生物氧化为亚硝酸盐氮, 进而分解为硝酸盐氮, 亚硝酸盐氮与蛋白质结合生成亚硝铵, 具有致癌和致畸作用。同时氨氮是水体中的营养素, 可为藻类生长提供营养源, 增加水体富营养化发生的几率。因此, 在地表水体的污染控制中, 一般把氨氮作为污水处理的控制指标。

氨氮是有机氮被氧化分解为无机氮的最初产物, 在海水中较不稳定, 它可以进而被氧化为亚硝酸盐, 最终被氧化为硝酸盐。亚硝酸盐是有机氮硝化过程的中间产物, 在海水中的含量低, 易受各种环境因素的影响。硝酸盐是有机氮硝化过程的最终产物, 在海水中是最稳定的无机氮成分, 其含量的分布变化受到环境因子和水体运动的制约。

赤潮的发生与营养盐的存在形式及其转化速率具有相关性。由于氮、磷的不同形态(有机态和无机态及其不同存在形式)在海洋环境中会相互转换,因此,如果只对活性磷酸盐与无机氮进行总量控制,而不对总磷、总氮进行总量控制,则可能无法完全达到对海域中氮、磷的污染控制,进而无法控制富营养化,避免赤潮的发生;另外,陆地等进行污染源控制和管理均以总磷和总氮计算和管理。因此,海域氮、磷总量控制的指标原则上应该是总氮、总磷指标。

3.2.5 重金属污染物

重金属污染物包括金、银、铜、铁、铅、汞、镉、砷等。某些微量金属是生物的必需元素,但是超过一定含量就会产生危害作用。

重金属浓度很小时即产生毒性,具有高度危害性和难治理性,其毒性和稳定性取决于它的存在形态,随水环境条件改变,各种存在形态之间可相互转化,具有形态多变性。浓度较高,重金属将对海洋生物造成急性中毒;而在浓度相对较低时,重金属则将对海洋生物造成慢性中毒影响,并将在食物链中产生富集作用(富集系数可达 10^4 以上),最终造成人体积累和慢性中毒,使生态效应具有浓缩和累积作用。重金属对人体的危害取决于所摄取的重金属形式,进入体内的途径(皮肤、吸入、摄食)。这种急性和慢性中毒同样对人体健康造成影响。

3.3 入海污染物总量控制目标确定的原则与方法

3.3.1 总量控制指标筛选的原则

① 以海洋生态系统健康为原则,选择对海洋生态系统健康和人体健康具有较大危害的指标,即易引起海域环境灾害的污染物以及有毒有害、难降解、在环境中有蓄积作用以及国家重点控制的主要污染物作为优先控制指标。

② 选择对海域具有一定强度以上贡献率,能够反映海域污染水平的因子作为控制指标。

③ 以海洋环境保护和海洋资源可持续利用为原则,不同海洋功能区选择不同的控制指标实施控制,对于兼有两种以上功能的海域,以主导功能为主,兼顾其他功能的控制要求选取控制指标。

④ 总量控制指标的确定,应考虑与陆域考核和减排指标相衔接,以便于陆海统筹管理。

⑤ 选择列入《海水水质标准》(GB 3097—1997)、《海洋沉积物质量》(GB 18668—

2002）、《海洋生物质量》（GB 18421—2001）、《渔业水质标准》（GB 11607—1989）的
指标。

⑥ 选择具有可靠的环境监测、统计手段和在线监控方法的指标作为控制指标。

⑦ 选择具有切实可行的污染控制和能够实施总量控制的指标作为控制指标。

3.3.2　总量控制指标控制目标的确定原则

（1）基于人体健康和海洋生态系统健康的确定原则

从海洋生态系统健康角度出发，为了避免控制指标对海洋环境和人体健康造成污染损
害，水质控制目标的确定要以相应的水质基准或满足生态健康要求的水质标准类别为依
据，并综合考虑不同海洋控制单元的水质功能需求。对于有水环境基准、水生态基准的指
标应尽可能采用水环境基准、水生态基准设置控制目标；对于无水环境基准的指标，可参
照《海水水质标准》（GB 3097—1997），并适当考虑海洋沉积物质量、海洋生物质量标准的
要求，设置水质控制目标。

（2）基于海洋生态系统服务的确定原则

为了确保不同海洋功能区的可持续利用，水质控制目标的确定，应首先保证不同海洋
功能区的可持续利用；对于存在多个海洋功能区的海域，水质控制目标的确定，还应保证
其中的最高级别海洋功能区的可持续利用，水质控制目标应满足最高级别功能区的控制指
标的水质标准要求。

3.3.3　确定总量控制目标的程序（图3.3－1）

① 通过主要入海污染源、污染物评价、海洋环境质量现状评价（包括海水水质、沉积
物、生物质量）和海洋沉积物风险评价以及海洋富营养化评价，评价海域环境现状，分析
海洋环境存在的主要问题。

② 分析所在海域主要的污染负荷情况，污染物在海水、沉积物和生物体内的浓度和
超标情况，从控制海域富营养化和环境风险等角度，识别生态系统健康的主要污染胁迫因
子，提出优先控制因子。

③ 根据所在海域的海洋主导功能、海洋环境保护规划，明确海域总量控制指标的相
关基准和水质控制目标阈值。

④ 根据海域环境保护目标、排污口约束条件等，计算目标海域污染物消纳能力，确
定污染物排放的总量控制目标。

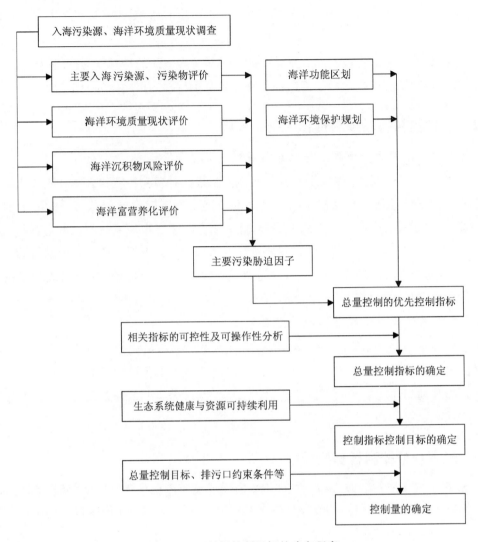

图 3.3-1　总量控制目标的确定程序

3.3.4　入海污染物总量控制指标体系

从维护海洋生态系统健康，保障生态系统服务可持续性、保障人体健康的总量控制总目标出发，并充分考虑与现行的海洋功能区划等管理制度的衔接，建立我国入海污染物总量控制指标体系。具体方法如下。

第一种方法，对于半封闭型海湾、江河入海口、城镇毗邻海域，从控制富营养化角度考虑，氮（TN/DIN）和磷（TP/DIP）为必控指标。

第二种方法，根据不同海域主导功能区的不同，推荐海域总量控制指标如下（表3.3-1）。

表 3.3 – 1   不同海域主导功能区的总量控制指标体系

指标	农渔业区	港口航运区	工业与城镇建设区	矿产与能源区	旅游娱乐区接触性
COD_{Cr}	√		√		
石油类	√	√	√		√
As	√				
滴滴涕	√				
多氯联苯	√				
六六六	√				
Hg	√				
Cd	√				
Cr	√				
Cu	√				
Pb	√				
无机氮					
活性磷酸盐					
粪大肠菌群					√
特征污染物				√	
TN*					
TP*	封闭、半封闭型海湾、江河入海口、城镇毗邻海域，TN、TP				

注：① 农渔业区(包括养殖区、增殖区、捕捞区、重要渔业品种保护区等)：应增加对养殖品种具有毒、有害和富集作
　　用的污染物，如石油类、滴滴涕、多氯联苯、六六六、汞、镉、铬、铜、铅等作为控制指标。
　　② 港口航运区：主要考虑船舶通航作业产生的影响，选择石油类作为控制指标。
　　③ 工业与城镇建设区：选择石油类以及特征的工业污染物作为控制指标。
　　④ 矿产与能源区：选择矿产勘探、开采过程的特征污染物作为控制指标。
　　⑤ 旅游娱乐区：主要考虑景观需求以及人类接触的毒害作用，选择区域内对人体接触或景观有直接影响的指标进
　　行控制。主要包括石油类等。

3.3.5　总量控制目标确定的方法

（1）基于水体富营养化控制的总量控制目标

氮、磷是海水中的主要营养物质，对水生生物的毒理作用相对较小，其危害主要在于
发生海水"富营养化"，进而发生赤潮。水体中缺乏氮和磷时，将限制藻类的生长繁殖，甚
至导致生态不平衡。因此，防止水体富营养化是营养盐控制目标制定的主要依据。

海域富营养盐控制目标的确定，可采用"参照状态(reference condition)"的营养物水质

基准制定方法或其他富营养化评价标准进行评价确定。对于海域富营养化的"参照状态"的确定，鉴于我国的大部分海域的高强度开发，是近30多年来进行的，因此，20世纪80年代开展的全国海岸带调查、90年代末的第二次全国污染基线调查，对于确定海湾富营养化参照状态是很有用的历史资料。同时，模型预测和推断方法、专家咨询判断等方法，也可用于参照状态的确定。

考虑到目前的国家《海水水质标准》中只有活性磷酸盐与无机氮的指标，没有总磷、总氮指标，我国大部分海域只要求对活性磷酸盐与无机氮进行监测，未要求对总磷、总氮进行监测，造成大部分海域总氮、总磷监测数据的不完整或缺失的情况。当采用营养指数方程进行计算时，考虑到我国近岸海域目前普遍的氮、磷浓度较高，而化学需氧量指标普遍偏低的状况，在进行控制目标确定时，考虑将化学需氧量按 2.0 mg/L 的基础含量，确定 DIN、DIP 的控制目标。

（2）重金属、持久性有机污染物控制目标

重金属、持久性有机污染物在海洋当中不可降解或难降解，一旦排放，其污染具有长期性通过被人体或生物体吸收或富集后产生毒效应，如果以海水水质标准中的重金属标准值作为水体中的重金属的控制目标进行污染控制，是存在生态风险的。因此，必须构建零排放的工业污水生态处理系统，对于工业含有重金属和持久性有机污染物的污水，应严格按照谁排污谁就地治理、污水不出厂/区、零排放的原则进行综合治理。

对于已经按国家标准进行处理达标的城市生活污水和一般工业污水，由于污水中仍含有一定的重金属污染物，由排污口排放到水环境中，在海水中经水解反应生成氢氧化物，或被水中胶体吸附而易在河口或排污口附近沉积，故在这些海区的底质中，常蓄积着较多的重金属。底泥累积的重金属通过渗透、解吸等物理化学过程，重新进入水体，容易造成二次污染。可通过潜在生态风险评价的方法，对排污口所在区域的水体、沉积物和生物体中的污染程度及潜在的风险程度的评价结果实施控制。在排污口范围内的底质中的累积量大于控制阈值时，则需要开展对受污染水体和底泥的修复工程，对被污染的生态环境进行污染治理和修复。

（3）依据海洋功能区划、海洋环境保护规划的总量控制目标

海洋功能区划是根据海域的地理位置、自然资源状况、自然环境条件和社会需求等因素而划分的不同的海洋功能类型区，用来指导、约束海洋开发利用实践活动，保证海上开发的经济、环境和社会效益。海洋功能区划是海洋管理的基础。我国的海洋功能区分为农渔业区（包括养殖区、增殖区、捕捞区、重要渔业品种保护区等）、港口航运区、工业与城镇建设区、矿产与能源区、旅游娱乐区、海洋保护区、特殊利用区和保留区8大类。不同海洋功能区，由于其环境资源及其利用要求的不同，其对应的控制目标可以有所不同。一般来说，高功能区执行高标准，低功能区执行的标准相对较低。不同海洋功能区执行的控制目标阈值如表3.3-2所示。

表 3.3 − 2 控制指标的控制目标阈值

功能区	海水水质标准	海洋沉积物质量	海洋生物质量
不劣于第三类	不劣于第二类	不劣于第二类	不劣于第二类
工业与城镇建设区	不劣于第三类	不劣于第二类	不劣于第二类
农渔业区	不劣于第二类	不劣于第一类	不劣于第一类
矿产与能源区	不劣于第四类	不劣于第三类	不劣于第三类
旅游娱乐区	不劣于第二类	不劣于第二类	不劣于第二类
海洋保护区	一类至二类	不劣于第一类	不劣于第一类
特殊利用区	不劣于四类	不劣于第三类	不劣于第三类

注：从人体健康的角度考虑，重金属与持续性有机物海水水质、沉积物、海洋生物质量不劣于第一类标准。

当海域内存在多个不同类别的海洋功能区，为满足不同（相邻）海洋功能区的可持续利用，应执行要求高的功能区中的水质控制要求，按照"主导功能为主，兼顾其他功能"的原则，主要控制指标需满足高功能区的水质控制要求。

海洋功能区划制定了海洋资源开发利用的空间定位和使用功能，是海洋环境保护规划包括总量目标制定的依据。在依据海洋功能区划、海洋环境保护规划制定总量控制目标时，应充分考虑以下因素。

① 总量控制单元的分区，需要考虑生态系统完整性、水体流动连通性等特点，考虑地理单元、水动力和生态等因素，尤其是海域水体的流动性和涨落潮特征，造成海水中物质（包括污染物）的流动与扩散性，也决定了分区的确定不宜过大也不宜过细过小，如某一个区域是严重污染区，而相邻另一个区域是轻度污染区，两区之间必定存在一个梯度逐渐过渡的区域，不可能绝对的泾渭分明。

② 在确定分区和制定环境保护目标时，既要考虑与相邻不同海洋功能区划的相衔接，也要综合考虑在一定范围内海域主导功能的环保要求和水质环境质量的过渡。

③ 可与海洋环境保护规划制定的规划期内海洋环境保护目标及要求、主要任务、保障措施等内容相衔接。

（4）总量控制目标的确定

陆源、海源和气源等各种污染源化学污染物输入到目标海域海水后，在多种海洋环境介质单元中发生各种化学、生物转化过程的同时，可在多种环境介质单元之间发生各种物理、化学、生物迁移过程。在一定时间范围内，通过某一迁移 − 转化过程而使特定污染物自目标海域海水中去除的数量称作自净容量，自净容量体现了目标海域海水自身的自然客观属性，是维持海域生态健康的基础。

海洋功能区划、海洋环境保护法和海域使用管理法是海洋管理的基础，海洋功能区划体现了人类对于海洋生态系统服务的需求与利用意向，功能区环境质量标准是维持海洋可持续开发利用的保障。

综合目标海域生态系统健康和海洋功能区划的环境目标要求，计算目标海域环境容量（必要时分区块），作为海域宏观的污染物排放控制的上限值（目标海域控制量）。在实际进行污染物排污总量控制时，还应注意以下几个方面。

① 海域的标准自净容量是在假设全海域污染物与海水均匀混合的理想状态时的环境容量，由于水体区块的划分，排污口的位置和排放方式的人为性较大，因此，本节提出的控制量结果，可从宏观上把握每一块目标海域所能纳污的上限值，目的是用于引导区域规划和产业布局。

② 实际上，整个海域中污染物与海水不可能完全均匀混合，必然会在排放口附近或在水交换较差的区域（如湾顶）出现浓度场的高值区，也就是说会在海域的某些区域首先达到水质控制的目标值。因此，某个海域的实际纳污能力，必然小于目标海域控制量。

③ 海域排污口是环境容量利用的体现，以排污口混合区作为约束条件的污染源分配容量体现了特定海域环境容量的利用率，海域排污口的位置的不同以及排污方式的不同，对海域的影响是有差异的，对于同一目标海域而言，其环境容量是一定的，但不同的排污口位置及排放方式，可利用的环境容量是不同的，因此，有必要合理地选择排放口、排放方式以提高环境容量的利用率。

3.4　小结

① 根据生态系统管理的理论与概念，提出了入海污染物总量控制管理的两个目的，即维系海洋生态系统的完整性和可持续性，外源污染物的输入不对生态系统的健康造成损害，控制海域富营养化和生态风险；维系海洋生态系统服务的可持续性，通过对生态系统功能的维系来满足人类对其服务、物品和生态质量的需求，保障海洋功能的可持续利用，维护人群健康。

② 根据污染物对海洋环境的影响方式，提出了影响海洋生态系统健康的污染胁迫因子，并将污染胁迫因子分为耗氧有机物、营养盐、石油类、持久性有机物、重金属以及其他污染物等。

③ 提出了基于生态系统健康的入海污染物总量控制目标的原则、程序与方法，并在此基础上构建了基于海域主导功能的我国入海污染物总量控制指标体系。从水体富营养化控制、重金属、持久性有机污染物控制及海洋资源可持续利用角度，提出了总量控制目标的确定方法。

④ 以海域自净能力综合生态系统健康和海洋功能区的环境目标要求，可按照海域环境容量从宏观上把握目标海域所能纳污的上限值，以达到引导区域规划和产业布局的目的。

参考文献

蔡为民, 唐华俊, 陈佑启, 等. 2004. 土地利用系统健康评价的框架与指标选择[J]. 中国人口·资源与环境, 14(1): 31-35.

陈彬, 王金坑, 汤军健, 等. 2002. 福建湄州湾海域营养状态趋势预测[J]. 台湾海峡, 21(3): 322-327.

陈高, 代力民, 姬兰柱, 等. 2004. 森林生态系统健康评估: Ⅰ. 模式、计算方法和指标体系[J]. 应用生态学报, 15(10): 1743-1749.

陈尚, 张朝晖, 马艳, 等. 2006. 我国海洋生态系统服务功能及其价值评估研究计划[J]. 地球科学进展, 21(11): 1127-1133.

陈尚, 朱明远, 马艳, 等. 1999. 富营养化对海洋生态系统的影响及其围隔实验研究[J]. 地球科学进展, 14(6): 571-576.

陈咏淑, 吴甫成, 吕焕哲, 等. 2004. 近20年来湘江水质变化分析[J]. 长江流域资源与环境, 13(5): 508-512.

程惠民, 金洪钧, 杨璇. 1998. 推导保护水生环境质量标准的方法研究[J]. 上海环境科学, 17(4): 10-14.

戴润全, 臧小平, 邱光胜. 2004. 三峡水库蓄水前库区水质状况研究[J]. 长江流域资源与环境, 13(2): 124-127.

冈市友利. 1972. 浅海的污染与赤潮的发生, 内湾赤潮的发生机制[R]. 日本水产资源保护协会, 8-76.

高娟, 李贵宝, 华珞. 2005. 日本水环境标准及其对我国的启示[J]. 中国水利(11): 41-43.

国家海洋环境监测中心. 2005. 近岸海洋生态健康评价指南, 海洋监测技术规程汇编[M]. HY/T087—2005.

胡必彬. 2005. 欧盟水环境标准体系[J]. 环境科学研究, 18(1): 45-48.

胡会峰, 徐福留, 赵臻彦, 等. 2003. 青海湖生态系统健康评价[J]. 城市环境与城市生态, 16(3): 71-73.

贾晓平, 林钦. 1990. 台湾浅滩西部水域海洋动物的石油烃含量和荧光光谱特征[J]. 台湾海峡, 9(3): 256-261.

孔红梅, 赵景柱, 陆兆华, 等. 2002. 生态系统健康评价方法初讨[J]. 应用生态学报, 13(4): 486-490.

孔红梅, 赵景柱, 吴钢, 等. 2002. 生态系统健康与环境管理[J]. 环境科学, 23(1): 1-5.

雷炳莉, 金小伟, 黄圣彪, 等. 2009. 太湖流域3种氯酚类化合物水质基准的探讨[J]. 生态毒理学报, 4(1): 40-49.

林钦, 贾晓平. 1991. 南海东北部红海湾海洋动物体内的石油烃[J]. 海洋通报, 10(1): 33-38.

林荣根. 1996. 海水富营养化水平评价方法浅析[J]. 海洋环境科学(2): 28-31.

马克明, 孔红梅, 关文彬, 等. 2001. 生态系统健康评价: 方法与方向[J]. 生态学报, 21(12): 2106-2116.

孟伟, 张远, 郑丙辉. 2006. 水环境质量基准、标准与流域水污染物总量控制策略[J]. 环境科学研究, 19(3): 1-6.

祁帆，李晴新，朱琳. 2007. 海洋生态系统健康评价研究进展[J]. 海洋通报，26(03)：97 - 104.

盛连喜，曾宝强，刘静玲. 2002. 现代环境科学导论[M]. 北京：化学工业出版社：192 - 197.

汪云岗，钱谊. 1998. 美国制定水质基准的方法概要[J]. 环境监测管理与技术，10(1)：23 - 25.

王其翔，唐学玺. 2009. 海洋生态系统服务的产生与实现[J]. 生态学报，29(5)：2400 - 2406.

吴丹，李薇，肖锐敏. 2005. 水环境容量与总量控制在制定排放标准中的应用[J]. 环境科学与技术，28(2)：48 - 50.

吴丰昌，孟伟，宋永会，等. 2008. 中国湖泊水环境基准的研究进展[J]. 环境科学学报，28(12)：2385 - 2393.

夏青，陈艳卿，刘宪兵. 2004. 水质基准与水质标准[M]. 北京：中国标准出版社.

夏青，张旭辉. 1990. 水质标准手册[M]. 北京：中国环境科学出版社.

徐宗仁. 1981. 水质评价标准[M]. 北京：中国建筑工业出版社.

叶属峰，刘星，德文. 2007. 长江河口海域生态系统监控评价指标体系及其初步评价[J]. 海洋学报，29(4)：128 - 136.

袁兴中，刘红，陆健健. 2001. 生态系统健康评价：概念构架与指标选择[J]. 应用生态学报，12(4)：627 - 629.

袁兴中. 2000. 略论环保新热点：生态系统健康[J]. 上海环境科学，19(7)：336 - 338.

张朝晖，石洪华，姜振波，等. 2006. 海洋生态系统服务的来源与实现[J]. 生态学，25(12)：1574 - 1579.

张朝晖，王宗灵，朱明远. 2007. 海洋生态系统服务的研究进展[J]. 生态学，26(6)：1 - 8.

张珞平，陈伟琪，洪华生. 2004. 预警原则在环境规划与管理中的应用[J]. 厦门大学学报(自然科学版)，43(增刊)：221 - 224.

张珞平，陈伟琪. 1992. 厦门西港赤潮成因的探讨[J]. 海洋环境科学，11(2)：71 - 74.

张彤，金洪钧. 1996. 美国对水生态基准的研究[J]. 上海环境科学，15(3)：7 - 9.

张彤，金洪钧. 1997a. 丙烯腈水生态基准研究[J]. 环境科学学报，17(1)：75 - 81.

张彤，金洪钧. 1997b. 硫氰酸钠的水生态基准研究[J]. 应用生态学报，8(1)：99 - 103.

张彤，金洪钧. 1997c. 乙腈的水生态基准[J]. 水生生物学报，21(3)：226 - 233.

周忻，刘存，张爱茜，等. 2005. 非致癌有机物水质基准的推导方法研究[J]. 环境保护科学，31(1)：22 - 26.

Canadian Council of Ministers of the Environment. 1991. A protocol for the derivation of water quality guidelines for the protection of aquatic life [R]. Winnipeg, Manitoba：Canadian Council of Ministers of the Environment.

Constanza R，Norton B G，Haskell B D，et al. 1992. Ecosystem Health：New Goals for Environmental Management [M]. Washington D C：Island Press.

Daily G C. 1997. What are Ecosystem Services Natures Service[M]. Washington：Island Press：1 - 10.

LARS Hakanson. 1980. An ecological risk index for aquatic pollution control—A sediment ecological approach [J]. Water Research，14：975 - 1000.

Leopold J C. 1997. Gett ing a handle on ecosyst em health[J]. Science，276：887.

Ma K M，Kong H M，Guan W B，et al. 2001. Ecosystem health assessment methods and directions[J]. Acta Ecological Science，21(12)：2106 - 2116.

Peter G W. 2003. Assessing health of the Bay of Fundy-concepts and framework[J]. Marine Pollution Bulletin, 46: 1905 – 1077.

Rapant S, Kordik J. 2003. An environmental risk assessment map of the Slovak Republic: Application of data from geochemical atlases[J]. Environ Geol, 44(4): 400 – 407.

Rapport D J, Costanza R, McMichael A J. 1998. Assessing ecosystem healteh[J]. Trends in Ecology and Evolution, 13(10): 397.

Roland S, Martint D, Roland P, et al. 2002. Ecological integrity: Concept, assessment, evaluation: the traunsee case[J]. Water, Air and Soil Pollueion: Focus, 2(4): 249 – 261.

Shear H. 1996. The development and use of indicators to assess the state of ecosystem health in the Great Lakes [J]. Ecosystem Health(2): 241 – 258.

Smetacek V. 1991. Coastal Eutroph Ication: Causes and Consequences[M]//Ocean Margin Processes in Global Change. New York: John Wiley & Sons(1): 251 – 279.

Total maximum daily load (TMDL) For Total Mercury in Fish Tissue Residue In Lake Bennett, February 28, 2002.

USEPA. 1998. National strategy for the development of regional nutrient criteria[R]. Washington D C: USEPA.

USEPA. 1993. Revision of methodology for deriving national ambient water quality criteria for the protection of human health: report of workshop and EPA's preliminary recommendations for revision [R]. Washington D C: EPA Science Advisory Boards, Drinking.

Xu F L, Tao S, Dawson R W, et al. 2001. Lake Ecosystem Health Assessment: Indicators and methods[J]. Water Research, 35(13): 3157 – 3167.

Xu F L. 1996. Ecosystem health assessment for lake Chao, a shallow eutrophic Chinese lake[J]. Lakes and Reservoirs: Reserch and Management, 2(2): 101 – 109.

Yin D Q, Hu S Q, Jin H J, et al. 2003a. Deriving freshwater quality criteria for 2, 4, 6-trichlorophenol for protection of aquatic life in China[J]. Chemosphere, 52: 67 – 73.

Yin D Q, Jin H J, Yu L W, et al. 2003b. Deriving freshwater quality criteria for 2, 4-dichlorophenol for protection of aquatic life in China[J]. Environmental Pollution, 122: 217 – 222.

第4章　海洋环境容量计算方法

本章系统阐述了海洋环境容量的基本概念，介绍了有关数值模型的基本方程和常用数学模型以及海洋环境容量计算的方法体系。针对污染物排海总量控制的实际需求，海洋环境容量基本概念主要有自净容量、海洋环境容量和污染源分配容量 3 个系列，其中前者着重阐述有关迁移－转化过程所导致的污染物数量变化关系，中间者着重阐述目标海域海水所固有的容纳各种排海污染物的数量关系，而后者着重阐述各个污染源所允许的排放污染物数量关系。目前，海洋环境容量计算方法主要包括：标准自净容量法、水动力交换法、浓度场分担率法、排海通量最优化法。

自 1972 年在瑞典斯德哥尔摩召开的联合国人类环境会议上通过的《人类环境宣言》之后，国际上海洋环境管理由 20 世纪 50 年代开始的"三废"限制排放和治理阶段进入了综合防治阶段。因此，在联合国环境规划署（UNEP）推动下，作为污染物排海总量控制的重要科学基础，自 20 世纪 70 年代后期，各国学者开始对污染物海洋环境容量进行探索（Cairns，1977；Konovalov，1984；夏增禄，1986）。特别是自 20 世纪 50 年代就因排海工业污染物所导致的水俣病等严重公害事件影响的日本，随着不断强化"三废"限制排放和治理、综合防治等强制性海洋环境管理措施，日本学者对环境容量概念等进行了许多有价值的探讨。例如，西村肇（1977）认为，环境容量可以定义为在不影响生态系统的前提下，环境所能承纳的最大的污染物负荷总量，而矢野雄幸（1977）则认为，环境容量就是遵循环境质量标准，在一定范围内，环境所能承纳的最大的污染物负荷总量。在经历了 10 年左右的探讨后，1986 年联合国海洋污染专家小组（Joint Group of Experts on the Scientific Aspects of Marine Pollution，GESAMP，1986）正式给出了国际上普遍接受的环境容量概念。环境容量概念是根据环境管理的实际需要提出的，不仅是污染物排放总量控制的一个极为重要的概念，而且是生态环境保护研究的一个重要基本理论问题。

鉴于海岸带地区在世界社会经济发展的重要作用，特别是随着海岸带地区社会经济快速发展所导致的近海海域海洋生态环境问题的全球化特征逐渐凸显，重要沿海国家相继对污染物海洋环境容量进行了深入的研究，分别涉及日本大村湾、俄罗斯黑海、南斯拉夫Kastela 湾、以色列 Haifa 湾、韩国 Buk 湾等海域，并相继实施污染物排海总量控制。例如，日本先后于 20 世纪 70 年代末和 80 年代末在濑户内海、东京湾、伊势湾实施了 2 次污染物排海总量控制，同时，美国环境保护署也于 20 世纪 70 年代开始在纽约湾实施"最大日负荷总量"制度，使近海海洋环境质量逐步得到改善。污染物海洋环境容量不仅是国家制订强制性污染物排海总量控制方案以及污染物浓度排放标准的科学依据，而且也是进行近海海域海洋环境质量分析、海洋环境区划等的必要科学基础。

自 20 世纪 80 年代中期，我国开始中国近海海域化学污染物自净过程和环境容量研究，并于"九五"计划开始在沿海省市相继实施"碧海行动计划"和陆源污染物排海总量控制制度。特别是进入 21 世纪以来，国家海洋局相继实施了"渤海碧海行动计划"、"长江口及其毗邻海域碧海行动计划"和"珠江口及其毗邻海域碧海行动计划"。这些研究多依托国家及各部门的科研项目，如国家环保局自 20 世纪 80 年代相继实施了"我国渤海和 10 个海湾水质预测及物理自净能力研究"、"全国 11 个省市海域功能规划"等研究项目。自 20 世纪 90 年代，国家海洋局在大连湾、胶州湾和长江口等海域组织实施了有关近海海域污染物环境容量研究项目。到 21 世纪初，国家自然科学基金委员会资助了"渤海典型环境污染物的迁移 - 转化过程及环境容量研究"重点项目，国家海洋局分别于 2007 年和 2008 年开展了我国近海海洋综合调查与评价专项（"908 专项"）"我国近岸典型海域环境质量评价和环境容量研究"和海洋公益性行业科研专项经费项目"入海污染物总量控制和减排技术集成与示范项目"等研究。通过上述研究，不仅在海洋环境容量概念、理论和计算方法等方面取得了重要成果，而且在我国近海典型海域重要污染物海洋容量计算方面也有重要进展，从而为我国近海海域污染物排海总量控制方案的科学实施提供了必要的理论基础和技术支撑。

4.1　海洋环境容量基本概念

海洋环境容量基本概念主要包括自净容量、海洋环境容量和污染源分配容量 3 个系列。

4.1.1　自净容量系列

自净容量系列基本概念着重阐述决定海洋环境容量的主要迁移 - 转化过程，特别是由此所导致的目标海域海水中污染物数量变化关系，主要包括污染物迁移 - 转化通量、自净容量、标准自净容量和相对自净容量 4 个概念。

4.1.1.1　污染物迁移 - 转化通量

陆源、海源和气源等各种污染源化学污染物输入到目标海域海水后，在多种海洋环境介质单元中发生各种化学、生物转化过程的同时，可在多种环境介质单元之间发生各种物理、化学、生物迁移过程。其中，在实际海洋环境中，环境介质单元主要包括目标海域海水、相邻外海和大气等外边界介质，悬浮颗粒、海底沉积物、浮游生物和微生物等内边界介质。需要指出，对于海洋环境容量而言，迁移过程主要是指污染物自目标海域海水转移到其他内、外边界介质，而转化过程主要是指在目标海域海水中由生态系"有害"形态转变为"无害"形态的各种化学、生物等过程，结果都使目标海域海水中污染物数量不同程度地减少。这样，可将一定时间范围内，通过某一迁移 - 转化过程而使目标海域海水中污染物减少的数量称作污染物迁移 - 转化通量（Transport and Transformation Flux，TTF）。进一步讲,根据海洋环境中各种实际迁移-转化过程,污染物迁移-转化通量可分为物理迁移通量(TTFP)、化学迁移-转化通量(TTFC)和生物迁移-转化通量(TTFB)。需要指出,由于不同物理、化学和生物迁移-转化过程性质不同,由此导致的目标海域海水中污染物减少数量不尽相同,甚至差别很大。

(1)物理迁移通量

在实际多介质海洋环境中,物理迁移过程主要有水动力输运、海水/大气界面交换(如挥发过程)等。这里,可将通过水动力输运过程而使各种形态污染物自目标海域海水迁移到相邻外海介质的数量称作水物理迁移通量(TTFP_HD)。同样,可将通过海水/大气界面交换(如挥发过程)而使污染物自目标海域海水中迁移到大气介质的数量称作大气物理迁移通量(TTFP_ATM)。结果,可将通过各种物理迁移过程而使目标海域海水中污染物减少的总数量称作物理迁移通量(TTFP)。

(2)化学迁移-转化通量

在实际多介质海洋环境,化学迁移-转化过程主要有水化学转化过程、地球化学迁移过程、沉积化学迁移过程等。这里,水化学转化过程主要包括光化学降解、水解、络合和氧化还原等水化学反应,可使海洋生态系"有害"形态污染物转化为"无害"形态。地球化学迁移过程主要是指污染物在海水/海底沉积物界面上的吸附-解吸、沉淀-溶解和离子交换等界面过程,可使污染物自目标海域海水中迁移到海底沉积物介质中。然而,沉积化学迁移过程是指悬浮颗粒地球化学作用与沉积动力学作用的复合过程,可使污染物自目标海域海水中迁移到悬浮颗粒介质并最终迁移到海底沉积物,前者同样主要是指污染物在海水/悬浮颗粒物界面上发生的各种界面过程,而后者是指悬浮颗粒自身沉积动力学作用而最终沉降到海底的过程。这样,可将通过各种水化学反应而使目标海域海水中海洋生态系"有害"形态污染物转化为"无害"形态的数量称作水化学转化通量(TTFC_W),通过各种地球化学过程而使污染物自目标海域海水迁移到海底沉积物介质的数量称作地球化学迁移通量(TTFC_GEO),而通过各种沉积化学过程而使污染物自目标海域海水迁移到悬浮颗粒介质并最终迁移到海底的数量称作沉积化学迁移通量(TTFC_SED)。结果,可将通过各种化学迁移-转化过程而使目标海域海水中污染物减少的总数量称作化学迁移-转化通量(TTFC)。

(3)生物迁移-转化通量

在实际多介质海洋环境中,生物迁移-转化过程主要有微生物转化过程、生物迁移过程、生物转化过程等。这里,微生物转化过程是指通过微生物降解作用而使目标海域海水中海洋生态系"有害"形态污染物转化为"无害"形态。生物迁移过程主要是指海洋生物,特别是浮游植物和浮游动物,通过生物富集或吸收、生物累积等过程而使污染物自目标海域海水迁移到生物介质中。其中,前者主要是指海洋生物,特别是浮游植物通过体表直接吸收将海水中污染物转移到体内,而后者主要是指浮游动物在食物链(网)物质传递过程中,通过摄食或捕食较低营养级生物而将污染物蓄积到体内。然而,生物转化过程主要包括生物代谢、生物碎屑腐化和生物分解等过程，可使目标海域海水中海洋生态系污染物"有害"形态转化为"无害"形态。这样，可将通过微生物转化过程使目标海域海水中海洋生态系"有害"形态污染物转化为"无害"形态的数量称作微生物转化通量（TTFB_MO），通过生物迁移过程使污染物自目标海域海水迁移到浮游生物介质的数量称作生物迁移通量（TTFB_PT），而通过生物转化过程使目标海域海水中海洋生态系污染物"有害"形态转化为"无害"形态的数量称作生物转化通量（TTFB_DPT）。结果，可将通过各种生物迁移－转化过程使目标海域海水中污染物减少的总数量称作生物迁移－转化通量（TTFB）。

4.1.1.2 自净容量

如上所述，由于不同物理、化学和生物迁移－转化过程共同作用的结果，各种污染源的排海化学污染物可自目标海域海水中去除，从而不同程度地净化了目标海域水质环境，一般可称作海水自净能力，这样，对于海洋环境容量研究而言，可将一定时间范围内，通过某一迁移－转化过程而使特定污染物自目标海域海水中去除的数量称作自净容量（Self-Purification Capacity，SPC）：

$$SPC = \frac{M_0 - M_t}{t - t_0} = \frac{\Delta M}{\Delta t} \tag{4.1}$$

式中，M_0 表示初始时间 t_0 时，目标海域海水中污染物的蓄存量，M_t 表示时间 t 时的蓄存量，而 ΔM 表示在 Δt 时间范围内，由于某一迁移－转化过程所导致的污染物蓄存量的减少数量。由于各种物理、化学和生物迁移－转化过程性质不同，有些迁移－转化过程有时可使污染物自目标海域海水中去除从而使污染物数量减少，而有时则可能正相反。于是，$SPC > 0$ 表示污染物自目标海域海水中去除，从而使海水水质净化，而 $SPC < 0$ 则表示污染物在目标海域中富聚，结果有可能使海水水质更加恶化。进一步讲，根据不同迁移－转化过程，自净容量可分为物理自净容量（SPC_P）、化学自净容量（SPC_C）和生物自净容量（SPC_B）（图4.1－1），在数值上应等于相应迁移－转化通量。其中，物理自净容量同样又可细分为水物理迁移自净容量和大气物理迁移自净容量，化学自净容量可细分为水化学转化自净容量、地球化学迁移自净容量和沉积化学迁移自净容量，而生物自净容量可细分为微生物转化自净容量、生物迁移自净容量和生物转化自净容量。如果假定各种迁移－转化过程之间相互作用不甚显著，总自净容量应是各种迁移－转化过程共同作用的结果，在数值上等于各种物理自净容量、化学自净容量、生物自净容量之和：

$$SPC_T = SPC_P + SPC_B + SPC_C \tag{4.2}$$

4.1.1.3 标准自净容量

在多介质海洋环境中，由于各种迁移－转化过程作用程度、各种污染源排海通量、目标海域海水中污染物"本底"浓度等自然客观属性时有变化等原因，通过各种迁移－转化过程而使污染物自目标海域海水中去除所形成的污染物浓度往往偏离国家《海水水质标准》中的相关浓度要求。这样，自净容量只体现了目标海域海水自身的自然客观属性，而没有体现对于海水水质要求的人为主观属性。因此，对于海洋环境容量而言，为了完整体现这两种属性，可将一定时间范围内，通过某一迁移－转化过程而使特定污染物自目标海域海水中去除所形成的污染物浓度等于一定等级国家海水水质标准的数量称作标准自净容量（Stand Self-Purification Capacity，SPC^s）。

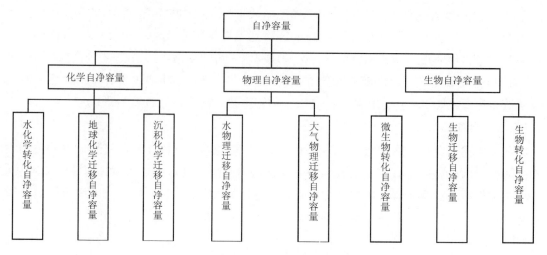

图 4.1 - 1　排海化学污染物自净容量分类示意

4.1.1.4　相对自净容量

由于各种迁移－转化过程所导致的污染物自目标海域海水中去除的数量不同，各种迁移－转化过程对海水水质环境净化的贡献有所差异。因此，这里将各种标准自净容量占总标准自净容量的比例定义为相对自净容量（$SPC_i^s\%$）：

$$SPC_i^s\% = \frac{SPC_i^s}{SPC^s} \times 100\% \tag{4.3}$$

式中，下标表示第 i 迁移－转化过程。这样，$SPC_i^s\%$ 越大，表示该迁移－转化过程对海洋环境容量的贡献越大，反之亦然。

4.1.2　海洋环境容量系列

海洋环境容量系列基本概念着重阐述由于各种迁移－转化过程而使目标海域海水所具有的容纳各种排海污染物的能力，特别是污染物数量关系的自然客观属性和人为主观属性，主要包括 GESAMP 环境容量、海洋环境容量实用定义和剩余海洋环境容量 3 个概念。

4.1.2.1　GESAMP 环境容量

1986 年联合国海洋污染专家小组（GESAMP）正式给出了国际上普遍接受的 GESAMP 环境容量概念：环境容量为环境的特性，是在不造成环境不可承受的影响前提下，环境所能容纳某污染物的能力。

GESAMP 环境容量概念隐含以下 3 层环境意义。

① 污染物在环境中存在，只要不超过一定的阈值，就不会对环境造成影响。

② 在不影响特定生态系统物理学、生态学等功能的前提下，任何环境都只有有限的容纳污染物的容量。

③ 环境容量可以定量化(GESAMP, 1986)。进一步分析表明, 由于环境容量概念是根据环境质量管理的实际需要而提出的, 海洋环境容量大小不仅取决于自然客观属性, 而且也同时决定于人为主观属性。自然客观属性是指特定环境本身所具有的性质或条件, 如海域环境空间的大小、位置、形态(如海湾、河口)等地理条件, 潮流、温度等水文条件, 物理、化学和生物迁移 - 转化过程以及污染物理化学性质等。然而, 人为主观属性是指人们为维持某一海域特定环境功能, 所确定的应该达到的环境质量标准(张珬荣, 2004)。

4.1.2.2 海洋环境容量实用定义

根据 GESAMP 环境容量定义, 结合标准自净容量定义, 可以给出污染物海洋环境容量(Environmental Capacity, *EC*)实用定义: 在维持特定海洋学和生态学功能所要求的国家海水质量标准条件下, 一定时间范围内, 目标海域海水所能容纳某一污染物的最大数量。应当指出, 在通过各种迁移 - 转化过程而使目标海域海水具有一定海洋环境容量的同时, 由于海水本身具有一定的"本底"浓度约束, 从而使目标海域具有一定的本底环境容量, 在数值上等于"本底"浓度所界定的污染物蓄存量, 于是可将前者称为过程环境容量, 而将后者称为本底环境容量。其中, 本底环境容量通常较小在实际操作时往往忽略, 因此, 为环境管理方便, 通常可将过程环境容量直接作为海洋环境容量。

4.1.2.3 剩余海洋环境容量

在一定污染物排海总量条件下, 由于各种物理、化学和生物迁移 - 转化过程共同作用的结果, 目标海水中污染物浓度维持特定时空分布状态, 其中水质标准控制点处污染物平均浓度一般介于 2 个等级国家海水水质标准浓度限制之间, 只有在极端情况下才超过最低等级。需要说明, 对于平均浓度, 水质标准控制点是指目标海域海水整体, 最高污染物浓度水团, 或最低污染物浓度水团。这样, 目标海域海水可再容纳一定"额外"数量的污染物才能使水质标准控制点处平均浓度增加到较低等级国家海水水质标准, 只有在实际平均浓度超过最低等级水质标准时才完全不能再容纳"额外"数量, 而自目标海域海水去除一定数量的污染物则可减小到较高等级。因此, 可将为达到特定海洋学和生态学功能所要求的国家海水水质标准, 一定时间范围内, 需要目标海域海水再容纳"额外", 或自目标海域海水去除污染物的数量定义为剩余环境容量(Surplus Environmental Capacity, *SEC*)。于是, 相对一定等级国家海水水质标准, 所需要"额外"容纳或去除的污染物数量不仅与相应海洋环境容量(*EC*)有关, 而且与在当前海水中污染物实际浓度条件下, 污染物排海总量(*F*)和污染物蓄存量(*M*)有关, 结果剩余环境容量在数值上等于前后两者之差:

$$SEC = EC - (F + M) \qquad (4.4)$$

这样, 相对当前目标海域海水中污染物实际浓度, *SEC* >0 表示目标海域海水可再容纳"额外"数量污染物才能增加到较低等级国家海水水质标准, 而 *SEC* <0 表示需要采取有效措施自目标海域海水去除一定数量污染物才能减少到较高等级水质标准。方程(4.4)可写成:

$$SEC = (M^s + SPC^s - M) - F \qquad (4.5)$$

如果 $M \ll SPC^s$, 则方程(4.5)可简化为:

$$SEC \cong EC - F \tag{4.6}$$

这说明，如果目标海域海水中污染物蓄存量远远小于一定等级国家海水水质标准条件下的标准自净容量，剩余环境容量在数值上近似等于海洋环境容量与当前污染物排海总量之差，一般适合于水域面积较小、水动力输运较强的目标海域。

4.1.3　污染源分配容量系列

污染源分配容量系列基本概念着重阐述各个污染源在具有确定海洋环境容量阈值前提下，所允许排放的污染物数量关系，主要包括污染源分配容量、剩余污染源分配容量、污染源分配率和浓度场分担率 4 个概念。

4.1.3.1　污染源分配容量

目标海域污染物排海总量一般应由多个污染源的污染物排海通量组成，主要包括陆源、海源和气源。其中，污染物排海通量是指在一定时间范围内，如 1 a 内，单一污染源排放到目标海域海水中污染物的数量。在实际污染物排海总量控制中，由于目标海域海水中污染物浓度空间分布的不均匀性，特别是由于各个污染源对不同水团污染物浓度的影响有显著差异，结果对于具有确定的海洋环境容量阈值的目标海域，允许各个污染源的排海通量不尽相同，只有在优化分配条件下，各个污染源所允许的排海通量之和的极大值才等于相应海洋环境容量。这样，可以将在具有确定的海洋环境容量阈值前提下，为使目标海域水质标准控制点处污染物浓度维持在一定等级国家海水水质标准，一定时间范围内所允许单一污染源的最大污染物排海数量定义为污染源分配容量（Allocated Capacity，AC）。实际上，各个污染源分配容量之和应等于目标海域海洋环境容量。应当指出，由于海洋环境容量可分为过程环境容量和本底环境容量两部分，在污染物排海总量控制中，前者实际上可分配到各个污染源，而后者实际上无法分配。这样，可将分配容量分为有效污染源分配容量（$AC_{(E)}$）和本底分配容量（$AC_{(B)}$）两部分，前者相当于环境容量扣除掉本底环境容量后的海洋环境容量的再分配。另外，按照污染源性质的不同，同时为了海洋环境的管理需要，污染源分配容量可分为可控污染源分配容量（$AC_{(C)}$），如陆源点源等，不可控污染源分配容量（$AC_{(UC)}$），如大气、陆源面源等。其中，可控污染源分配容量主要是指受经济、环境等社会行为影响的可以为人们所利用的那部分容量，不可控污染源分配容量主要是指受海-气界面交换、陆-海交互作用等自然规律影响的不可以为人们所利用的那部分容量。

4.1.3.2　剩余污染源分配容量

参照剩余环境容量，可将在具有确定的海洋环境容量阈值前提下，为使目标海域水质标准控制点处污染物浓度满足一定等级国家海水水质标准的要求，一定时间范围内，允许某一污染源可再"额外"排放，或需削减排放的污染物数量定义为剩余污染源分配容量（Surplus Allocated Capacity，SAC）。同样，相对一定等级国家海水水质标准，允许可再"额外"排放或需削减排放的污染物数量不仅与相应污染源分配容量有关，而且与在当前海水中污染物浓度条件下，实际排海通量（F_i）和相应污染源可影响海域海水中污染物蓄存量

(M_i)有关，结果剩余污染源分配容量在数值上等于前后两者之差：

$$SAC = AC - (F_i + M_i) \tag{4.7}$$

式中，下标 i 表示第 i 污染源。这样，相对当前目标海域海水中污染物实际浓度，$SAC > 0$ 表示允许污染源可再"额外"排放一定数量的污染物才可使目标海域海水中污染物浓度增加到较低等级国家海水水质标准，而 $SAC < 0$ 表示需要采取有效措施削减一定数量的排放污染物才能使污染物浓度减少到较高等级水质标准。

4.1.3.3 污染源分配率

由于各个污染源排海通量不同，不同污染源对目标海域污染物排海总量的贡献有所差异。因此，可将各个污染源实际排海通量占排海总量的比例定义为污染源分配率（Allocation Ratio，AR）：

$$AR_i = \frac{F_i}{F} \times 100 \tag{4.8}$$

式中，下标 i 表示第 i 污染源。这样，AR 越大，表示该污染源对目标海域排海总量的贡献越大，反之亦然。然而，在实际污染物排海总量控制中，在目标海域海水具有确定的海洋环境容量阈值的条件下，不同污染源的分配容量不尽相同。这样，可将各个污染源分配容量占相应海洋环境容量的比例定义为污染源最优化分配率（Optimization Allocation Ratio，OAR）：

$$OAR_i = \frac{AC_i}{EC} \times 100 \tag{4.9}$$

4.1.3.4 浓度场分担率

对于实际海洋环境尤其是海岸型海域，海水中污染物浓度在受各种物理、化学和生物迁移 – 转化过程影响的同时，受各种污染源，特别是陆源排海污染物的影响，结果使其空间分布表现出一定规律，一般可称作污染物浓度场。进一步讲，对于目标海域污染物浓度场，由于污染源布局、排海通量、分配率等有所差异，各个污染源对不同水团的浓度场影响不尽相同。这样，在一定水文、气象等环境条件下，对于目标海域 (x, y, z) 水团的污染物浓度场，$C(x, y, z)$，往往是由多个 i 污染源单独排放条件下所形成的浓度场，$C_i(x, y, z)$，共同作用的结果。这里，可将 i 污染源在单位源强单独排放条件下所形成的浓度分布场定义为 i 污染源响应系数场：

$$\alpha_i(x, y, z) = \frac{C_i(x, y, z)}{F_i} \tag{4.10}$$

$\alpha_i(x, y, z)$ 反映了目标海域海水 (x, y, z) 水团对第 i 个污染源的响应程度，一般设定不是时间的变量，表现为定常场或时间平均场。为了表示不同污染源对目标海域污染物浓度场影响，可以将 $C_i(x, y, z)$ 占 $C(x, y, z)$ 的比例定义为 i 污染源的浓度场分担率：

$$\gamma_i(x, y, z) = \frac{C_i(x, y, z)}{C(x, y, z)} \tag{4.11}$$

浓度场分担率反映了浓度场对污染源的响应程度，γ_i 越大，表示 i 污染源对目标海域海水中污染物浓度影响越大，反之亦然。在实际污染物排海总量控制中，如果要求目标海域(x, y, z)水团处污染物浓度等于一定等级国家海水水质标准浓度，$C^s(x,y,z)$，则可将相应的浓度场分担率称作浓度场基准分担率：

$$\gamma_i^s(x,y,z) = \frac{C_i^s(x,y,z)}{C^s(x,y,z)} \tag{4.12}$$

4.2　海洋环境容量数学模型

4.2.1　数学模型基本方程

对给定的海湾、河口或近岸海域，可采用数值模拟方法求解潮波动力学基本方程。模型可采用二维数值模型或三维数值模型。研究区域属宽浅型水域且潮混合较强烈，各要素垂向分布较均匀的近岸海域或河口、海湾，可采用二维数值模型近似描述海水的三维运动；其余情况则宜采用三维数值模型。

4.2.1.1　动力学控制方程

（1）二维浅海环境动力学控制方程

在 Cartesian 坐标系下，传统的垂直积分方程如下。

连续方程：

$$\frac{\partial \zeta}{\partial t} + \frac{\partial(Hu)}{\partial x} + \frac{\partial(Hv)}{\partial y} = 0 \tag{4.13}$$

动量方程：

$$\frac{\partial u}{\partial t} + u\frac{\partial u}{\partial x} + v\frac{\partial u}{\partial y} - fv + g\frac{\partial \zeta}{\partial x} = \frac{\tau_s^x - \tau_b^x}{\rho H} \tag{4.14}$$

$$\frac{\partial v}{\partial t} + u\frac{\partial v}{\partial x} + v\frac{\partial v}{\partial y} + fu + g\frac{\partial \zeta}{\partial y} = \frac{\tau_s^y - \tau_b^y}{\rho H} \tag{4.15}$$

式中，ζ 为平均海平面以上的水位，单位为 m；H 为总水深（$H = h + \zeta$），单位为 m；u、v 分别为深度平均速度的东分量和本分量，单位为 m/s；f 为 Coriolis 参数，单位为 s^{-1}；ρ 为海水密度；g 为重力加速度，单位为 m/s^2；τ_s^x、τ_s^y 为风应力分量；τ_b^x、τ_b^y 为底应力分量。

（2）三维浅海环境动力学控制方程

设(x, y, z)直角坐标系原点位于静止海面，z 轴垂直向上；考虑柯氏力和侧向、垂向的涡动黏性影响的三维潮流的基本方程组如下。

连续方程：

$$\frac{\partial u}{\partial x} + \frac{\partial v}{\partial y} + \frac{\partial w}{\partial z} = 0 \tag{4.16}$$

动量方程：

$$\frac{\partial u}{\partial t} + u\frac{\partial u}{\partial x} + v\frac{\partial u}{\partial y} + w\frac{\partial u}{\partial z} = -\frac{1}{\rho_w}\frac{\partial p}{\partial x} + fv + \frac{\partial}{\partial z}\left(N_z\frac{\partial u}{\partial z}\right) + A_H\left(\frac{\partial^2 u}{\partial x_2} + \frac{\partial^2 u}{\partial y_2}\right) \tag{4.17}$$

$$\frac{\partial v}{\partial t} + u\frac{\partial v}{\partial x} + v\frac{\partial v}{\partial y} + w\frac{\partial v}{\partial z} = -\frac{1}{\rho_w}\frac{\partial p}{\partial y} - fu + \frac{\partial}{\partial z}\left(N_z\frac{\partial v}{\partial z}\right) + A_H\left(\frac{\partial^2 v}{\partial x_2} + \frac{\partial^2 v}{\partial y_2}\right) \qquad (4.18)$$

$$\frac{\partial p}{\partial z} = -\rho_w g \qquad (4.19)$$

4.2.1.2 污染物扩散方程

（1）二维污染物扩散方程

对于垂向混合比较均匀的浅海水域，可采用下式与二维环境动力模型结合使用，其方程表达式为：

$$\frac{\partial(HC)}{\partial t} + u\frac{\partial(HuC)}{\partial x} + \frac{\partial(HvC)}{\partial y} = \frac{\partial}{\partial x}\left(HD_x\frac{\partial C}{\partial x}\right) + \frac{\partial}{\partial y}\left(HD_y\frac{\partial C}{\partial y}\right) + HS \qquad (4.20)$$

式中，D_x、D_y 分别为 x、y 方向的离散系数，单位为 m^2/s。

（2）三维污染物扩散方程

$$\frac{\partial C}{\partial t} + u\frac{\partial C}{\partial x} + v\frac{\partial C}{\partial y} + w\frac{\partial C}{\partial z} = \frac{\partial}{\partial x}\left(A_H\frac{\partial C}{\partial x}\right) + \frac{\partial}{\partial y}\left(A_H\frac{\partial C}{\partial y}\right) + \frac{\partial}{\partial z}\left(N_z\frac{\partial C}{\partial z}\right) + S \qquad (4.21)$$

式中，u、v、w 分别为 x、y、z 方向的流速分量；N_z 和 A_H 分别为垂向和水平向涡动黏滞系数。

4.2.1.3 污染物在各介质中的迁移转化方程

对于污染物在实际海洋环境中迁移–转化过程而言，海洋环境介质可分为非生物介质和生物介质两大类。非生物介质又可分为外边界和内边界介质，前者主要包括以河流入海口为主的陆源排污口、相邻外海海水、大气等，而后者主要包括海底沉积物、悬浮颗粒、目标海域海水等。生物介质一般都属于内边界介质，主要包括微生物、浮游植物、浮游动物等。对于非生物外边界介质，污染物主要发生介质之间的物理迁移过程，如水动力输运过程。对于非生物内边界介质，污染物不仅发生介质之间的物理、化学、生物迁移过程，而且同时在介质中发生生物、化学转化过程。然而，与非生物介质具有明显差异，在生物介质中不仅发生化学、生物迁移–转化过程，而且同时发生生物介质自身的生物过程，特别是生物生长过程。例如，在吸收营养盐的同时，浮游植物经历繁殖、死亡、代谢等生长过程。

具体讲，迁移–转化过程数学表达主要就是应用一定的数学表达式描述由于单一迁移–转化过程所导致的污染物浓度变化规律等。这样，从数学表达形式上讲，可采用时间定常的解析方程和对时间的微分方程来描述迁移–转化过程所导致的污染物浓度变化规律等，前者一般着重污染物在不同介质之间分配的热力学变化规律，而后者一般着重污染物在不同介质中浓度时间变化的动力学变化规律。进一步讲，由于海洋环境介质性质不同，单一迁移–转化过程所导致的污染物浓度时间变化率差异很大。结果，从时间尺度上衡量，对于相对模拟计算周期较快的迁移–转化过程，可采用时间定常的解析方程，也可采用对时间的微分方程形式，而对于相对较慢的过程，一般需要采用对时间的微分方程形式。例如，由于重金属在悬浮颗粒界面上的吸附过程远远快于海底沉积物，因此前者一般可采用时间定常的解析方程描述其热力学规律，而后者一般需采用对时间的微分方程描述其动力学规律。此外，对于浮游植物、浮游动物等生物生长过程，一般采用对时间的微分方程(表4.2-1)。

表 4.2-1　主要迁移-转化过程的数学方程

介质	过程	数学方程表达	参考文献
大气介质	石油烃大气挥发过程	$$\frac{\mathrm{d}C_{\mathrm{PHs}}}{\mathrm{d}t} = -K_{\mathrm{PHs\_SW-ATM}}C_{\mathrm{PHs}}$$	Xie et al. , 1997
	石油烃大气挥发温度效应	$$K_{\mathrm{PHs\_SW-ATM}} = K^0_{\mathrm{PHs\_SW-ATM}}\exp\left(\frac{\Delta H}{R}\left(\frac{1}{T_0} - \frac{1}{T}\right)\right)$$	王永辰等, 1995
	重金属有机络合过程	$$\frac{C_{\mathrm{I}}}{C_{\mathrm{T}} - C_{\mathrm{I}}} = \frac{C_{\mathrm{I}}}{C_{\mathrm{L}}} + \frac{1}{K_{\mathrm{L}}C_{\mathrm{L}}}$$	Van den Berg and Kramer, 1979

生物介质

介质	过程	数学方程表达	参考文献
微生物	污染物微生物降解过程	$$\frac{\mathrm{d}C_{\mathrm{X}}}{\mathrm{d}t} = -K_{\mathrm{X\_MO}}C_{\mathrm{X}}$$	史君贤等, 2000; 陈碧娥和刘祖同, 2001; 张珞平等, 1994; 赵永志等, 1999; 陈伟民和蔡厚建, 1996
	浮游植物生长过程（Logistic 方程）	$$B_{\mathrm{t\_PPT}} = \frac{B_{\mathrm{f\_PPT}}}{1 + \frac{B_{\mathrm{f\_PPT}} - B_0}{B_0}\mathrm{e}^{(-\frac{u_{\max}}{B_{\mathrm{f\_PPT}}}t)}}$$	马知恩, 1996
浮游植物	浮游植物吸收营养盐过程（Michaelis-Menton 方程）	$$v = v_{\max}\frac{C_{\mathrm{Nuts}}}{Ks + C_{\mathrm{Nuts}}}$$	Kunikane et al. , 1984
	污染物生物富集过程	$$\frac{\mathrm{d}C_{\mathrm{X\_PPT}}}{\mathrm{d}t} = K_{\mathrm{X\_SW-PPT}}C_{\mathrm{X}} - (K_{\mathrm{X\_PPT-SW}} + K_{\mathrm{PPT\_G}})C_{\mathrm{X\_PPT}}$$	王修林等, 1998
	重金属在海水/浮游植物界面上的分配过程	$$C_{\mathrm{M\_PPT}} = K_{\mathrm{M\_SW-SS}}C_{\mathrm{M}}$$	—
浮游动物	浮游动物捕食/摄食过程	$$v_{\mathrm{PPT\_ZPT}} = K_{\mathrm{PPT\_ZPT}}\frac{C_{\mathrm{PPT}} - C^*_{\mathrm{PPT}}}{C_{\mathrm{PPT}} - C^*_{\mathrm{PPT}} + Ks_{\mathrm{PPT\_ZPT}}}$$	Radach and Moll, 1993
	浮游动物生长过程（Logistic 方程）	$$B_{\mathrm{t\_ZPT}} = \frac{B_{\mathrm{f\_ZPT}}}{1 + \mathrm{e}^{(-K_{\mathrm{ZPT\_G}}(t - t_0))}}$$	马知恩, 1996

介质	过程	数学方程表达	参考文献
悬浮颗粒介质	悬浮颗粒沉降过程	$F_{\text{SS\_SW-BS}} = \dfrac{hm}{v_{\text{SS\_SW-BS}}}\left(1 - e^{\frac{v_{\text{SS\_SW-BS}}t}{h}}\right)$	韩秀荣，2000
	污染物在海水/悬浮颗粒界面上的吸附过程	$C_{\text{X}} = \dfrac{aK_{\text{X\_SW-SS}}}{K_{\text{X\_SW-SS}}\dfrac{M}{V_{\text{SW}}}+K_{\text{X\_SS-SW}}}e^{-(K_{\text{X\_SW-SS}}\frac{M}{V}+K_{\text{X\_SS-SW}})t}+b$	Wu and Gachwend, 1986; Jannasch et al. , 1988
	重金属在海水/悬浮颗粒界面上的分配过程	$C_{\text{M\_SS}} = K_{\text{M\_SW-SS}}C_{\text{M}}$	Olsen et al. , 1982
海底沉积物介质	石油烃在海水/海底沉积物界面上的吸附过程	$C_{\text{PHs}} = \dfrac{aK_{\text{PHsSW-SS}}}{K_{\text{PHsSW-SS}}\dfrac{M}{V_{\text{SW}}}+K_{\text{PHsSS-SW}}}e^{-(K_{\text{PHsSW-SS}}\frac{M}{V}+K_{\text{PHsSS-SW}})t}+b$	赵元慧等,1993
	重金属在海水/海底沉积物界面上的吸附过程	$C_{\text{M}} = C_{\text{T}}(1 - e^{(-K_{\text{M\_SW-BS}}t)})$	黄廷林，1995
	营养盐在海水/海底沉积物界面上的交换过程	$\bar{v} = \dfrac{1}{t_{\text{f}}-t_0}\displaystyle\int_{t_0}^{t_{\text{f}}}v_{\text{i}}\,dt = \dfrac{1}{A\times(t_{\text{f}}-t_0)}\int_{t_0}^{t_{\text{f}}}dM(t)$ $= \dfrac{1}{A\times(t_{\text{f}}-t_0)}M(t)\Big|_{t_0}^{t_{\text{f}}}$ 指数方程:$M(t) = b_1(1 - e^{-\frac{t}{d_1}}) + b_2(1 - e^{-\frac{t}{d_2}})$ Boltzmann 方程:$M(t) = \dfrac{M_1 - M_2}{1 + e^{\frac{t-t_1}{t_2}}} + M_2$	蒋凤华，2002

4.2.2 边界条件

（1）二维方程边界条件

固岸边界条件是取边界法向速度为 0：
$$\vec{V} \cdot \vec{n} = 0$$

式中，$\vec{V}=(u, v)$；$\vec{n}$ 是指向边界外的单位法向量。

水边界（开边界）潮流可用已知潮位或流速控制：
$$\zeta(x,y,t)\big|_{\Gamma} = \zeta^*(x,y,t) \tag{4.22}$$

或

$$u(x,y,t)\big|_{\Gamma} = u^*(x,y,t)$$
$$v(x,y,t)\big|_{\Gamma} = v^*(x,y,t) \tag{4.23}$$

式中，Γ 是水边界，ζ^*、v^* 是水边界已知的水位和流速，可以采用实测值，也可以采用准实测值或分析值。

（2）三维方程边界条件

设 ζ 为静止海面起算的水位高度，则于海面 $z = \zeta$ 的边界条件有：

$$\rho_w N_z \left(\frac{\partial u}{\partial z}, \frac{\partial v}{\partial z} \right) = (\tau_{sx}, \tau_{sy}) \tag{4.24}$$

$$w = \frac{\partial \zeta}{\partial t} + u \frac{\partial \zeta}{\partial x} + v \frac{\partial \zeta}{\partial y} \tag{4.25}$$

式中，(τ_{sx}, τ_{sy}) 为海面风应力的 x、y 向分量，潮流场模拟一般不考虑风应力影响，故取 $\tau_{sx} = \tau_{sy} = 0$。

海底 $z = -d$ 的边界条件：

$$\rho_w N_z \left(\frac{\partial u}{\partial z}, \frac{\partial v}{\partial z} \right) = (\tau_{bx}, \tau_{by}) \tag{4.26}$$

$$w = -u \frac{\partial d}{\partial x} - v \frac{\partial d}{\partial y} \tag{4.27}$$

式中，海底摩擦应力 τ_{bx}，τ_{by} 为 τ_{bx}，$\tau_{by} = \dfrac{\rho_w g (u_b^2 + v_b^2)^{\frac{1}{2}}}{C^2} (u_b, v_b)$

式中：C 为谢才系数；u_b、v_b 是海底附近 x、y 向的流速分量。

固岸边界条件是取边界法向速度为零：

$$\vec{V} \cdot \vec{n} = 0 \tag{4.28}$$

其中，$\vec{V} = (u, v, \omega)$；$\vec{n}$ 是指向边界外的单位法向量。

水边界 Γ 用实测或准实测资料控制：

$$\zeta(x, y, t) \big|_\Gamma = \zeta^*(x, y, t) \tag{4.29}$$

或

$$u(x, y, t) \big|_\Gamma = u^*(x, y, t)$$
$$v(x, y, t) \big|_\Gamma = v^*(x, y, t) \tag{4.30}$$

初始条件，将待求物理量均取一常值或给定某初始场。

4.2.3　数值解法

4.2.3.1　分层二维法

分层二维法就是将水体沿水深方向（垂向）分成若干层，将三维方程化为各水层的二维方程来处理。

① 积分平均分层二维法。该法假定各层中的变量在垂向上变化不大（可以忽略），可简单地用积分平均来表示变量的一阶近似，从而将三维问题转化为多个二维问题。将三维潮流控制方程在每层内积分，可得到每层内的二维控制方程。Leendertse 等于 1973 年最早提出了这种方法，它也是最早的三维计算方法，对分层二维控制方程的离散求解可用显式差分法、半隐半显差分法、分步法、集中质量有限元法等。该法在水深较大的水域计算比

较理想，在浅水部分的垂向分辨率低。

② 样条分层二维法。该法将每层内的变量用三次样条插值表示，在每层内对三维控制方程积分便得到一组二维方程，与上面的积分平均分层不同，样条分层的每层水深是随时间变化的。

4.2.3.2　有限差分和有限元联合法

有限差分和有限元联合法有两类：一类是水平方向上用差分法离散，垂向上用有限元法离散(一维有限元)，它的优点是避开了层与层之间处理的困难，但每个时间步长有限元的系数矩阵都不一样，增加了计算的复杂性；另一类是水平方向用有限元离散，垂向用有限差分离散，该法能较好地拟合岸边界。

4.2.3.3　解析法

解析法的基本思路是先用水深积分的二维模型计算出整个计算域的垂向平均流速，将 u 和 v 的垂向分布用垂向平均流速和表示流速垂速平均变化的函数之积表示，即用一维垂向模型来计算各节点的速度剖面，这种方法计算简单，速度快，单计算结果的合理性与表示流速垂向变化的函数密切相关。

4.2.3.4　谱方法

谱方法最初是由 Heaps 提出的，他将两个水平流速分量 u 和 v 在垂直方向的变化以本征函数为基函数作成一维谱展开式(级数形式)，以本征函数为权函数使运动方程自海底至海面的权余量为 0，获得谱展开式中系数的二维方程，与垂直积分型连续方程一起构成一组联力方程，从而将三维问题转化为一组二维问题来求解。Davies 在谱展开式中不用本征函数，而是采用各种广义傅氏级数甚至样条函数做基函数(这样就不必解出本征问题，甚至也不必顾及基函数具有完备正交性)。谱方法能将三维问题化为二维问题来处理，并获得 u 和 v 沿垂向的连续分布，其缺点是在谱展开式中要展开很多项才能达到精度要求。

4.2.3.5　流速分解法

流速分解法的基本思想是引入复型流速向量 $q=u+iv$，将三维运动方程化为 q 的定解问题，并进一步处理后得到 q 的流速分解定解问题。将 q 直接分解成几项具有一定物理意义的流动速度，每一项中均含有一个垂直剖面函数，根据剖面函数的定解问题可以获得其解；将 q 沿水深积分得到垂向平均复型流速向量，将有关各量代入垂直积分型连续方程则得到单纯水位 ζ 所满足的抛物型方程，从而将三维问题化成求解水位的二维问题和求解有限个垂直剖面函数的一维问题。流速分解法属于"二维半"方法，它也能获得 u 和 v 沿垂向的连续分布，但该法必须将垂向湍黏性系数写成线性的变量分离形式，并假定湍黏性系数的垂向剖面形式。

4.2.3.6　分步法

分步法，又称破开(分裂)算子法，就是采用算子分裂技术将三维潮流控制方程分解成易于求解的二维、一维方程和物理意义单一的方程进行求解，从而达到三维方程的求解。分步法分为空间概念上的分步、物理概念上的分步和解析上的分步 3 种类型。分步法是求解多维潮流方程的一种简便、易行而有效的数值计算技术，在处理上具有相当的灵活性。具体分多少步，如何分，在理论上没有严格的限制，而且在分步后对各个分步采用什么样的格式进行计算，也是相当灵活的。原则上只要在分步之后，寻找出一个尽量正确、合理的数值离散方式，就能取得良好的计算成果。分步法的主要不便之处在于处理边界条件。

4.2.3.7 过程分裂法

过程分裂法的基本思想认为三维流动的物理过程是由快过程——表面重力长波的传播与慢过程——缓行的内重力波组成，将快过程与慢过程劈开并对每部分选用适合其物理性和数值行为的计算格式，然后耦联求解。

4.2.3.8 边值模型法

边值模型法类似于二维潮流计算的潮波能谱法，即按分潮波概念，将 u、v、w 和 ζ 表示为谐波，代入三维潮流控制方程，经一定处理后得到一系列分潮位调和常数与时间无关的椭圆形方程。对分潮位方程进行数值求解可得到分潮位，从而解析地计算出分潮流；对每一分潮均进行求解后便完成了某一瞬时的 u、v、w 和 ζ 的计算。该法可以计算任一网格节点上任一深度、任一瞬时的潮流值。

4.2.3.9 动水压力校正法

动水压力校正法的基本思想是将三维潮流控制方程中的压力 p 分解成动水压力与静水压力之和，由控制体积法导出三维控制方程的离散格式，采用 Patanker 和 Spalding 提出的压力校正法求解动水压力场，然后求解垂向积分型连续方程获得水位，用最新求出的水位替代压力校正法中的水位，如此循环迭代直至收敛。该法无须采用"静水压力假定"，即直接求解方程。

4.2.3.10 有限体积法

有限体积法也称控制体积法。王晓建等提出了一种计算三维潮流场的非正交网格的有限体积法，其基本思想是根据计算区域的形状和精度要求，将计算域分成一系列六面体单元，对连续方程的另一种书写形式在单元内进行离散，时间导数采用前差，空间导数利用格林公式处理，即可得到计算 ζ 的显式差分方程；用一种半隐半显格式离散得到求解 u 和 v 的差分方程，空间导数的离散采用格林－高斯公式处理。这种任意六面体单元的有限体积法求解三维潮流场有很好的边界适应性。由于控制体积法能保持通量守恒，因此，即使在比较粗的网格下也能得到比较理想的计算结果。

4.2.3.11 坐标变化法

坐标变化法就是不在 (x, y, z, t) 坐标系中求解方程而获得方程的解。有以下几种方法。

（1）垂向伸缩坐标变换（σ 坐标变换）法

垂向伸缩坐标变换法是在 z 向引入 $\sigma = (z-\zeta)/(h+\zeta)$ 或 $\sigma = (\zeta-z)/(h+\zeta)$（或 σ 的其他形式）变换，将整个计算域的水体厚度处处变为单位 1，同时将 (x, y, z, t) 坐标系中的三维潮流控制方程变成 (x, y, σ, t) 坐标系（σ 坐标系）中的方程；在 σ 坐标系中求解方程并将计算结果转换到 (x, y, z, t) 坐标系中从而完成三维潮流控制方程的求解。σ 坐标变换法将自由表面和不规则自由海底转换成 σ 坐标系中表层的底层坐标平面,"水深"为 1,这不仅使整个计算水域垂向具有相同的网格数且可随意分层,从而保证浅水部分具有更高的垂向分辨率,而且从数值方法上讲,σ 坐标系中方程的离散求解要容易得多,因此,σ 坐标变换在三维潮流数值计算中获得了广泛的应用。σ 坐标系中的三维潮流控制方程的数值离散求解方法很多,在时间和空间上均采用交错网格的有限差分法、过程分裂法、水平方向使用三角形网格的分步杂交法、水平方向使用非交错正方网格的有限差分法、水平方向采用不规则三角形网格的有限差分法等。

(2)垂向使用 σ 坐标变换而水平方向使用边界拟合坐标法

垂向使用 σ 坐标变换而水平方向使用边界拟合坐标法垂向上使用 σ 坐标变换,具有 σ 坐标变换的优点,水平方向使用边界拟合坐标可以精确拟合天然水域的复杂边界。

(3)x、y 和 z 三方向均采用伸缩坐标变换法

伸缩坐标变换法除了在 z 向使用 σ 坐标变换外,在 x、y 两个方向上也使用伸缩坐标变换,使整个计算区域在 x 和 y 向的尺度也变为单位 1,从而整个计算域变为单位立方体。该法具备 σ 坐标变换的优点,在水平方向上能拟合水陆边界,但变换后的方程相对要复杂些。

以上 3 种坐标变换法中,垂向伸缩坐标变换法应用得最为广泛,也是最简单的。由于任意三角形网格差分法在 σ 坐标系中方程离散求解的成功应用,使其他两种方法边界拟合好的优势也变得逊色了。

4.2.4 常用模型介绍

目前,国际上先进的和使用广泛的河口海洋数值模式有美国普林斯顿大学的 ECOM (Estuary, Coast and Ocean Model)模式、美国麻州大学海洋科学技术学院的 FVCOM 模式、美国 Virginia 海洋研究的 EFDC 模式、荷兰的 Delft 模式和丹麦 DHI 公司的 MIKE 模式。

(1)ECOM

ECOM 是在 POM 的基础上发展起来的。POM 采用蛙跳有限差分格式和分裂算子技术,将慢过程(平流项等)和快过程(产生外重力波项)分开,分别用不同的时间步长积分,快过程的时间步长受严格的 CFL 判据的限制。为消除蛙跳格式产生的计算解,POM 在每一时间积分层次上采用了时间滤波。另外,分裂算子方法可能会造成微分方程和差分方程解的不一致性。ECOM 放弃了分裂算子和时间滤波方法,时间上采用前差格式,并用半隐格式计算水位方程,消除了 CFL 判据的限制。ECOM 的 POM 在其他方面是一致的,均采用基于静力和 Boussinesq 近似下的海洋原始方程,水平曲线网格,垂向 σ 坐标,变量空间配置 Arakawa C 格式,自由海表面,2.5 阶湍流闭合模型求解垂向湍流黏滞和扩散系数基于 Smagorinsky 参数化方法,耦合了完整的热力学方程。

(2)FVCOM

FVCOM 最大的特色和优点是结合了有限元法易拟合边界、局部加密的优点和有限差

分法便于离散计算海洋原始方程组的优点；有限元法采用三角形网格，给出线性无关的基函数，求其待定系数，特点是三角形网格易拟合边界、局部加密；而有限差分直接离散差分海洋原始方程组，特点是动力学基础明确、差分直观、计算高效。FVCOM 兼有两者，数值计算采用方程的积分形式和更好的计算格式，使动量、能量和质量具有更好的守恒性，用于干湿判断法处理潮滩移动边界，应用 Mellor 和 Yamada 的 2.5 阶湍流闭合子模型使模式在物理和数学上闭合，垂向采用 σ 变换来体现不规则的底部边界，外膜和内膜分裂以节省计算时间。

（3）EFDC

EFDC（Environmental Fluid Dynamics Computer Code）模型是由美国 Virginia 海洋研究所根据多个数学模型集成开发研制的，是一个多任务、高集成的大型的环境流体动力学模块式计算程序包，用于模拟一维、二维和三维河流、湖泊、河口、近岸海域以及湿地等水系统流场、泥沙输运（非黏性泥沙和黏性泥沙）、水质、生态过程及淡水入流。水域模拟范围包括：河口、河流、湖泊、水库、湿地以及自近岸到陆架的海域。可以同时考虑风、浪、潮、径流的影响，并可同步布设水工建筑物。最初用于河口以及沿岸复杂地形水域的水动力学和温盐场模拟的，后来逐渐开发研究成为一个多目的的模型包。河海大学物理海洋研究所在该模型基础上进一步研究开发，进行了大量的修改，使之能适用我国沿海海域。

（4）DHI – MIKE

MIKE 模型是由丹麦水动力研究所（DHI）开发的，是国际上广泛应用的商业软件。与通常流体力学数值计算的过程一样，软件的计算过程也可以归纳为：前处理；数学模型计算参数的率定；模拟计算各种工况；后处理。

MIKE – 11 模型是一维计算模型，对于河道、湖泊及分蓄洪区均概化为一维河道，湖泊及分蓄洪区的概化断面利用水位容积曲线修正。计算方法是求解圣维南方程组，采用向前的六点隐式差分计算格式，河网是利用汉点的兼容性求解，该模型设置的河网结构比较灵活，只要能给定边界条件，河网可任意选定。在 MIKE – 11 的基础上，DHI 又开发了二维 MIKE21 和三维 MIKE31 模型。MIKE21 采用垂向平均的二维浅水方程，离散方法为有限差分法，计算算法采用 ADI 格式。与其他计算软件相比，具有前后处理方便、结果显示生动、计算中考虑的影响因素全面以及与系列中其他计算模块衔接容易等优点。MIKE 模型都具有很好的界面，能处理许多不同类型的水动力条件。但它们的源程序不对外开放，使用有加密措施，售价昂贵。

（5）Delft – 3D

Delft – 3D 是一个关于水流和水质的软件包，是荷兰 Delft 水力研究院开发的，模拟二维深度平均或三维非恒定流及物质输移性质。它的总的思想是生成网格和网格节点上的水深文件，通过对应的模块来计算相应水流问题，根据计算结果处理得到的数据。所以这个软件包括生成网格和网格节点上的水深的网格生成部分，在它的模块中包括三维的水流计算、波浪、水质、生态、泥沙输送和地形演变等模块，并且在计算后提供了后处理的软件

（post-processing，GPP），对于每个模块都有自己的菜单和运行对话框。它在许多河流及海域的模拟中起到了很好的作用。

Delft - 3D 软件总体上以模型水动力模块为核心，其他模块在模型上扩展、构形。它是一个包括了计算水利中很多相关问题的软件，其中包括了水环境、水生态、地形演变、泥沙输送等。水动力模块建立在 Navier-Stokes 方程的基础上，应用了浅水简化，采用交替方向法对该坐标系下的控制方程组进行离散求解。

4.3 海洋环境容量计算的方法

海洋环境容量不仅决定于其自然客观属性，而且同时决定于人为主观属性，两者通过目标海域海水中污染物浓度场分别主要体现在排海通量约束条件和水质标准约束条件上。一方面，对于海洋环境容量的自然客观属性，在多介质海洋环境中，由于各种物理、化学和生物迁移 - 转化过程（图 4.3 - 1）的共同作用，一部分排海污染物可自目标海域海水中迁移到其他介质或转化为生态系"无害"形态，而另一部分则蓄存在目标海域海水中。因此，无论是各种污染物迁移 - 转化通量，还是蓄存量不仅决定于各个污染源的污染物排海通量、目标海域海水中污染物浓度时空分布等，而且同时决定于两者之间的相互关系。进一步讲，在多介质海洋环境中，在排海污染物独立发生各种物理、化学和生物迁移 - 转化

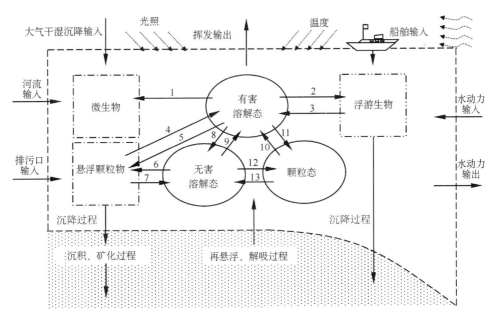

图 4.3 - 1 化学污染物在多介质海洋环境中迁移 - 转化概念模型

1. 微生物降解过程；2、3. 生物富集或吸收过程；4、5、6、7. 污染物在海水/悬浮颗粒界面上的吸附等地球化学过程；8、9. "无害"、"有害"溶解态污染物生物、化学转化过程；10、11、12、13. 溶解态/颗粒态污染物生物、化学迁移 - 转化过程

过程的同时，各个水团中污染物通过对流迁移、湍流扩散等作用而相互联系，结果导致目标海域海水中污染物浓度同时具有空间分布的不均匀性和时间变化的波动性。这样，应用数值模型方法模拟再现在各个污染源的排海通量条件下，目标海域海水中污染物浓度时空分布成为计算各种迁移－转化通量和蓄存量的关键，进而是实现排海通量约束条件的必要前提。另一方面，对于海洋环境容量的人为主观属性，主要由于海洋环境质量管理对目标海域特定海洋学、生态学等功能的要求，根据国家海水水质标准，结合目标海域海水中污染物浓度场特征，合理设置水质标准控制点成为实现水质标准约束条件的必要前提。总之，在多介质海洋环境中，由于各种物理、化学和生物迁移－转化过程共同作用的结果，目标海域海水具有一定的海洋环境容量，其中通过水质标准约束条件满足国家海水水质标准要求，而通过排海通量约束条件确定各个污染源所允许的污染物排放数量。目前，可分别应用标准自净容量法、水动力交换法、排海通量分担率法和排海通量最优化法原理同时实现排海通量和水质标准约束条件，进而满足海洋环境容量计算的要求。

4.3.1 标准自净容量法

（1）方法原理

如果海水中污染物浓度空间分布均匀，可将目标海域海水视为一个污染物混合均匀的箱式水体。这样，箱内污染物蓄存量（M）时间变化率不仅决定于单位时间内各污染源排海通量（F_i）和箱内外水动力输运下的水物理迁移通量（TTF_{PHD}），而且同时决定于单位时间内箱内除水动力输运过程之外的其他物理、化学、生物迁移－转化通量（TTF_j）：

$$\frac{dM}{dt} = V\frac{dC}{dt} = \sum_i F_i - TTF_{P\_HD} - \sum_j TTF_j \tag{4.31}$$

式中，C 为箱内水中污染物平均浓度，下标 i 和 j 分别为某一污染源和迁移－转化过程。设定箱内污染物浓度等于一定等级国家海水水质标准，$C = C^s$，然后对方程（4.31）时间积分，时间范围 t 为 1 a，则：

$$M^s = \int_{C^0}^{C^s} V dC = \sum_i \int_0^t F_i dt - \left(\int_0^t TTF_{P\_HD} dt + \sum_j \int_0^t TTF_j dt \right) \tag{4.32}$$

根据标准自净容量定义，则：

$$SPC^s = \int_0^t TTF_{P\_HD} dt + \sum_j \int_0^t TTF_j dt \tag{4.33}$$

同时根据海洋环境容量实用定义，则：

$$EC_{(s)} = \sum_i \int_0^t F_i dt \tag{4.34}$$

结果根据方程（4.32）、（4.33）和（4.34）有：

$$EC_{(s)} = \int_0^t TTF_{P\_HD} dt + \sum_j \int_0^t TTF_j dt + M^s = SPC^s + M^s \tag{4.35}$$

方程(4.35)表明，海洋环境容量在数值上等于污染物标准自净容量与标准蓄存量之和，因此，该计算方法可称作标准自净容量法。同时进一步证明，标准自净容量不仅决定于水动力输运过程，而且同时决定于其他物理、化学和生物迁移 – 转化过程。

（2）方法分析

根据标准自净容量方法原理，结合应用污染物在多介质海洋环境中迁移 – 转化箱式模型，计算了胶州湾营养盐、石油烃、重金属等主要化学污染物基准海洋环境容量（王修林等，2006）。然而，对于大多数类型目标海域，由于水动力输运过程等限制，各种污染源，特别是陆源排海污染物难以在较短时间在目标海域海水中达到混合均匀状态，从而使污染物浓度空间分布具有不均匀性特征。同时，目标海域海水在空间上作为一个整体，各水团并不是孤立存在，而是通过污染物平流迁移、湍流扩散等作用相互联系。结果，在目标海域海水中，当部分水团中污染物浓度超过一定等级国家海水水质标准时，另一部分水团可能远远低于水质标准，反之亦然。于是，根据上述方法原理和假设前提条件，标准自净容量法具有三个方面的限制性。首先，标准自净容量法只适用于面积不大、混合比较均匀的海湾水域，而不适用于面积较大、混合不均匀、具有一定环流结构的海岸海域。其次，标准自净容量法只能计算海域平均浓度达标下的容量，而不能计算水质控制点浓度达标下的海洋环境容量。最后，标准自净容量法只能计算体现目标海域海水整体的海洋环境容量，而不能进而计算体现单一污染源的污染物分配容量。

4.3.2 水动力交换法

（1）方法原理

如果污染物水物理迁移通量（TTF_{PHD}）远远大于其他迁移 – 转化通量（$\sum_j TTF_j$），即

$\int_0^t TTF_{P\_HD}\mathrm{d}t \gg \sum_j \int_0^t TTF_j\mathrm{d}t$，则方程(4.35)简化为：

$$EC_{(s)} = \int_0^t TTF_{P\_HD}\mathrm{d}t + M^s \qquad (4.36)$$

如果目标海域较小，箱内污染物蓄存量（M^s）远远小于污染物水物理迁移通量（TTF_{P_HD}），即 $M^s \ll \int_0^t TTF_{P\_HD}\mathrm{d}t$，则方程(4.36)进一步简化为：

$$EC_{(s)} = \int_0^t TTF_{P\_HD}\mathrm{d}t \qquad (4.37)$$

进一步讲，对于水体较小的封闭或半封闭海湾，污染物水动力输运过程可以简化为箱内海水与外海水的交换，这样，单位时间内污染物的水物理迁移通量可表示为：

$$TTF_{P\_HD} = \beta Q_{out} C_{out} - \gamma Q_{in} C \qquad (4.38)$$

式中，β 为外海水对箱内水的交换率，γ 为箱内水对外海水的交换率，Q_{out} 表示外海水流入

93

箱内水量，Q_{in} 表示流出箱内水量，C 表示箱内海水中污染物平均浓度，C_{out} 表示外海水中污染物平均浓度。则方程（4.37）可表示为：

$$EC_{(s)} = \int_0^t (\beta Q_{out} C_{out} - \gamma Q_{in} C)\, dt \qquad (4.39)$$

方程（4.36）和（4.37）说明，海洋环境容量主要决定于污染物水动力输运过程，同时方程（4.39）说明，海洋环境容量主要决定于箱内外海水的交换，因此，该方法一般可称作水动力交换法（吴俊和王振基，1983；匡国瑞等，1987；夏华永等，1996；马绍赛，1998），可以看做是标准自净容量法的简化方法。

（2）方法分析

由于污染物浓度空间分布的实际不均匀性，特别是除水动力输运过程之外的其他迁移 - 转化过程的重要性，通过污染物平流迁移、湍流扩散等作用相联系的各个水团内污染物浓度应遵守如下质量守恒关系：

$$V_i \frac{dC_i}{dt} = \sum_j Q_{ji} C_j - \sum_h Q_{ih} C_i + \sum_f K_f C_i \qquad (4.40)$$

式中，V_i 为第 i 箱体积，C_i 为第 i 箱内海水中污染物平均浓度，Q_{ji} 为单位时间内第 j 箱向第 i 箱的海水输入量，C_j 为 j 箱内海水中污染物平均浓度，Q_{ih} 为单位时间内第 i 箱向第 h 箱的海水输出量，K_f 为污染物的第 f 迁移或转化速率常数。这样，如果 $\sum_f K_f C_i$ 项与（$\sum_j Q_{ji} C_j - \sum_h Q_{ih} C_i$）项相当，甚至远远大于（$\sum_j Q_{ji} C_j - \sum_h Q_{ih} C_i$）项，水动力交换法的计算结果不仅只能代表水物理迁移环境容量，而不是海洋环境容量，而且计算误差可能比较大。因此，除了标准自净容量法已有的 3 个方面的限制性外，对于只考虑水动力输运过程的水动力交换法，只能适用于能满足保守物质要求的污染物，然而，在实际多介质海洋环境中，营养盐、石油烃、重金属等大多数排海化学污染物，不仅发生水动力输运过程，而且可同时发生其他物理、化学和生物迁移 - 转化过程，一般难以忽略，甚至更加重要。总之，水动力交换法在海域类型上只能适用于面积不大、混合比较均匀的海湾水域，在污染物类型上只能适用于满足保守物质要求的污染物。

4.3.3　浓度场分担率法

（1）方法原理

对于污染物浓度空间分布不均匀的目标海域，如果污染物对流迁移、湍流扩散系数不依赖于污染物浓度，污染物三维对流 - 扩散输运方程为线性方程，从而使目标海域污染物浓度场满足叠加原理。于是，在目标海域海水中，多个污染源共同作用所形成的污染物浓度分布场，$C(x,y,z)$，应等于各个污染源单独作用下所形成的浓度分布场，$C_i(x,y,z)$ 的线性叠加：

$$C(x,y,z) = \sum_{i=1}^m C_i(x,y,z) \qquad (4.41)$$

根据响应系数场定义有：

$$C_i(x,y,z) = F_i\alpha_i(x,y,z) \tag{4.42}$$

如果假设响应系数场同样不依赖于污染物浓度而保持恒定，则任何浓度条件下形成的 $\alpha_i(x,y,z)$ 应等于一定等级国家水质标准条件的 $\alpha_i^s(x,y,z)$：

$$\alpha_i(x,y,z) = \alpha_i^s(x,y,z) \tag{4.43}$$

结果有：

$$F_i^s = \frac{F_i C_i^s(x,y,z)}{C_i(x,y,z)} \tag{4.44}$$

式中，$C_i^s(x,y,z)$ 为第 i 个污染源单独作用而使 (x,y,z) 水团污染物浓度场处于一定等级国家海水水质标准，F_i^s 为相应的第 i 个污染源污染物排海通量。如果同样假设浓度场分担率不依赖于污染物浓度而保持恒定，则任何浓度条件的浓度场分担率 $\gamma_i(x,y,z)$ 应等于一定等级国家水质标准条件的浓度场基准分担率 $\gamma_i^s(x,y,z)$，即 $\gamma_i(x,y,z) = \gamma_i^s(x,y,z)$，这样，根据方程(4.11)和(4.12)，方程(4.44)转变为：

$$F_i^s = \frac{F_i C^s(x,y,z)}{C(x,y,z)} \tag{4.45}$$

然后，通过累加各个污染源的 F_i^s，可以得到目标海域整个海水的海洋环境容量：

$$EC = \sum_{i=1}^{m} F_i^s = \frac{C^s(x,y,z)\sum_{i=1}^{m} F_i}{C(x,y,z)} \tag{4.46}$$

根据方程(4.41)，结合方程(4.42)，方程(4.43)可转变为：

$$EC = \frac{C^s(x,y,z)\sum_{i=1}^{m} F_i}{\sum_{i=1}^{m} F_i\alpha_i(x,y,z)} \tag{4.47}$$

（2）方法分析

浓度场分担率法具有计算方法容易理解、实际应用简便等优点，但在浓度场分担率恒定的假设等方面却值得探讨。首先，方程(4.42)表明，由于对于各个污染源，水质标准控制浓度场 $C^s(x,y,z)$ 和当前浓度场 $C(x,y,z)$ 都相同，海洋环境容量与当前污染物排海总量成正比，前者相当于后者的倍数，结果使海洋环境容量不依赖于各个污染源所形成的浓度场，这显然与实际情况不符。其次，方程(4.42)同时表明，方程左端 EC 项与水质标准控制点位置无关，但右端 $C^s(x,y,z)$ 项却应是控制点位置的函数，结果使目标海域海洋环境容量计算结果必然依赖于由国家《海水水质标准》所界定的水质标准控制点位置的选择，这显然与海洋环境容量的自然客观属性相悖。第三，浓度场分担率不仅应与各个污染源的排放通量、分配率有关，而且也应与污染源布局等有关，但对于实际目标海域，各个污染源的排放通量分配率并不能维持恒定不变，结果分担率恒定的假定与实际情况往往有相当差别。最后，在实际海洋环境中，由于水文、气象等环境要素往往具有一定的天、周、月、季乃至年变化规律，由此一般形成具有一定时间波动性的污染物浓度分布场，进而难以保证时间常数的分担率场。进一步讲，即使在各个污染源排海通量恒定条件下，由于污染物浓度分布场主要决定于各种物理、化学和生物迁移－转化过程，因此，必然受潮流、潮波、海水温度、盐度等水文环境要素，海面热通量、海面风应力等气象环境要素等影响。结果，对于渤海这样的陆架浅海，尽管可以在若干个潮周期内用拉格朗日平均方法来基本消除潮流的影响，但对于除水动力输运之外的其他物理、化学和生物迁移－转化过程比较强的污染物，浓度分布场不仅往往受温度等环境要素，而且同时受生物群落结构等影响，甚至是显著影响。实际上，数值模型模拟计算表明，只有在各个污染源排海通量恒定、污染物满足保守物质性质要求等前提下，在模拟时间足够长后，当目标海域中污染物输入速率基本上与相邻外海输出速率相等时才有可能形成稳定的浓度分布场。总之，不仅根据方程(4.42)分析说明，浓度场分担率恒定的假定是不甚合理的，而且由于污染物浓度场、污染源分配率等在时间上所具有的波动性等不确定性原因，在实际海洋环境中，难以形成时间的常数的分担率场。

这样，由于浓度场分担率恒定的假定所固有的不甚合理性等原因，大大降低了浓度场分担率法的计算结果的合理性、准确性等。因此，只有在掌握比较全面的污染源排海通量、分配率、浓度分布场等资料，进而确定目标海域是否能够满足分担率恒定的假定等要求前提下，才可以应用浓度场分担率法。首先，目标海域污染源布局、分配率应相对稳定。其次，污染物可基本满足保守物质性质的要求，从而使海洋环境容量主要决定于污染物水动力输运过程，而其他物理、化学和生物迁移－转化过程基本可以忽略。再次，目标海域面积不太大，水动力交换比较强，可以在比较短的时间内达到相对稳定的浓度分布场。最后，目标海域水质现状基本满足水质控制标准，或至少相差不大。

4.3.4 排海通量最优化法

（1）方法原理

在各个污染源，特别是陆源布局保持基本恒定的前提下，目标海域海水的海洋环境容量应主要决定于排海污染物的各种物理、化学和生物迁移－转化过程。因此，根据污染物排海总量控制的实际需求，在目标海域具有确定的海洋环境容量阈值的前提下，为满足一定等级国家海水水质标准要求，可通过优化各个污染源的排海通量分配率的方法使各个污染源所允许的排海通量之和达到极大值(宿俊英等，1992；李适宇等，1999)。这样，在海洋环境容量计算中，要求目标函数为：

$$\max \sum_{j=1}^{n} F_j \tag{4.48}$$

于是，要求相应水质标准约束条件为：

$$\begin{pmatrix} C_1^0 \\ C_2^0 \\ \vdots \\ C_m^0 \end{pmatrix} + \begin{pmatrix} \alpha_{11} & \alpha_{12} & \cdots & \alpha_{1n} \\ \alpha_{21} & \alpha_{22} & \cdots & \alpha_{2n} \\ \vdots & \vdots & \ddots & \vdots \\ \alpha_{m1} & \alpha_{m2} & \cdots & \alpha_{mn} \end{pmatrix} \begin{pmatrix} F_1 \\ F_2 \\ \vdots \\ F_n \end{pmatrix} \leqslant \begin{pmatrix} C_1^s \\ C_2^s \\ \vdots \\ C_m^s \end{pmatrix} \tag{4.49}$$

同时，要求相应排放通量约束条件为：

$$F_j \geq 0 \tag{4.50}$$

式中，F_j 为第 j 个污染源排海通量，n 为污染源数目，C_i^0 为水质标准控制点处污染物背景浓度，C_i^s 为控制点处由国家《海水水质标准》所界定的污染物标准浓度，m 为水质标准控制点数目，α_{ij} 为第 j 个污染源单位排放量对第 i 个水质标准控制点处污染物浓度的贡献度系数。这样，海洋环境容量计算实际上就归结到求解联立方程(4.48)、(4.49)和(4.50)所界定的线性规划问题。进一步讲，根据单纯形法，应用相应专业软件(徐士良，1995)，可以方便地求解上述线性规划问题。结果，在污染源布局基本恒定的前提下，由于排海通量最优化法在数学上确实得到了各个污染源的允许排海通量之和的极大值，其计算结果不仅体现了海洋环境容量自然客观属性对排海通量约束条件的要求，而且体现了人为主观属性对水质控制标准约束条件的要求。

（2）方法分析

排海通量最优化方法的显著优点是以目标海域各个污染源所允许的排海通量之和达到极大值为目标函数，通过统筹多个国家海水水质标准浓度作为水质标准约束条件，结合排海通量非负约束条件，应用单纯形法求解上述三者所界定的线性规划问题，从而得到同时体现目标海域自身客观属性和人为主观属性要求的海洋环境容量。目前，排海通量最优化法已广泛应用于河流、湖泊和海洋等环境容量计算(宿俊英等，1992；李适宇等，1999；方秦华等，2004；刘哲，2004；郭良波，2005)。然而，由于排放通量非负约束条件允许 $F_j = 0$，计算结果可能会出现某些污染源排放通量被"优化掉"的情况。结果，尽管在数学上确实得到了各个污染源所允许的排海通量之和的极大值，却与实际情况严重不符。这主要是由于自然、社会、经济等原因，难以甚至不可能轻易改变当前污染源布局现状，特别是河流入海口，从而实际上不可能大幅度封闭现有污染源。因此，为了在一定程度上修正排海通量最优化法计算结果与现状可能严重不符的情况，需要修正或增设排海通量附加约束条件，使任何污染源 $F_j \neq 0$。进一步讲，可以从目标海域污染源覆盖区域的基本生活需求最低保障原则和经济效益最大化原则两个方面考虑约束条件的修正和增设，前者计算结果可能只少许偏离，而后者可能大幅度偏离海洋环境容量。因此，无论是根据基本生活需求最低保障原则修正排海通量非负约束条件，还是根据经济效益最大化原则增设排海通量附加约束条件，尽管计算结果可能更加符合实际情况，但都不同程度地偏离海洋环境容量，只能代表在一定排海通量修正或增设约束条件下，各个污染源所允许排海通量之和的极大值，而不是海洋环境容量。

一方面，根据基本生活需求最低保障原则，设定排海通量约束条件为：

$$F_j \geq \lambda \sum F_j \tag{4.51}$$

式中，λ 表示污染源覆盖区域满足基本生活需求条件下的排放通量最小保障系数，可根据当地社会经济发展水平设定。方程(4.51)表明，任何污染源的实际排放通量不得低于基本生活需求最低保障原则所要求的排海通量，因此方程(4.51)可称作最低保障排海通量约束条件。这样，在求解线性规划问题中，可采用最低保障排海通量约束条件替代排放通量非负约束条件。

另一方面，从经济发展与环境保护之间关系考虑，由于不同产业单位增加值或产值所产生的污染物数量有显著差异等原因，相同经济产值所产生的污染物排放量不同，由此所需的海洋环境治理成本也不同，结果整体经济效益有很大差别。这样，根据经济效益最大化原则，对于具有确定海洋环境容量阈值的目标海域，可通过优化各个污染源分配率，使目标海域污染源覆盖区域形成具有最大经济效益的产业结构体系。进一步讲，为了实现上述目的，可采取不同的优化方式。首先，可要求目标海域污染源覆盖区域实际可能产生的最大经济产值（Φ_{max}）满足一定的约束条件（方秦华等，2004）：

$$\Phi_{max} \geqslant F_{max}\varepsilon_{max} \tag{4.52}$$

式中，ε_{max} 为单位污染物排放量的最大经济产值，F_{max} 表示最大允许排放通量。方程（4.52）表明，目标海域污染源覆盖区域实际可能产生的最大经济产值不应小于由 ε_{max} 和 F_{max} 共同界定的潜在可能最大经济产值，因此方程可称作最大经济产值约束条件。其次，为了满足经济效益最大化原则，也可优先发展高附加值、低排放量的主导产业，因此可要求目标海域污染源覆盖区域主导产业污染物排放量（F_{im}）所占相应最大允许排放量（F_{max}）比例应当设定在一个合理范围内（方秦华等，2004）：

$$\beta_1 F_{max} \leqslant F_{im} \leqslant \beta_2 F_{max} \tag{4.53}$$

式中，β_1，β_2 为约束系数。最后，为了满足经济效益最大化原则，也要求目标海域污染源覆盖区域污染物排放通量（F）增长率满足一定的约束条件（方秦华等，2004）：

$$F \leqslant F_0 (1 + \alpha)^t \tag{4.54}$$

式中，F_0 表示统计基准年的排放通量，α 表示所允许的排放通量年增长率，一般要求小于相应经济增长率，因此，方程（4.54）可称作排海通量增长率约束条件。需要指出，对于上述排放通量附加约束条件，可以单独使用，也可以其中几个联合使用。然而，只有根据目标海域污染源覆盖区域的社会经济发展，特别是产业结构、污染物排放量等系统统计资料，才有可能得到科学合理的、符合实际情况的有关约束参数。

在多介质海洋环境中，主要由于排海污染物在发生各种物理、化学和生物迁移－转化过程的同时，通过对流迁移、湍流扩散等作用而相互联系，结果导致目标海域海水中污染物浓度表现出空间分布的不均匀性和时间变化的波动性等特征。这样，对于上述4种海洋环境容量计算方法，尽管前提假设等有所不同，但在海洋环境容量计算中，都需要通过模拟再现目标海域海水中污染物浓度时空分布以实现水质标准约束条件，进而使各个污染源所允许的排海通量之和为极大值。进一步讲，由于各个污染源布局、排海通量等与目标海域海水中污染物浓度时空分布有着密切关系，在海洋环境容量计算中，要求同时模拟再现各个污染源以实现排放通量约束条件。然而，由于不同计算方法对实现水质标准约束条件的水质标准控制点设置的要求不尽相同，不同计算方法对数值模型的维数、分辨率等运行空间条件的要求有所不同，其中标准自净容量法和水动力交换法以目标海域海水整体作为国家海水水质标准划分依据，而浓度场分担率法和排海通量最优化法却需设置若干个最高或最低浓度水团作为水质标准控制点。另外，由于在不同污染物排海通量条件下，海洋环境容量与水物理迁移环境容量决定于不同迁移 – 转化过程通量，不同计算方法对模型过程复杂程度的要求有所不同，前者要求可比较细致刻画各种过程的"系统过程"模型，而后者只要求可细致刻画水动力输运的"单一过程"模型。实际上，就数值模拟再现目标海域海水中污染物浓度时空分布、各个污染源的排海通量等而言，根据过程的复杂程度，可分为"单一过程"和"系统过程"模型两大类。"单一过程"模型的优点是可以比较细致地刻画一种单一过程，如水动力输运过程，但缺点是不能同时考虑过程之间的相互作用。"系统过程"模型的优点是可以同时刻画几种单一过程，比"单一过程"模型更接近真实系统，但往往对某一单一过程刻画比较粗糙，有时不得不忽略许多细节，同时模型运行也更加复杂，甚至无法运行。另外，根据模型运行空间，一般可分为箱式模型和多维，特别是三维空间模型两大类。箱式模型的优点一般是能够方便地模拟再现目标海域海水中污染物浓度等主要状态变量的时间变化规律，却不能模拟空间变化。然而，三维空间模型的优点是能够模拟再现污染物浓度等主要状态变量的空间变化规律，但由于模型运行往往比较复杂等原因，特别是难以进行长时间模拟计算，由此难以模拟主要状态变量的长时间变化规律。

参考文献

鲍献文，阎菊，赵亮，等. 1999. ECOM 模式在胶州湾潮流计算中的应用[J]. 海洋科学，5：57 – 60.

蔡载昌，等. 1991. 环境污染总量控制[M]. 北京：中国环境科学出版社.

陈碧娥，刘祖同. 2001. 湄州湾海洋细菌降解石油烃研究[J]. 石油学报(石油加工)，17(5)：31 – 35.

陈长胜. 2003. 海洋生态系统动力学与模型[M]. 北京：高等教育出版社.

陈春华. 1997. 海口湾海域铜的自净能力研究[C]//青年海洋论坛文集，北京：海洋出版社：212 – 217.

陈春华. 1998. 海口湾海域铜的自净能力研究[D]. 青岛：青岛海洋大学.

陈慈美，林月玲，陈于望，等. 1993. 厦门西海域磷的生物地球化学行为和环境容量[J]. 海洋学报(3)：
    43 – 48.

陈力群. 2004. 莱州湾海洋环境评价与污染总量控制方法研究[D]. 青岛：中国海洋大学.

陈时俊. 1988. 我国渤海和十个海湾水质预测及物理自净能力研究(专刊)[J]. 山东海洋学院学报，18
    (2)：1 – 199.

陈伟民，蔡厚建. 1996. 微生物对太湖微囊藻的好氧降解研究[J]. 湖泊科学，8(3)：248 – 252.

方秦华，张珞平，王佩儿，等. 2004. 象山港海域环境容量的二步分配法[J]. 厦门大学学报(自然科学
    版)，43(增刊)：217 – 220.

傅国伟. 1993. 水污染物排放总量的分配原则与方法，环境背景值及环境容量研究[M]. 北京：科学出版
    社：444 – 450.

高会旺，孙文心，翟雪梅. 1999. 水层生态系统动力学模型参数的灵敏度分析[J]. 青岛海洋大学学报，
    29(3)：398 – 404.

葛明，王修林，阎菊，等. 2003. 胶州湾营养盐环境容量计算[J]. 海洋科学，27 (3)：36 – 42.

葛明. 2003. 胶州湾氮、磷营养盐循环收支动力学模型及其应用[D]. 青岛：中国海洋大学.

管卫兵，王丽娅，许东峰. 2003a. 珠江河口氮和磷循环及溶解氧的数值模拟 I . 模式建立[J]. 海洋学

报，25(1)：52 - 60.

管卫兵，王丽娅，许东峰. 2003b. 珠江河口氮和磷循环及溶解氧的数值模拟Ⅱ. 模拟结果[J]. 海洋学报，25(1)：61 - 68.

郭良波. 2005. 渤海环境动力学数值模拟及环境容量研究[D]. 青岛：中国海洋大学.

韩秀荣. 2000. 海洋浮游植物对营养盐吸收/释放的动力学研究[D]. 青岛：青岛海洋大学.

黄廷林. 1995. 水体沉积物中重金属释放动力学及实验研究[F]. 环境科学学报，15(4)：440 - 446.

贾振邦，赵智杰，吕殿录，等. 1996. 柴河水库流域主要重金属平衡估算及水环境容量研究[J]. 环境保护科学，22(2)，49 - 52.

姜太良，宋万先，房宪英. 1991. 莱州湾西南部的物理自净能力[J]. 海洋通报，10(2)：53 - 79.

蒋凤华. 2002. 营养盐在胶州湾沉积物：海水界面上的交换速率和通量研究[D]. 青岛：中国海洋大学.

金东振，久保爱三. 1990. 论日本第二次水质总量控制[J]. 环境科技，10(1)：16 - 18.

匡国瑞，杨殿荣，喻祖祥，等. 1987. 海湾水交换的研究：乳山湾环境容量初步探讨[J]. 海洋环境科学，6(1)：13 - 23.

李克强，王修林，韩秀荣. 2006. 渤海氮、磷营养盐基准海洋环境容量：基于营养盐在多介质海洋环境中迁移：转化多箱模型的标准自净容量法[M]//王修林，李克强. 渤海主要化学污染物海洋环境容量. 北京：科学出版社：212 - 236.

李克强，王修林，阎菊，等. 2003. 胶州湾石油烃污染物环境容量计算[J]. 海洋环境科学，22(4)：13 - 17.

李孟国，曹祖德. 1999. 海岸河口潮流数值模拟的研究与进展[J]. 海洋学报，21(1)：111 - 125.

李适宇，李耀初，陈炳禄，等. 1999. 分区达标控制法求解海域环境容量[J]. 环境科学，20(4)：96 - 99.

林巍，傅国伟. 1995. 基于公理体系的排污总量公平分配方法[M]. 北京：中国环境科学出版社：858 - 861.

刘哲. 2004. 胶州湾水体交换与营养盐收支过程数值模型研究[D]. 青岛：中国海洋大学.

马绍赛. 1998. 乳山湾东流区丰水期(8月)有机物及营养盐的环境容量[J]. 海洋水产研究，19(2)：33 - 36.

马知恩. 2000. 种群生态学的数学建模与研究[M]. 合肥：安徽教育出版社：5 - 18.

沈明球，房建孟. 1996. 宁波石浦港的环境质量现状及环境容量的初步研究[J]. 海洋通报，15(6)，51 - 59.

施皮格尔，斯蒂芬斯. 2002. 统计学[M]. 杨纪龙，杜秀丽，姚弈，等译. 北京：科学出版社.

史君贤，陈忠元，胡锡钢，等. 2000. 海洋微生物对石油烃降解研究：Ⅱ. 石油烃降解菌对正烷烃的降解作用[J]. 东海海洋，18(1)：21 - 27.

宋德玲. 1999. 70—80年代日本濑户内海的公害治理[J]. 日本学论坛，4：23 - 29.

苏纪兰，唐启升，等. 2002. 中国海洋生态系统动力学研究：Ⅱ. 渤海生态系统动力学过程[M]. 北京：科学出版社.

宿俊英，刘树坤，何少苓，等. 1992. 太湖水环境容量的研究[J]. 水利学报，11：20 - 36.

唐启升. 2001. 海洋生态系统动力学研究与海洋生物资源可持续利用[J]. 地球科学进展，16(1)：5 - 11.

王修林，邓宁宁，李克强，等. 2004. 渤海夏季石油烃污染现状及其环境容量估算[J]. 海洋环境科学，23(4)：14 - 18.

王修林, 李克强, 葛明. 2006. 胶州湾氮、磷营养盐海洋环境容量: 迁移 - 转化箱式模型与计算[M]//王修林, 等. 胶州湾主要化学污染物海洋环境容量. 北京: 科学出版社: 165 - 187.

王修林, 李克强, 石晓勇. 2006. 胶州湾主要化学污染物海洋环境容量[M]. 北京: 科学出版社.

王修林, 李克强. 2006. 渤海主要化学污染物海洋环境容量[M]. 北京: 科学出版社.

王修林, 邓宁宁, 李克强, 等. 2004. 渤海夏季石油烃污染现状及其环境容量估算[J]. 海洋环境科学, 23(4): 14 - 18.

王修林, 李克强, 石晓勇. 2006. 胶州湾主要化学污染物海洋环境容量[M]. 北京: 科学出版社.

王修林, 石晓勇, 江玉, 等. 1998. 影响海洋环境质量的重要海洋过程研究[C]//98 青年海洋论坛——海洋可持续发展论文集. 北京: 海洋出版社: 121 - 125.

王永辰, 祝臣坚, 孙秉一, 等. 1995. 浅海原油净化过程的模拟实验: 分散油的挥发降解过程[J]. 海洋与湖沼, 26(4): 389 - 396.

吴俊, 王振基. 1983. 大连湾海水交换及自净能力的研究[J]. 海洋科学, 6: 30 - 33.

夏华永, 殷忠斌, 葛文标. 1996. 钦州湾物理自净能力研究[J]. 广西科学, 3(2): 65 - 70.

夏增禄. 1986. 土壤环境容量研究[J]. 环境科学(5): 34 - 45.

徐士良. 1995. FORTRAN 常用算法程序集[M]. 北京: 清华大学出版社.

杨积武. 2001. 近岸海域实施污染物排放总量控制的理论与实践[J]. 海洋信息(2): 24 - 26.

叶常明. 1995. 多介质环境概论[J]. 环境科学进展, 3(2): 1 - 9.

叶常明, 等. 1995. 有机污染物多介质环境的稳态非平衡模型[J]. 环境科学学报, 15(2): 193 - 197.

叶常明, 等. 1997. 单甲脒等有机污染物多介质环境的动态模型[J]. 环境科学学报, 17(2): 206 - 211.

叶德赞, 倪纯治. 1994. 厦门西海域水体的细菌动力学研究和环境容量评估[J]. 海洋学报, 16(4): 102 - 112.

张存智, 夏进. 1998. 大连湾污染排放总量控制研究: 海湾纳污能力计算模型[J]. 海洋环境科学, 17(3): 1 - 5.

张珞平, 王隆发, 陈伟琪. 1994. 油种以及微生物的降解作用对海水中石油烃风化模式的影响[J]. 厦门大学学报(自然科学版), 33(2): 226 - 230.

张煦荣. 2004. 海洋环保应从海域环境容量管理入手: 从厦门市海域环境质量变化看实施海域环境容量管理的必要性[N]. http://www.coi.gov.cn/oceannews/hyb1277/32.htm.

张学庆, 孙英兰, 蔡惠文, 等. 2005. 胶州湾 COD、N、P 污染物浓度数值模拟[J]. 海洋环境科学, 24(3): 64 - 67.

张学庆. 2003. 胶州湾三维环境动力学数值模拟及环境容量研究[D]. 青岛: 中国海洋大学.

张银英, 郑庆华, 何悦强, 等. 1995. 珠江口咸淡水交汇区水中 COD_{Mn}, 油类, 砷自净规律的试验研究[J]. 热带海洋(3): 67 - 75.

张永战, 张大奎. 1997. 海岸带—全球变化研究的关键地区[J]. 海洋通报, 16(3): 69 - 80.

赵永志, 潘丽华, 古伟宏. 1999. 江水中有机氮降解规律的动力学研究[J]. 高师理科学刊, 19(3): 55 - 58.

赵元慧, 王连生, 丁蕴铮, 等. 1993. 有机物在沉积物上的吸附与解吸动力学常数的计算与测定[J]. 环境化学, 12(2): 155 - 59.

郑庆华, 何悦强, 张银英, 等. 1995. 珠江口咸淡水交汇区营养盐的化学自净研究[J]. 热带海洋(2): 68 - 76.

金子安雄，崛江毅，村上和男. 1975. ADI 发にょる潮流と污染擴散の数值计算：大阪湾に適用した場合について[R]. 港湾技術研究所報告，14：1.

西村肇. 1977. 环境容量の概念についと[J]. 海洋科学(日)，9(1)：42 – 45.

Backhaus J O. 1983. A semi-implicit scheme for the shallow water equations for applications to shelf sea modeling [J]. Cont. Shelf Res, 2：243 – 254.

Backhaus J O. 1985. A three dimensional model for the simulation of shelf sea dynamics[J]. Dt. Hydrogr. Z, 38 (H. 4)：165 – 187.

Baretta J W, Ebenhöh W, Ruardij P. 1995. The European Regional Seas Ecosystem Model：a complex marine ecosystem model[J]. Nethelands Journal of Sea Research, 33：233 – 246.

Blumberg A F, Herring H J. 1987. Circulation Medal using orthogonal curvilinear coordinates[M]//Nihoul, Jacqes J, Jmart, Brunom. Three-Dimension Models of Marine and Estuarine Dynamics. Amsterdam：Elsevier Science Publishers B V：55 – 88.

Blumberg A F, Mellor G L. 1987. A description of a three dimensional coastal ocean circulation model[M]// Heaps, Ned. Three Dimension Coastal Ocean Models of Marine and Estuarion. Washington：American Geophys Union, 4：1 – 16.

Cairns J. 1977. Aquatic ecosystem assimilative capacity[J]. Fisheries, 2：5 – 10.

Choi Woo-Jeung, Na Gui-Hwan, Chun Young-Yell, et al. 1991. Self-purification capacity of eutrophic Buk Bay by DO mass balance[J]. Bulletin of the Korean Fisheries Society. Pusan, 24(1)：21 – 30.

Chua Th. 1999. Marine pollution prevention and management in the east asian seas：a paradigm shift in concept, approach and methodology[J]. Marine Pollution Bulletin, 39：80 – 88.

Deininger R A. 1965. Water Quality Management：The Planning of Economically Opti-mal Pollution Control Systems[D]. Ph. D. Thesis, Northwestern University.

Duka G G, et al. 1996. Investigation of Natural Water Self-purification Capacity under Simulated Conditions[J]. Water Resource, 23(6)：619 – 622.

Elson D A. 1992. Sensitivity analysis in the presence of correlated parameter estimates[J]. Model, 64：11 – 22.

Feng S, Cheng R T, Xi P. 1986a. On Tide-induced Lagrangian Residual Current and Residual Transport, Part I , Residual Current[J]. Water Resour Res, 22(12)：1623 – 1634.

Feng S, Cheng R T, Xi P. 1986b. On tide-induced Lagrangian residual current and residual transport, Part II , Residual transport with application in South San Francisco Bay, California[J]. Water Resour Res, 22(12)：1635 – 1646.

Fennel K, Losch M, Schroter J, et al. 2001. Testing a marine ecosystem model：sensitivity analysis and parameter optimization[J]. Journal of Marine Systems, 28：45 – 63.

Fransz H G, Mommaerts J P, Radach G. 1991. Ecology modelling of the North Sea[J]. Nethertands Joural of Sea Research, 28：67 – 140.

GESAMP (Joint Group of Experts on the Scientific Aspects of Marine Pollution) 1986. Environmental capacity：An approach to marine pollution prevention[R]. UNEP REG. SEAS REP. STUD, No. 80：62.

Haith D. 1982. Environmental System Optimization[M]. New York：John Wiley & Sons.

Harmon R, Challenor P A. 1997. Markov chain Monte Carlo method for estimation and assimilation into models [J]. Ecological Modelling, 101：41 – 59.

Hisano T, Hayase T. 1991. Countermeasures against water pollution in enclosed coastal seas in Japan[J]. Marine Pollution Bulletin, 23: 479 – 484.

Hurtt G C, Armstrong R A. 1996. A pelagic ecosystem model calibrated with BATS data[J]. Deep-Sea Research Ⅱ, 43: 653 – 683.

Hurtt G C, Armstrong R A. 1999. A pelagic ecosystem model calibrated with BATS and OWSI data[J]. Deep-Sea Research Ⅰ, 46: 27 – 61.

Jannasch Hans W, Honeyman B D, Balistrieri L S, et al. 1988. Kinetics of trace element uptake by marine particles. Geochim[J]. Cosmochim. Acta, 52: 567 – 577.

Jiang W S, Pohlmann Th, Sun J, et al. 2004. SPM transport in the Bohai Sea: field experiments and numerical modeling[J]. Journal of Marine Systems, 44(3 – 4): 175 – 188.

Jørgensen S E, Nielsen S N, Jørgensen L A. 1991. Handbook of ecological parameters and Ecotoxicology[M]. Amsterdam: Elsevier.

Jørgensen S E. 1992. Recent and Future Development in Environment Modelling[M]//Melli P, Zannetti P. Environmental Modelling. London, New York: Elsevier Applied Science.

Jørgensen S E. 1994. Fundamentals of Ecological Modelling (2nd Edition)[M]. Amsterdam, London, New York: ELSEVIER.

Kim D M, Nakada N, Horiguchi T, et al. 2004. Numerical simulation of organic chemicals in a marine environment using a coupled 3D hydrodynamic and ecotoxicological model[J]. Marine Pollution Bulletin, 48: 671 – 678.

Kirkpatrick S, Gelatt Jr C D, Vecchi M P. 1983. Optimization by simulated annealing[J]. Science, 220: 671 – 680.

Konovalov S M. 1984. The large Marine Ecosystems of the Pacific Rim[R]. 19 – 20 IUCN Gland Switzerland and NOAA USA.

Krom M D, et al. 1990. Determination of the environmental capacity of Haifa Bay with respect to the input of mercury[J]. Mar Pollut Bull, 21: 349 – 354.

Kunikane S, Kaneko M, Machara R. 1984. Growth and nutrient uptake of green alga, Scened esmus dimorphus, under a wide tang of nitrogen phosphorous ratio——Ⅰ. Experimental study[J]. Water Res, 18: 1299 – 1311.

Kuroda H, Kishi, Michio J. 2004. A data assimilation technique applied to estimate parameters for the NEMURO marine ecosystem model[J]. Ecological Modelling, 172: 69 – 185.

Lawson L M, Hofmann E E, Spitz Y H. 1996. Time seriessampling and data assimilation in a simple marine ecosystem model[J]. Deep-Sea Research Ⅱ, 43: 625 – 651.

Lawson L M, Spitz Y H, Hofmann E E, et al. 1995. A data assimilation technique applied to a predator-prey model[J]. Bulletin of Mathematical Biology, 57: 593 – 617.

Loucks D P, ReVelle C S, Lynn W R. 1967. Linear programming models for water pollution control[J]. Mgmt Sci, 14(4): 166 – 181.

Margeta J, Baric A, Gacic M. 1989. Environmental capacity of the Kastela Bay[J]. Eighth International Ocean Disposal Symposium: 9 – 13.

Mironov O G, Kiryukhina L N, Kucherenko M I, et al. 1975. Self-purification in the Coastal Area of the Black

Sea[M]. Kiev(USSR): Naukova Dumka: 143.

Moll A, Radach G. 2003. Review of three-dimensional ecological modelling related to the North Sea shelf system Part 1: models and their results[J]. Progress in Oceangraphy, 57: 175 – 217.

Olsen C R, Cutshall N H, Larsen I L. 1982. Pollutant-particle associations and dynamics in coastal marine environments: a review[J]. Mar Chem, 11: 501 – 533.

Ortolano L. 1984. Environmental Planning and Decision Making[M]. New York: John Wiley & Sons.

Radach G, Moll A. 1993. Estimation of the variability of production by simulating annual cycles of phytoplankton in the central North Sea[J]. Prog Oceanogr, 31: 339 – 419.

Reckhow K H, Chapra S C. 1999. Modeling excessive nutrient loading in the environment[J]. Environmental Pollution, 100: 197 – 207.

Schartau M, Oschlies A, Willebrand J R. 2001. Parameter estimates of a zero-dimensional ecosystem model applying the adjoint method[J]. Deep-Sea Research Ⅱ, 48: 1769 – 1800.

Skogen M D, Svendsen E, Berontsen J, et al. 1995. Modelling the primary production in the North Sea using a coupled three-dimensional physical-chemical-biological ocean model[J]. Estuarine Coast Shelf Sci, 21: 545 – 565.

Spitz Y H, Moisan J R, Abbott M R, et al. 1998. Data assimilation and a pelagic ecosystem model: parameterization using time series observations[J]. Journal of Marine Systems, 16: 51 – 68.

Stebbing A R D. 1991. The environmental capacity concept and the precautionary principle[C]. Counc Meet of the Int Counc for the Exploration of the Sea (La Rochelle, France), 26 Sep – 4 Oct 1991.

Su J L, Dong L X. 1999. Application of numerical models in marine pollution research in China[J]. Marine Pollution Bulletin, 39(12): 73 – 79.

Thorolfsson S T 1998. A new direction in the urban runoff and pollution management in the city of Bergen, Norway [J]. Water Science and Technology, 38(10): 123 – 130.

URSRS. 1998. Environmental capacity: An approach to marine pollution prevention[J]. Unep Reg Seas Rep Stud, 80: 62.

USEPA. 1999. Protocol for Developing Nutrient TMDLs[R]. Office of Water 4503F Washington DC 20460, EPA 841 – 99 – 007.

USEPA. 1996. US Environmental Protection Agency. New York/New Jersey Harbor Estuary Program, final comprehensive conservation and management plan, Region 2[R]. US Environmental Protection Agency, New York, NY.

Van den Berg C M G, Kramer J R. 1979. Determination of complexing capacity of ligands in natural waters and conditional stability constaets of the copper complexes by means of manganese dioxide[J]. Anal Chen Acta, 106: 113 – 120.

Wang X L, Harada S, Watanabe M, et al. 1996. Modelling the bioconcentration of hydrophobic organic chemicals in aquatic organism[J]. Chemosphere, 32: 1783 – 1793.

Watanabe M, Zhu M Y. 2000. Proceedings of the Japan-China Joint Workshop on the Cooperative Study of the Maine Environment-Environmental Capacity and Effects of Pollutants on Marine Ecosystem in the East China Sea[C]. National Institute for Environmental Studies, Tsukuba, Japan: 185.

Wei H, Hainbucher D, Pohlmann T, et al. 2004a. Tidal-induced Lagrangian and Eulerian mean circulation in the

Bohai Sea[J]. Journal of Marine Systems, 44(3 −4): 141 −151.

Wei H, Sun J, Moll A, et al. 2004b. Phytoplankton dynamics in the Bohai Sea-observations and modeling[J].
Journal of Marine Systems, 44(3 −4): 233 −251.

Wu S C, Gachwend D M. 1986. Sorption kinetics of hydrophobic organic compounds to natural sediments and soils
[J]. Environ Sci Technol, 20: 717 −725.

Xie Q, Xue D M, Zhao Y Z, et al. 1997. Estimation of the volatilization coefficients for the volatile organic chemi-
cals in Dalian Bay[J]. Marine Environment Science, 16: 25 −28.

第5章 入海污染物总量分配技术

入海污染物允许排放量或削减量的分配不仅对海域环境容量有效利用有重要影响，而且与排污者的切身利益直接相关，总量分配（或污染负荷分配）是入海污染物总量控制的关键技术之一，是落实总量控制措施，实现海域水质规划管理目标的重要环节。

5.1 总量分配技术和方法

5.1.1 分配的基本原理

资源合理配置问题有两种表述方式（史忠良和肖四如，1993）：第一，使有限的资源产生最大的效益；第二，为取得预定的效益尽可能少地消耗资源。前者要求资源定量条件下，通过合理安排、组合，达到产出效益最大化；后者是为了既定的效益目标，合理地组织、安排各种资源的使用，使总的资源成本最小。环境容量也是一种资源，因此，容量总量的分配也遵循资源配置的基本原理，即如何通过环境容量的优化安排、分配，提高环境容量的资源利用效率，尽可能获得最大的效益，为促进当地社会经济的发展提供科学依据与决策指引。而在资源条件约束下，要取得尽可能大的效益，实现资源的优化配置，在资源配置中所采用的技术方法应能同时兼顾考虑以下4个方面的目标。

（1）经济效益最优

不管关于经济效益的表述如何复杂，资源合理配置的主要标准，就是要使有限的资源尽可能地实现产出，尽可能地节省资源的投入。

（2）社会效益最优

一种资源分配满足上述经济效益要求，并不能代表资源合理配置的全部内容。合理配置资源，还必须考虑到用资源产出的产品和服务与社会需求如何最好地适合的问题，这不仅要求最有效地进行生产，同时也要求社会最有效地分配生产和服务。

（3）生态环境效益最优

资源配置的合理性包括对生态环境改善的自然要求。具有高效益的最大产出和公平的分配不能保证对生态环境的充分保护，因而不是资源合理配置的充分条件。资源利用的经济社会效益和生态效益的总体，才是资源合理配置的一组完整的准则。

(4)综合效益最优

对一个具体的资源配置方案,必须全面衡量上述 3 种效益并进行利弊权衡,按综合效益的原则实行资源分配的价值取向,资源才可能实现最优分配。

5.1.2 分配的基本原则

入海污染物总量分配要立足于海洋,以海洋环境容量为基础,以区域的海洋功能区划、海域环境质量目标和海域污染防治规划为依据,合理布局区域的排污方式、位置及强度,有效利用海域环境容量资源。具体分配时主要考虑以下原则。

(1)"陆海联动、海陆统筹"原则

海域是各类污染物的最终汇集场所,要在研究海域的水动力条件、环境自净能力、生态特征的基础上,基于海域环境容量和海洋功能的定位,制定入海污染物总量的分配方案。以有效利用海域环境容量为准则,优化陆域入海污染源布局,以"陆海联动、海陆统筹"进行入海污染物总量分配和控制。

(2)可持续发展的原则

坚持以人为本,在保证人类生存、生活的基本排污需求情况下,还要考虑社会经济的发展,新的开发活动增加,人口增长对环境资源产生新的需求,要求负荷分配考虑未来增长,为未来发展预留一定的环境容量。同时对于海洋自然保护区、重要渔业水域、海滨风景名胜区和其他需要特别保护的区域,根据法律法规和特殊保护需要进行排他性分配,有效维持人类和海洋生态环境的可持续发展。

(3)着重历史和现状的原则

在总量分配时,应充分尊重当地排污历史和现状,包括排污位置和排污规模。该原则,也是对现有的国家总量控制制度的延续和优先占有权的承认。

(4)兼顾公平和效率的原则

入海污染物总量控制,必须充分体现以资源(环境容量)供给类、人口、经济发展等需求类为约束准则的公平性的原则。在满足公平性的前提下,要求实现一定环境目标前提下,区域污染治理费用最低或经济效益最大,充分考虑污染源消减的难易差异和经济效益。

(5)留有安全余量的原则

优先考虑大气沉降、面源输入、河流输入等控制难度较大的入海量的需求;同时,由于海域的开放性,存在着各种污染和生态风险,另外,我国正处于海洋经济的调整发展阶段,在经济社会发展中存在着不可预见的因素,为了有效保护海洋生态系统,在总量分配时,还应考虑生态风险的预留量和为国家重大发展战略的总量预留量。

5.1.3 分配的基本方法

5.1.3.1 基于效率原则的分配方法

效率原则是要求实现一定环境目标前提下,区域污染治理费用最低或经济效益最大。

在经济效益优先分配模式中，帕累托最优（治理费用最小和经济收益最大）是其最根本的指导原则，在具体实践中又分为区域治理费用最小规则、社会总成本最小规则、区域经济贡献最大规则、满意度规则等。

（1）治理费用最小分配模型

经济效益原则有经济收益最大和费用最小两种规则。经济收益最大规则要求行政主管部门在保证区域产业链条不被破坏的前提下，优先将排污权分配给对区域经济贡献大的企业，以实现区域经济总体效益最大化；治理费用最小规则要求行政主管部门在分配过程中要实现区域整体污染治理费用的最小化。

经济效益最优的分配方法主要有：线形规划法、非线性规划法，整数规划法、动态规划法、离散规划法，灰色规划法和模糊数学规划法等。

从追求经济效益的角度，费用最小化分配方法是简单有效的方法。使用费用最小分配法前，必须确定投资费用函数。整体治理费用一般包括污水处理的投资费用和运行费用，投资费用又包括污水处理费用和污水运输费用，运行费用没有确定的费用函数。从现有的文献可知，一般仅考虑污水处理厂的投资费用。国内外大量的统计表明，污水处理厂的投资费用主要与其处理规模和处理效率有关，某行业费用函数的一般形式为：

$$C = \alpha_3 O^\beta \eta^\varepsilon + \alpha_4 O^\beta$$

式中，C 为投资费用，单位为万元；O 为污水处理量，单位为 t/d；η 为污染物的去除率，现阶段水污染物通常指 COD；β 为经济效应指数，国内外研究取值 $0.7 \sim 0.9$；$\alpha_3, \alpha_4, \varepsilon$ 为常数，一般可通过国内外统计数据拟合获得。

费用投资最小分配法就是根据各污染源对污染物的投资费用函数，分配各污染源的污染物削减量，使得区域内削减污染物投资费用最小。费用最小化的分配模型有很多种，其中最常用的线性分配模型：

$$\min F = \sum C_i \cdot \Delta m_{io}$$
$$\text{s. t.} \quad \sum (m - \Delta m) \leqslant Q$$
$$0 \leqslant \Delta m_{io} \leqslant m_{io}$$

式中，F 为控制区域内总治理费用，单位为万元/a；C_i 为 i 污染源削减水污染物的费用，单位为万元/t；Δm_{io} 为 i 污染源应当削减量，单位为 t/a；Q 为控制区域内的容量总 t 控制指标，单位为 t/a。

最小治理费用为分配原则体现了利用资源效率，在各个污染单元边际治理费用不同情况下，由于费用最小分配方法只追求整体效益最大，忽略了各排污者之间的公平性，其分配结果必然是边际治理费用最小的污染单元分配到较大的削减量，边际治理费用最大的污染单元分配到最小的削减量，这种分配结果不利于企业在公平的市场交换条件下开展竞争，严重挫伤企业防治污染的削减量，激发企业的抵触情绪，从而导致规划方案难以落实。国内外的大量实践表明，仅依靠最小费用原则分配允许排污量的做法在实践中遇到了极大的阻力。

（2）基于满意度的分配方法

假设：根据社会主义市场经济条件下对排污者的污染控制应实行外部性内在化的经济原则，将公平定义为相等的外部影响产生者内在化时应当要求相等。由于各排污单位都希望自身削减污染物削减量越少越好，这样如果某一单位的投资费用越小，该单位对此污染物削减方法就越满意；若某一容量分配方法能使各排污单位的满意程度一样，可认为该方法比较公平合理。为了度量每个排污单位的满意度，基于投入产出的效益分析，定义满意度的模型如下。同时，如果可以求得控制区域内的所有企业的满意度，就可以利用满意度的归一化权重，分配现有的容量总量控制指标。其中，满意度的定义模型如下：

$$\delta_i = \frac{g_i}{E_i}$$

式中，δ_i 为污染物的边际效益与边际费用的比值；g_i 为污染物的边际效益，指在现有排放水平上再增加单位排污量所得的经济收益；E_i 为污染物的边际费用，指在现有排污水平上再削减单位排污量所需的治理费用。

满意度是基于企业边际效益和边际费用的分配方法，由于各排污单位边际效益、边际成本直接与企业原料、生产工艺、生产效率、设备效率等因素有关，使得数据的获得费时、费事、费钱，且企业往往不乐意提供这些涉及商业秘密的数据或者采取虚报的手段，给行政主管部门的决策带来很大的不确定性，降低该方案的可行性。

（3）博弈论成本分配方法

污染联合治理具有规模经济的优点，基于规模经济的考虑，可将合作博弈论理论应用到污染治理。成本分配领域 N 表示该地区所有用户的集合；$S(S \in N)$ 表示对策问题中所有可能的联盟的集合，S 表示可能的联盟，即 N 的一个子集合。S 的两种极端的情况为：无联盟 $\{j\}$，$j = 1, 2, \cdots, n$ 和总体联盟 $S = N = \{1, 2, \cdots, n\}$。

假设：局中人的目标为使他们的处理费用最小化，f^s 表示联盟 S 的处理费用，$f^{\{s\}}$ 表示 j 没有参与联盟时的单独治理费用。各单元形成联盟的必要条件是联合处理费用小于各局中人单独治理费用的和：

$$f^s \leqslant \sum_{j \in s} f^{\{j\}}, \qquad \nabla s \in S \subseteq N$$

由于联合治理地区所节省的成本为：

$$\sum_{j \in s} f^{\{s\}} - f^s, \qquad \nabla s \in S \subseteq N$$

这是一个带转移支付条件的合作博弈问题，可用特征函数表示。联盟中任意的特征函数反映了该盟的治理费用，设：

$$V(s) = f^s, \qquad \nabla s \in S \subseteq N$$

博弈成本分配方法主要有核心法、核仁法、Shapley 值法和 Nash-Harsanyi 解法 4 种。其中，核心法遵循联盟个体合理条件、整体合理条件和联合效率条件，与"双层费用最小分配"的原来基本一致；核仁法原理基本与税收和补贴法相类似，本小节仅对 Shapley 值和 Nash-Harsanyi 解进行研究。

① Shapley 值。该分配方法的原理是：以参与者对所有可能联盟和排列贡献的加权平均为依据，进行治理成本的分配。其中，假定对于所有可能的排列，在同等大小的联盟形成的概率相等条件下，Shapley 值由以下公式求得：

$$\theta_f = \sum_{s \in s_i \in s} \frac{(n - |s|)!(|s| - 1)!}{n!}[v(s) - v(s - \{j\})], \quad \nabla j \in N$$

式中，θ_f 为参与者 j 分配到的治理费用的份额；$|s|$ 为组成联盟的参与者的个数；n 为该地区所有总的参与者个数。

② Nash-Harsanyi 解。该分配方法的原理是 Nash-Harsanyi 解使得全体联盟成员由于参加合作而比不参加合作获得的收益尽可能大，该方法的分配模型如下：

$$\max \prod_{j \in N} (f^{|j|} - h_j)$$
$$\text{s. t.} \quad h_j \leqslant f^{|j|}, \quad \nabla j \in N$$
$$\sum_{j \in s} h_j \leqslant f^s, \quad \nabla s \in S$$
$$\sum_{j \in N} h_j = f^N$$

式中，h_j 为满足效率条件和个人合理性的 Nash-Harsanyi 解。

博弈成本分配方法是一种区域内治理费用分摊的方法，不适用于污染物负荷总量的初始分配；但由于博弈成本分配方法是一种基于自主治理的方法，与费用最小分配方法相比具有更高的可行性。

5.1.3.2 考虑公平原则的分配方法

在市场经济条件下，公平原则是总量分配中应遵循的首要原则。依据经济优化原则，采用数学规划方法建立的优化分配模型，考虑整体经济上的"最优"，忽视了污染负荷分配问题的社会性质以及区域间在经济、技术、环境、资源等方面的差异，所得结果往往不能直接用于污染负荷分配的实际工作中。

公平性的定量化一直存在较大的争议，公平的准则也是多元的。目前已有的准则可以总结为水环境资源的需求类准则（经济、人口指标）和水环境资源的供给类准则（环境容量、水资源指标）（王媛等，2009）。需求类准则：第一，人口准则。排污权分配上应该体现"人人平等"的准则，每个人应得到相等的排污权，待分配单元应分配与其人口规模匹配的排污量，即人口多的区域对环境资源的需求多，应多分配，人口少的区域则相反。第二，经济贡献准则。考虑到待分配单元的经济贡献，对于经济贡献水平较大的单元分配排污量时应该加以照顾，即经济贡献大的区域对环境资源需求多，应多分配，否则相反。供给类准则：第一，环境容量准则。考虑到待分配单元的水环境自净条件，应分配与其环境容量规模相匹配的排污量，即环境容量大的区域可容纳较多污染物，可分配较多排污量，环境容量小的区域则相反。第二，水资源准则。水资源量与环境容量有比较强的相关性，应分配与其水资源规模相匹配的排污量，即地表水资源丰富的地区水环境容量也较大，可分配较多的排污量，而水资源匮乏地区则相反。

体现需求类准则和供给类准则典型的分配方法是基尼系数法，也是目前应用比较多的分配方法。

基尼系数（Gini Coefficient）是经济学中综合考察经济社会中居民收入分配差异状况的指标，可较直观地反映不同收入的居民在收入分配中所处的位置及分配公平的大致程度，在国际上得到广泛应用。设收入的实际分配曲线（洛伦茨曲线）和绝对平等分配曲线之间的面积为 S_A，实际分配曲线右下方的面积为 S_B，基尼系数 G 的计算公式如下：

$$G = \frac{S_A}{S_A + S_B} = \frac{S_A}{S_{\Delta ODC}}$$

洛伦茨曲线的弧度越大，则基尼系数也越大，表明分配越不平等。根据基尼系数原理，诸多学者将其用于水污染物排放总量分配方案的公平性评估或校正，得到相对公平的总量分配方案。

（1）基尼系数的计算方法

基尼系数有多种求法，如直接计算法、回归曲线法、人口等分法以及城乡分解法（熊俊，2003），三角形面积法和弓形面积法（叶礼奇，2003）、基尼平均差法、协方差法和矩阵法（饶卫振，2007）等。吴悦颖等（2006）采用梯形面积法进行计算，即将洛伦茨曲线下方的面积近似为若干梯形，其算法相对简单实用，公式如下：

$$G = 1 - \sum_{i=1}^{n} (X_i - X_{i-1})(Y_i + Y_{i-1})$$

式中，X_i 为评估指标的累计比例，%；Y_i 为污染物的累计比例，%；i 为分配对象数量。当 $i = 1$ 时，(X_{i-1}, Y_{i-1}) 视为 $(0, 0)$。

（2）基尼系数合理范围的选择

基尼系数的值域为 $[0, 1]$。一般认为，基尼系数在 0.2 以下表示高度平均；0.2~0.3 表示相对平均；0.3~0.4 表示较为合理；0.4~0.5 表示差距偏大；0.5 以上表示趋于两极分化；大于 0.5 则表明整个社会已极度两极分化。

在评估总量分配方案前，需界定基尼系数的合理范围。在经济学中，由于社会发展的局限性，人均收入的分配不可能完全均衡，因此，基尼系数为 0~0.2 的可能性很小，基尼系数的合理范围为 0.2~0.4。但在流域间环境基尼系数的计算中，由于各流域间没有水资源冲突，没有不平等的前提，故应认为基尼系数趋近于零是最合理的，因此，将基尼系数的合理范围界定为 0~0.2（吴悦颖等，2006）。由于流域内、省际及省内各区县间，单位经济、社会或环境资源指标所负荷污染物排放强度差异很大，必然导致某些指标的环境基尼系数偏高。在这种情况下如果仍机械地套用经济学中公认的取值区间来衡量总量分配方案的公平程度则缺乏科学依据，而且在分配过程中也难以将其调到绝对公平或相对公平的区间内（王媛等，2008）。

（3）基尼系数相关指标的选取

可能影响水污染物总量分配的因素有以下几类：社会因素，包括人口、经济产值和排污口情况等；自然因素，包括土地面积、河流长度、水资源量和水质现状等；综合因素，包括人口密度、水环境容量、排污量和环境保护投入等。对不同的分配对象，影响因素可以根据实际情况增删。但所选因素应较好地反映区域社会、经济、水环境的属性，与环境污染密切相关并可以量化，且可获得准确数据。

吴悦颖等（2006）选择人口、GDP、水资源量和环境容量作为基尼系数法的评估指标。王媛等（2008）选取总人口、土地面积、国内生产总值（GDP）和环境容量（即纳污能力）作为人口、资源、经济和水环境自净能力4个方面的代表性指标，构成基尼系数计算过程中的指标体系。王丽琼（2008）则选取人口、GDP、水资源量三个指标。肖伟华等（2009）选取的是人口和工业增加值两个指标。

基尼系数法在应用中仅仅作为一种评估手段，根据分配方案的基尼系数计算结果来进行调整，没有将其模型化，虽然有一定的规则制约，调整也会具有比较大的主观性和随意性，主要靠决策者的经验来判断主要因素，决定总量分配方案的调整程度，不能保证分配方案的最优化和唯一性，在实际应用中难以把握方案的调整幅度，应建立规范化的优化模型以减小分配方案的主观性。王媛等（2008）以基尼系数的总和最小作为目标函数，通过设定合理的运算规则和约束条件构建目标规划方程，最终求出区域水污染物总量分配方案，以实现区域间排污权的公平性分配。

近些年，基于公平原则进行的排污总量分配研究也相当活跃。林巍等（1996）指出已有的污染物排放总量"公平分配"规则中隐含的不公平性，利用环境冲突分析理论，建立了关于公平的公理体系，设计出满足公理体系的排污总量公平分配规则。李嘉等（2001）以协同控制理论和方法及其数学模型为基础，推导并建立了河流各污染源排污量限制和排污浓度限制的协同控制模型，以探求公平合理的总量分配。林高松等（2006）以平均分配和等贡献量分配作为基本的公平准则，考虑排污者的自然条件差异和合理利用自然降解能力的权利，同时结合排污者的类型和规模差异以及多个水质控制断面的共同作用，采用等满意度法求取公平解。

5.1.3.3 兼顾公平与效率的最优化分配方法

按贡献率分配不涉及污染治理费用，不涉及环境容量有效利用，因此不具备优化规划的特点，在总体上不一定是合理的。因此，在进行总量控制，实行分配时，往往要进行总体系统分析，综合运用各种原则并运用行政协调的方法，求得既达到总体合理，又使每个污染源尽量公平地承担责任，由此提出总量分配优化模型。

1）数学模型优化法

数学优化问题是在一定约束条件下对一个或多个目标函数进行最小化（崔正国，2008），通常用下式表示：

$$\text{minimize}\{f_1(x), f_2(x), \cdots, f_m(x)\}$$
$$x \in D$$

式中，$f_i, i = 1, 2, \cdots, m$ 是一标量目标函数，该目标函数将向量变量 x 影射到目标空间中。x 为 n 维决策向量，受约束条件限制分布于可行域 D 中。在可行域的说明中，包含上述优化问题的约束条件。一般可行域由 J 个不等式约束条件或 K 个等式约束条件或二者同时构

成,如下式所示:

$$D = \{x : g_j(x) \leqslant 0, h_k(x) = 0, j = 1, 2, \cdots, J, k = 1, 2, \cdots, K\}$$

目标函数和约束条件既可以是线性函数也可以是非线性函数,当两者至少有一个非线性函数时,则称之为非线性规划。利用数学优化方法计算排放容量,一般以陆源污染物排放量最大(或削减总量最小)为目标函数,最大限度地利用海洋的净化能力,在保证海域环境质量达标的前提下,求出各陆源污染源(也可以包括虚拟污染源)的整体优化的允许排放量(崔正国,2008)。

(1)目标函数的确定

环境容量的优化分配首先要确定模型的目标函数,目标函数的选择可根据不同的需要设置。根据目标函数的特点,主要有以下4类:①区域污染削减费用最小化下的污染物削减量分配;②容量资源利用最大化下的污染物排放总量分配;③区域环境影响最小化或环境质量最优下的污染物削减量;④区域污染物削减量最小化下的污染物排放总量分配。

王金南等(2005)选取污染源的污染物削减量为决策变量,所有污染源的污染物削减费用最小作为目标函数,表述如下:

$$\min P = \sum_{i=1}^{m} \sum_{j=1}^{n} c_{ij} x_{ij}$$

式中,P 表示污染物的削减费用,单位为元/a;x_{ij} 为第 i 个污染源第 j 种污染物削减量,单位为 t/a;c_{ij} 为第 i 个污染源第 j 种污染物削减费用系数,单位为元/t。

区域环境容量资源利用最大化模型中,以各污染源的允许排污量最大化为目标函数,表述如下(王金南和潘向忠,2005):

$$\max Q = \sum_{i=1}^{n} Q_i$$

式中,Q 为所有污染源排放量的总和,单位为 g/s;Q_i 为第 i 污染源的源强优化允许排放量,单位为 g/s。

宁波市象山港海洋环境容量的分配则是以经济效益为目标,要求在一定的 COD 排放量情况下,产生的经济效益最大,表述如下(方秦华等,2004):

$$Z = \max \sum_{i=1}^{n} e_i x_i$$

式中,x_i 为分配到第 i 产业的 COD 排放量;e_i 为第 i 产业单位 COD 排放量的经济产值;n 为产业数。

(2)约束条件的设定

约束条件的设定主要有以下两个原则(崔正国,2008):第一,经济效益原则。从经济发展与环境保护之间关系考虑,最大经济效益原则是基于具有确定海洋环境容量阈值的目标海域,通过优化区域排放容量,使目标海域污染源覆盖区域形成具有最大经济效益的产业结构体系。第二,公平原则。公平原则包括两方面的含义,一方面指污染源的排放容量既不可能无限的小,这是由本地区的污染物排放水平、环境治理投资水平和经济发展水平共同决定的；另一方面排放容量不可能无限的大，不能超过本地区的所承担的环境容量或流域的分配容量。因而，在设定允许排放量约束条件时必须使之在一个合理的范围之内。

模型应在满足经济、环境和社会三者协调发展的前提下将水环境容量分配至各行政区划或区域内各行业。因而，从约束条件的设定内容上讲，约束条件基本包括经济、环境保护、社会3个方面。其中，经济方面主要考虑各城市地区生产总值（GDP）、环境保护的投资费用，环境方面主要考虑各城市所在流域的分配容量、污水及污染物排放数量和排放水平等，而社会方面主要考虑人口的发展水平。从约束条件的设置方式上主要有以下几种：第一，利用函数关系。例如，经济增长与污染物排放存在确定的函数关系，而经济增长和人口增长自身也存在一定的函数关系。第二，设置强制函数。设置强制函数从3个方面进行：①通过理论计算得到的确定值，如排放容量之和不能超过流域的分配容量和环境容量；②无法准确进行理论计算，则可以通过设定一个参照水平来进行排放容量约束条件的设定，如通过基准年进行约束；③根据一些行政命令，如各省、市根据地区宏观经济发展规定的模型短期或长期的规划目标。第三，非负约束。为防止模型出现不符合实际情况的运算结果，对某些参数进行非负的约束。

（3）优化求解方法

① 线性规划方法。线性规划的方法在水质管理和水污染控制研究中已有较多的应用。20世纪60年代，美国政府为实现特拉华河的综合治理，成立"特拉华河流域综合研究委员会"，该委员会以河水溶解氧浓度作为控制目标，对Delawara River河口的水污染控制规划方案进行费用效益分析，采用线性规划方法来求得使总费用最小时的各排污口的允许排污量（王华东等，1988）。裴相斌等（2000）以海域环境功能区划规定的水质目标为约束条件，以海域容许排放的污染物量最大为目标函数，建立大连湾陆源污染负荷的空间优化分配模型。淮斌等（1999）以环境目标为约束条件，以污染治理投资最小为目标函数，采用线性规划方法对天津滨海新区排海污染物总量控制方案进行了优化分析。

② 非线性规划方法。当目标函数与约束方程为非线性时，或其中之一为非线性时，可采用非线性规划方法。

③ 动态规划方法。动态规划是一种解决多阶段决策问题的优化方法，它主要由两大内容组成，一是将实际问题描述为一个动态规划模型，二是用逆序或顺序算法进行求解。动态规划方法将一个含多个防治环节的防治系统分成多个子问题，每一次只需对一个问题进行决策，这就使问题大为简化。

④ 多目标规划法。在实际环境规划问题中，目标函数可能有多个，此时需采用多目标规划方法。将全流域污染源从环境、经济、技术、管理等多个方面进行排队打分，给各因素加权，将各流域的总量分配到各个污染源。它考虑了多种因素的影响，具有较好的综合性，比较全面、合理，但需要的基础资料多，而且资料收集比较困难。

多目标规划问题需要利用多个目标函数，构造出新的目标函数，使得该目标函数能够比较充分地反映出原来几个目标函数的相对关系和重要程度，最终还是靠单目标的规划方法求解

（宋新山和邓伟，2004）。天津市大气污染综合防治组，以需求约束、平衡约束、资源约束组成约束条件，将环境目标、投资目标、能源消耗目标综合起来，建立多目标线性规划模型。

另外，还有神经网络（王亮等，2006）和遗传算法等优化求解方法。

2）层次分析法

总量分配涉及经济、社会、技术和环境等多种因素，在每种因素中往往又包含了若干种定性和定量因子。李如忠等（2003，2005）运用层次分析法，在调查、分析的基础上，构造出区域排污分配指标体系框架，将允许排放的污染物总量作为层次分析的目标层 A，区域内各分区评价因子，包括环境条件、经济状况、社会因素、技术水平，作为层次分析的准则层 B、C，区域各分区作为决策层 D，建立 AHP 系统结构模型；通过专家咨询、层次分析计算确定各项评价指标权重；再依据各分区现状，最终确定排污总量分配方案。与等比例分配及一般的数学优化方法相比，排污总量分配的层次分析法所考虑的因素更为全面。另外，层次结构模型中，指标选取的合理与否对分析结果有重要影响，研究中应根据具体情况以及评价指标的可得性进行合理筛选。运用层次分析法进行多目标方案决策的关键是确定评价指标的权重，对同层各指标相对重要性的评判往往受决策者个人的偏见或倾向性影响很大，从而影响到评价结果的可靠性。

5.1.3.4 其他方法

1）等比例分配方法

等比例分配方法是指在污染源排污现状的基础上，将总量控制系统内的允许排污总量等比例地分配到污染源，各污染源等比例分担排放责任。这是一种在承认排污现状基础上，比较简单易行的分配方法，包含以下 3 种形式。

（1）一般等比例分配

所有参加排污总量分配的污染源，以现状排污为基础。按相同的削减比例分配允许排污量。其数学模型为：

$$\Delta C_{oik} = \Delta C_{ok} \frac{C_{oik}}{\sum\limits_{i=1}^{m} C_{oik}} \quad i = 1,2,3,\cdots,m; \quad k = 1,2,3,\cdots,n$$

$$\eta_{ik} = \frac{\Delta C_{ok}}{\sum\limits_{i=1}^{m} C_{oik}} \quad k = 1,2,3,\cdots,n$$

$$P_i = P_{oi} - \eta_{ik}P_{oi} = P_{oi}\left(1 - \frac{\Delta C_{ok}}{\sum\limits_{i=1}^{m} C_{oik}}\right) \quad i = 1,2,3,\cdots,n \quad k = 1,2,3,\cdots,m$$

式中，ΔC_{oik} 为第 i 污染源对 k 水质控制点贡献浓度的超标量；ΔC_{ok} 为各污染源对 k 水质控制点贡献浓度的总超标量，$\Delta C_{ok} = C_{oko} - C_{ok}$，$C_{oik}$ 为第 i 污染源对 k 控制点的浓度贡献率；η_{ik} 为污染源削减率；m 为规划区内污染源数目；n 为规划区内水质控制点数目；C_{ok} 为规划区内水质控制点 k 的水质目标；C_{oko} 为规划区内水质控制点 k 的现状水质；P_i 为 i 污染源规划排污负荷量；P_{oi}为 i 污染源的现状排污量。

（2）排污标准加权分配

考虑各行业排污情况的差异，以污水综合排放标准所列各行业污水排放标准为依据，按不同权重分配各行业允许排放量，同行业按等比例分配。

（3）分区加权分配

将所有参加排污总量分配的污染源划分为若干控制区或控制单元，根据与区域或单元相应的水环境目标要求，确定出各区域或单元的削减权重，将排污总量按权重分配至各区，区域内仍按等比例分配方法将总量负荷指标分配到污染源。

官厅流域污染综合防治规划是我国第一个污染防治规划（王华东等，1988）。官厅水系流域水源保护协作组，在调查评价地区污染状况的基础上，根据流域自然地理特点、污染源分布和污染物排放情况以及对水质的要求，将流域划分为 3 个水源保护区。根据官厅水库水量和水质标准确定主要污染物允许排放总量，依据保护区位置和重要性，以及污染物排放的大致比例，按比例将水库污染物容纳总量分配给 3 个保护区。

2）按贡献率分配方法

等比例分配实际是不平等的，它忽略了排污者所处地域自然条件的差异。排污者所处地理位置不同，排放等量的污染物对环境造成的影响程度是不相等的。由此提出基于贡献率计算的分配方法，即按各个污染源对总量控制区域内水质影响程度的大小，按污染物贡献率大小来削减污染负荷，对水质影响大的污染源要多削减，反之则少削减，它体现每个排污者平等共享水环境容量资源，同时也平等承担超过其允许负荷量的责任。张存智等（1998）以大连湾为例，在现有排污口和排污量调查的基础上，分析各污染源的分担率，以海域环境功能区划为控制标准，计算了主要污染物容许入海总量。

3）基于容量总量的分配方法

基于容量总量分配法是根据不同水域的最大允许排放量，将该排放量作为权重（称之为容量权重），直接分配到不同位置的分配对象。这种方法与水环境质量有良好响应，缺点是对现状排放情况的响应程度较低，易导致不公平性，分配结果可操作性较差。基于容量总量分配法可分为完全基于容量总量分配和部分基于容量总量分配两种方法。

完全基于容量总量分配：完全按照水环境容量的计算的结果，进行总量分配。

部分基于容量总量分配：依据水环境功能类型，对于部分需要重点改善的水域，严格按照容量总量进行分配，区域水域按照容量权重分配总量目标。

4）投入产出法分配

投入产出法分配容量的主要思想在于将经济、环境、能源间的相互关系用投入产出模型进行协调，并与最优化方法结合，得到各行业的容量分配额度。

5）边际效益法分配

边际效益法分配也称边际净效益最大法，是按一定的方法对容量进行初分配，在此基础上计算各单位的边际净效益，找出其最大和最小值，然后，减少边际净效益最小污染源的分配量，把减少量加到边际净效益最大污染源上，反复进行，直到各污染源边际净效益相等或总边际净效益最大。该方法从全流域经济角度出发，理论上能得出较好的方案，但操作复杂、难以实施。

6）流域行政协调分配方案

根据流域环境目标，确定污染物允许排放量。根据各河段目前的排污总量和各个污染源的生产、污染、排放、治理和技术经济状况，制订出分配方案，通过行政手段，强制执行。该方案在环境法律制度和管理措施不完善的情况下相当有效，能及时应对污染事件作出反应，以避免更大的损失。该方案的主要特征是受到环境行政主管部门的主管意愿的影响，容易产生"黑箱交易"破坏公平性的情况，且管理阻力较大、经济效益性较差。

7）基于排污权交易研究的总量分配方法

环境容量资源稀缺性，使环境容量资源具备了经济物品的特性，许多学者对排污权交易制度进行了研究（吴亚琼，2004；胡妍斌，2003），期望以较低的管理成本、自发的市场交易，实现排污量在企业间的最优分配。陈阳等（2006）从提高总量分配的有效性出发，以相互补偿和资金再分配等为激励手段，研究和设计了一个基于协商的分配模型。赵勇和王清（2008）基于可分离物品拍卖思想，给出了一种可变总量的竞争分配模型，研究了其有限激励性和分配有效性，同时也得到了一个统一价格拍卖的均衡结论。

在实际应用中，根据不同层面选取不同的方法或方法的组合（王媛等，2008）。例如，流域区域层面，影响它们水污染物总量分配的要素包括社会、经济和环境资源等多方面指标，常用的方法包括层次分析法、多指标综合评价法等方法，通过建立指标体系，给予权重进行综合评价，或者根据各类指标将待分配区域分类，依据综合评价和分类结果给予分配量，力求达到经济、环境与社会的协调发展。盛虎等（2010）采用层次分析法和基尼系数交互反馈的方法，研究了基于人口和经济公平的流域容量总量分配方案，并在此基础上建立了不考虑交易成本时的流域排污交易优化模型。排污单位层面，常见的主要有等比例削减法、污染贡献率法、治理费用最小法、定额达标法等方法。

总量分配方法的研究为实现有效的总量控制，进行环境决策提供了可能的工具。以往总量分配研究大多考虑了点源而忽略了非点源，随着对非点源污染认识的加强，如何将非点源纳入总量控制体系值得探讨。总之，总量控制是一个复杂的系统工程，不仅需要满足环境质量要求，还需要满足某种社会政治、经济和技术要求，总量控制的实施与管理需要通过法规、行政、经济、技术等手段来实现，需要不断地探索与实践。

5.1.4 分配技术和方法的适用性分析及比较

鉴于目前分配技术和方法还未在示范区得到完全应用，本部分仅从目前的研究角度分析各种方法与技术的优缺点，在下一步工作中加大示范区的适用性分析与比较。

总的来说，总量分配方法和技术很多，但从目标原则上基本分为两大类：基于效率原则的总量分配和基于公平原则的总量分配（郭怀成等，2001）。

5.1.4.1 基于效率原则的分配方法优缺点

(1)典型案例

陈阳等(2006)就是从提高总量分配的有效性出发,以相互补偿和资金再分配等为激励手段,研究和设计了一个基于协商的分配模型或方法;岳刚和吕焰(2007)通过不同的数学模型对污染物进行了分配;张学庆等(2007)利用线性叠加原理,导出胶州湾污染源和水质的响应关系,在此基础上建立污染物总量控制模型。

裴相斌和赵冬至(2000)建立了大连湾陆源污染排海总量控制的线性规划模型,为了避免线性规划模型解的"极端化"现象,引进了线性规划模型变量的上下界处理技术。华迎春等(2007)提出物元分析隶属函数及运算模型在区域污染物总量控制动态化管理中的应用,为污染物总量控制进行动态化、规范化管理提供了科学的技术支撑。

(2)优点

水污染总量分配技术研究过程中多是基于经济最优化原则建立的最优化数学模型,即水污染总量分配的效率模型,被用于建立模型的数学方法有线性规划法、非线性规划法、整数规划法、动态规划法、离散规划法、灰色规划法以及模糊规划法等。

这些主要是研究区域内排污总量最小、区域内治理投资费用最小等方法。实现一定环境目标前提下,区域污染治理费用最低,实现社会、经济和环境的协调发展,促进资源节约、产业结构优化、技术进步和治理污染,推动经济增长方式转变。

(3)缺点

基于效率原则的污染物总量分配方法,仅从经济角度出发,往往只片面考虑经济成本最小化、治污费用最小化或是纯利润最大化,而忽视了总量分配过程中涉及的社会、技术、劳动力资源等因素的影响,往往导致出现"鞭打快牛"的情况,使得治理得力的污染源对分配方案非常不满,挫伤其积极性。

在现有水污染控制体制和管理模式下,基于效率原则所制定的污染物优化分配方案往往难以有效而顺畅地推行实施。

5.1.4.2 基于公平原则的分配方法优缺点

(1)典型案例

李如忠(2002)设计了一种基于经济、社会和环境系统诸要素影响的多指标决策的层次分析法来进行排污总量分摊问题研究,实例分析表明该分配方法是可行的。

吴悦颖等(2006)用基尼系数法对流域水污染物总量分配方案进行评估,依据评估结果进行方案调整,可使方案更具公平性和合理性。由于水资源是水环境保护的主要对象,因此,在调整基尼系数时,以水资源量和环境容量为主要指标进行调整是合理的,同时在实例分析中,也符合实际需求。

王媛等(2008)建立的基尼系数最小化的优化模型进一步推动了基尼系数概念在水污染物总量的分配工作中的应用,使分配方案的确定更加规范化,保证了基于基尼系数最小化的分配方案的唯一性。

（2）优点

这种方法主要有以下几个方面的特点：以相应理论为基础，建立公理体系，设计公平分配原则；利用数学方法，保证分配公平性；进行满意度调研，保证分配公平；从水质模型出发，建立源点公平分配模型。

此种方法能够同时考虑区域的经济、社会和环境自净能力的差异，并且建立了污染物分配量和经济、社会和环境自净能力之间复合一定逻辑关系的定量联系，同时在实际应用中，能对单位人口、经济规模或环境容量所负荷的污染物排放强度给予平衡调节，即在负荷强度高的区域分配的削减比例更大，在负荷强度低的地区分配的削减比例相对较小。

与基于效率原则的分配方法相比，排污总量分配所考虑的因素更为全面，由此所得的分配方案更趋科学、合理。模型应用中可根据具体情况选择指标，选取合理与否对分析结果有重要影响。

（3）缺点

① 基于公平性原则的总量分配方法，要么停留在理论研究上，仅给出坚持公平性原则需要遵循的原理和要考虑的因素，并未给出一套较完整的理论；要么给出了一套较完整的体系，却过于理论化使得变量的选择难以定量化、分配方案过于复杂而难以在实际中加以应用，最终难以达到预期目的，或者片面强调某一方面的公平性，忽略了其他方面而造成貌似公平实际并未真正体现公平性的假象。

② 基尼系数也有一定的适用条件：分配各方必须是同一层面、具有可比性的对象，如流域与行政区之间就无法统一分配，分配对象的层面不一致会导致其属性有很大的差别，基尼系数可能会出现强烈的偏差；基尼系数不适用于没有初始分配方案的分配过程；由于笔者所研究层面不涉及流域上下游的水资源矛盾，因此，该法仅反映了我国宏观层面的水污染与社会、经济、水资源的发展和协调关系，应在进一步的工作中，研究基尼系数法在流域和子流域层面的应用可行性；基尼系数法本身未提供方案修正幅度大小的依据，尚需通过其他方法进行修正，因此，方案修正的理论是进一步研究的方向之一。

③ 基于公平原则进行污染物的总量分配现在还处于探索阶段，因为公平本身就是比较难以衡量的概念，现有的基于公平原则分配的主要方法中，无论是等比例削减法还是按照污染贡献大小进行削减的方法在应用于区域时都存在问题，这些方法都忽略了区域的经济、社会和环境自净能力差异。虽然采用层次分析法、多指标综合评价法可以在一定程度上反映出区域差异对污染物总量分配方案的影响，但分配量和指标之间缺乏机理和逻辑上的定量联系。

④ 采用基尼系数法分配污染物总量的过程中没有考虑效率原则，即没有考虑费用最小化，因为目前的排污许可证是免费发放的，在污染物总量的初始分配中，公平性是决策者首先要考虑的问题，特别是针对区域间的总量分配工作，公平分配排污权更是保证各个区域发展的重要条件。

⑤ 基尼系数本身是一个比例参数，因此，仅从基尼系数本身下结论将丢失一些信息，从而对负荷分配的离散程度的反映也不明确。

但总体来讲，基尼系数能够说明水污染物负荷分配的分布情况，同时还可以进一步分析水污染物负荷分配的公平程度，这对当前环境管理中提倡的"效率优先，兼顾公平"的思路来说是一种有效的实现手段。

5.1.4.3　效率与公平两级优化分配方法

（1）典型案例

王媛等（2009）建立了效率与公平两级优化的水污染物总量分配模型，为了更合理地兼顾效率和公平原则，对水污染物总量进行分配，建立了效率与公平两级递阶优化的目标规划模型。以企业总产值为效率目标，建立第一级效率优化模型，利用公平区间和满意度的定义构建公平偏离指数概念，反映企业间水污染物分配的公平程度；以公平偏离指数为公平目标，建立第二级公平优化模型，引入反映决策者偏好的调节系数协调效率和公平目标。应用模型进行模拟算例分析，通过对调节系数进行敏感性分析可以定量协调效率和公平目标。结果表明，该模型有助于制订合理、灵活的排污企业间水污染物的初始分配方案。

衡量公平原则的指标：在满意度定义的基础上，进一步提出衡量企业间分配公平程度的指标，将各个企业间满意度之差的绝对值之和作为衡量公平程度的指标，称为公平偏离指数，该指数越小，说明企业间满意度的差别越小，即分配越公平；该指数越大，说明企业间满意度的差别越大，即分配越不公平。当该指数为 0 时，各企业的满意度完全相等，为绝对公平。

衡量效率原则的指标：为了实现总量控制的效率原则，在初始分配阶段需要考虑把稀缺的排污许可证指标分配给利用环境资源效率最高的企业。已有的分配方法中一般采用污染物治理费用作为反映效率原则的指标，但治理费用只反映出成本方面的问题，反映不出企业整体经济效益。产值指标是产品产量和价格的乘积，能反映出企业整体的经济效益，属于宏观的经济指标。采用各个企业的总产值作为衡量效率程度的指标，一方面有利于发挥总量控制对经济结构的调整作用，另一方面也便于从国家统计部门获取该指标。在污染物排放总量一定的条件下，总产值越大，对于环境容量资源的利用效率越高，否则相反。排放同样数量的污染物，各个企业所创造产值不同，创造产值高的企业对环境容量资源的利用效率高，将有限的污染物排放权优先分配到这些企业，可以达到以最小环境代价获得最大经济效益的目的，有利于调整区域的产业结构，促进低污染、高收益的企业发展。

效率和公平原则是污染物总量初始分配需要遵循的目标，但两个目标如何兼顾是目前构建初始分配模型需要解决的关键问题。污染物总量初始分配是为了达到效率和公平两个目标，可以建立多目标规划模型解决该问题，求解方法有效用模式、目标规划模式、乘除法模式、两级优化模式和递阶模式等。按照效率目标和公平目标逐级递阶优化，其中效率目标以企业产值为度量指标，公平目标以企业公平偏离指数为度量指标，建立效率与公平两级优化的水污染物总量分配模型。

（2）优点

提出的水污染物总量分配模型在保证水环境质量达标的基础上同时兼顾效率原则和公

平原则,一方面易于被企业接受,另一方面可以发挥总量控制工作对区域发展和行业结构优化的指导作用。应用本模型可以定量协调效率和公平目标的关系,客观反映偏好的影响,有助于更加合理、更加灵活地确定最终分配方案。

（3）缺点

指数的设定在一定程度上体现了人的主观决策偏好,如果决策者属于效率偏好型,则倾向于牺牲部分公平目标,如果决策者属于公平偏好型,则倾向于牺牲部分效率目标。在实际分配方案决策过程中这种主观因素的影响是不可避免的,已有一些定量的方法,如特尔菲法、层次分析法和模糊偏好法可以帮助人们确定多目标的权重,但人主观的偏好仍是这些方法的基础。

5.1.4.4 分配方法适用对象

按照分配主体划分,总结分配方法适用对象如表 5.1 – 1 所示。

表 5.1 – 1 分配方法适用对象

分配主体		分配方法	推荐方法
海区分配	初次分配	基于容量总量分配方法	基于容量总量分配方法和数学优化法
	再调整和最终评估	数学优化法	
流域分配	初次分配	基于容量总量分配方法	基于容量总量分配方法
	再调整	多目标优化、排污权交易、排放绩效法、投标博弈法	
	最终评估	基尼系数法	
区域分配	初次分配	层次分析法、多目标优化法、等比例分配、排污权交易	层次分析法
	再调整	排污权交易、排放绩效法、投标博弈法	
	最终评估	基尼系数法	
产业 – 行业分配	初次分配	层次分析法、多目标优化法、排污权交易	层次分析法
	再调整	排污权交易、排放绩效法、投入 – 产出法、投标博弈法	
	最终评估	基尼系数法	

5.1.5 分配方案可行性评估

总量分配方案是否可行,应进行评估和咨询。

其中,评估方法可采用基尼系数法,因为基尼系数法可反映分配对象的污染物排放量相对于其他资源拥有量的公平性,因此,可将其作为总量分配的最终评估方法。除对分配方案的公平性进行评估外,还需要评估方案的可行性,即需要将分配方案与初次确定的总量目标相比较,如果完成总量目标要求的削减任务即可认为方案可行;如果不能完成总量目标,需分析原因,修改目标或修正方案。

另外,也可结合座谈、专家咨询、企业参与等方法调整分配方案,使其整体满足各方利益。

5.1.6 分配技术存在问题及未来研究方向

5.1.6.1 存在的问题

1)理论研究方面

(1)对非点源污染总量分配技术研究不足

大多局限于考虑单个点源或指标,并以重点工业和城市生活污染为主,而较少考虑把具体实施点源或面源扩散浓度相互叠加,并与资源利用、环境质量和污染控制指标相互关联。

(2)缺乏污染物宏观总量分配的研究

总量控制具有宏观性,它们的内涵不仅仅是把总量削减指标分配到源的技术方法,而是将环境目标的实现与区域城乡经济社会的发展,作为一个大系统进行综合研究,使之协调、和谐、永续发展。因此,要全面执行和完成总量控制任务,首先得确立污染物宏观总量分配技术。

(3)缺乏总量时空动态分配技术

总量控制工作是根据区域发展变化而动态变化的,在总量分配过程中应该从时间和空间上进行动态分配,而不是一成不变的,在为决策提供依据的同时,应将大量的资源、环境质量、污染控制和社会、经济等方面的基础数据及时收集、存储、转换和加工,否则难以使总量控制系统化、直观化、动态化。

(4)缺乏总量分配技术的信息系统化研究

针对总量分配指标体系和技术进行信息开发,虽然这只是末端的一部分,但对于各级政府、部门、行业应根据总量宏观控制的具体要求,进行总量分配技术信息系统的开发,将各自的战略或规划目标、方向和内容与污染物总量分配指标形成一个完整的、具有较高耦合度的体系,以促进总量控制工作科学地、有序地、深入地开展。

2)应用实践方面

(1)容量总量动态化分配技术的应用研究不足

容量测算值是在一定保证率设计条件下计算得到的理论值,实际中绝大部分情形下水体对污染物的稀释降解能力是高于容量测算值的。现行的目标总量控制必然转向容量总量控制,容量测算值转化为容量总量分配值的环节中,是采用四季不变的容量分配值还是采用随季节浮动的容量分配值,是将容量测算值直接应用于总量控制还是将原值乘以一定系数后再应用于总量分配,如果乘以系数,如何科学合理确定系数,种种问题都需要细致深入的研究。

（2）分配方案的优化和应用可行性研究不够深入

总量分配技术是总量控制的核心工作，制订科学的问题分配与污染物治理方案，是实施污染物总量控制的技术关键。分配允许排放量实质上是确定各排污者利用环境资源的权利，确定各排污者消减污染物的义务，即利益的分配和矛盾的协调。确定总量控制方案，不仅应该依据容量资源的自然属性和功能保护要求，而且要使得分配与消减方案具有经济与技术可行性，因此，需要建立分配的公平性原则，研究污染治理与经济、人口发展的协调关系，对区域和污染源治污能力进行经济技术可行性分析和排污控制优化方案的比较，将总量控制指标进行不同层次的分解，以排污许可证的形式分配到各排污单位，作为法定排污指标。

在分配技术的应用实践研究方面应加大对分配方案的优化和可行性研究。

5.1.6.2　未来研究展望

（1）与地理信息系统（GIS）技术结合用于空间优化决策

各种分配模型可以通过与 GIS 技术结合用于空间优化决策，GIS 对于应用优化模型具有更大的潜力，GIS 方法可进行数据采集并进行结果制图。GIS 可提供更精确的信息给分配模型，如可以精确定位水质目标点，结合 GIS 的分配模型在解决空间优化问题方面具有更广的应用前景。

（2）兼顾效率和公平的分配模型的研究

目前，大多数水污染物总量分配模型，是单纯基于效率或是基于公平原则建立的模型，都或多或少存在一些问题，势必挫伤污染源自我治理的积极性，或是激发污染源的抵触情绪，使规划方案及污染治理程序在推行过程中遇到阻力，难以顺利实行。在兼顾效率和公平的总量分配模型的研究较少，且应用开区域总量分配的案例更是鲜有报道。

因此，建立一套新型的，兼顾效率和公平原则，能被各污染源普遍接受，并且易操作，制定便于实施的总量分配方法、制订可行的分配方案是污染物总量分配研究的方向和趋势。

（3）动态化、系统化分配模型的研究

污染物总量控制作为一种思维方式和有效的监督管理手段，不能机械地计算总量或弄虚作假，而应是一项动态的系统管理，必须同时考虑总量与质量关系（实现环境质量目标是总量控制的目的）、容量与允许纳污量的关系、自然净化与区域（城市）生态关系、达标排放与环境经济关系，考虑总量控制的阶段性、经济性、有效性和可操作性。

加强动态化和系统化总量分配模型的研究对于管理部门高效、便易地进行污染物总量控制与管理是非常重要的。

5.2　入海污染物总量分配技术路线

入海污染物总量分配的技术路线如图 5.2-1 所示，主要思路如下。

（1）海域自净容量预分配

依据"陆海联动、海陆统筹"的原则，最大化地利用海洋环境容量。按照海域环境保护的目标与要求，估算各个单元的自净容量，根据各控制单元的生态特征、排污需求，对海域自净容量进行预分配，以宏观指导区域或海域污染源布局优化设计。

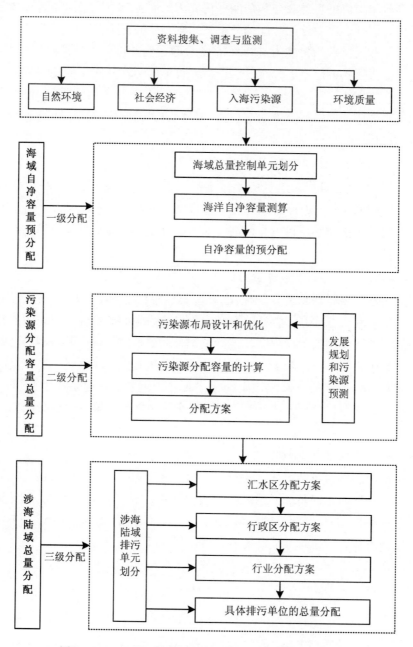

图 5.2－1　入海污染物总量分配方法的思路与技术路线

（2）污染源分配容量总量分配

海洋环境容量的利用率与污染源的位置密切相关，污染源布局合理，污染源所得的分配容量就会更大，相应的可利用的海洋环境容量就越大，因此，污染源的布局优化至关重要。由此，海域总量分配从没有污染源布局和充分考虑现有污染源布局两方面展开。

然后，根据污染源的位置确定水质控制点的位置和数量，并主要参考其所在海洋功能区划确定水质目标。运用模型模拟，得到污染源和水质控制点的响应系数场，经过线性优化得到各污染源的最大允许排放量（分配容量），该分配容量可作为分配总量，也可运用分配方法进行优化和调整，评价和筛选出满足水质控制目标的最佳分配总量。各污染源的分配容量加和即为海域环境容量，也可将此环境容量分配给各污染源，如果各污染源的分配量满足水质目标就为分配总量，如果不满足则继续调整使其达到水质目标。海域总量分配的结果是得到海域环境容量（海域总量控制单元环境容量）和各污染源的分配总量。

（3）涉海陆域总量分配

海域总量分配可得到陆域汇水区入海排口的分配总量，涉海陆域汇水区总量分配就是将各入海排口的量按照一定的分配规则继续向下分配至子流域（行政区），或逐级向下直至乡镇。

根据涉海陆域汇水区或行政区的总量分配，可再进行行业总量分配，分配到第一产业、第二产业、第三产业及相应行业，为产业结构调整和各行业的总量削减措施提供依据，也可进一步细分到具体排污单位。

5.3 入海污染物总量分配关键技术

5.3.1 海域自净容量的预分配

5.3.1.1 分配因子的筛选和确定

影响海洋生态健康的因子很多，也很复杂，进行总量控制时，同时考虑所有的因子是困难的，也是不现实的。在确定评价因子时，着重考虑与海洋生态系统和人体健康程度关系密切或比较密切的污染物因子。从海洋生态系统健康角度，主要的污染物因子包括：溶解氧、无机磷（总磷）、无机氮（总氮）、化学耗氧量、石油类、持久性有机物、重金属等。

通过主要入海污染物评价、海洋环境现状评价（水质、沉积物、生物质量）、赤潮发生情况及海洋生态健康评价，分析海域存在的主要环境问题，识别主要因子。根据指标的可控性及可操作性，确定最终的总量控制指标和分配因子。

5.3.1.2 海域总量控制单元划分

海域水动力特征相对一致，具有相对明显行政管辖分界的客观实体，是进行海上污染控制和管理的基本单元，称为海域总量控制单元。

（1）划分原则

① 海域水动力特征相对一致，同一单元内水交换率不能有数量级之差，区块间边界线尽可能与数值模拟计算的涨、落潮方向相垂直。

② 自然地理条件相对独立。

③ 海域行政管辖分界相对明显。

④ 海洋功能区划主导功能相对一致。

（2）划分方法

海域总量控制单元的划分在划分原则的基础上，考虑海域周边社会经济发展的需要、海域功能可利用的经济利益比较、海域生态环境特征、排污源可控性、治理工程技术可行性等因素；本着总量分配及消减措施的可控性、可操作性、效果显著性、源与目标间响应可模拟性等确定海域总量控制单元。

5.3.2 自净容量的预分配

根据海域总量控制单元的生态特征，进行生态系统健康诊断，依据海洋功能区划、海洋环境保护规划及相关标准，确定各个单元的总量控制目标，给出水质控制点的位置和约束条件。

按照海域环境保护的目标与要求，估算各个单元的自净容量，根据各控制单元的生态特征、排污需求，通过评估现状污染源输入总量与达标比例的方式，也可通过专家咨询的方式确定可供分配的总量的比例。因可供分配的总量比例与污染源（排污口）的设置（位置和源强）有关，确定过程需要注意以下几个方面的原则。

① 考虑污染源布局优先次序为：大气输入（一般不单独分配，在计算自净容量时，作为本底参数扣除）；外海输入（一般不单独分配，在计算自净容量时，作为本底参数扣除）；河流；现有污染源（城镇生活、工业和养殖污染源等）；新增污染源排放的需求。

② 海洋自然保护区的核心区和缓冲区、海滨风景名胜区和其他法律法规和相关规划明令禁止设置排污口的区域，需要保留自净容量，不设置污染源；但当该区域有河流输入或面源汇入时，则应根据区域的环境保护要求，根据环境容量的估算结果，提出流域的入海污染物的控制要求。

③ 水产养殖区，海水浴场，人体直接接触海水的海上运动或娱乐区以及与人类食用直接有关的工业用水区，需要保留一定比例的自净容量，不设置工业和生活直排口，根据环境保护的要求，提出入海河流或面源的控制要求。

④ 相邻污染源混合区不重叠，不影响相邻控制单元自净容量的分配。

⑤ 自净容量大的总量控制单元优先设置污染源（位置和数量均优先），分配比例可相应提高。

⑥ 污染源的数量由混合区的范围和海域允许超标面积共同决定。混合区的范围，应符合《海水水质标准》（GB 3097—1997）和《污水海洋处置工程污染控制标准》（GB 18486—2001）中有关混合区规定，不得影响鱼类洄游通道和邻近功能区水质，在河口或海湾狭窄

通道以及环境规划确定的控制性保护利用区，混合区范围横向宽度不得超过该海域自然或区划宽度的 1/4。海域允许超标面积需符合相关环境保护规划。

自净容量的分配主要目的是为管理者和排污者了解所在海域自净能力的差异性，在宏观层面上引导社会经济的空间布局的调整，为总量控制、排污口的优化以及污染物排放的生态补偿核算提供参考依据。

因此，这阶段的自净容量估算，一般可用简化的模型或方法进行，推荐采用标准自净容量法和水动力交换法测算。

5.3.3 污染源分配容量的总量分配

5.3.3.1 污染源设计优化和概化

（1）污染源布局和排污口设计优化

在进行污染源布局和排污口位置和排放方式选择时，除 3.3.4 节所列的原则以外，还应遵循以下原则。

① 海洋自净容量大的海区优先设置污染源（位置和数量均优先），排污口设置在水交换条件良好、水质状况基本符合海洋功能区划的区域；《海水水质标准》（GB 3097—1997）中一类海域，禁止新建排污口，现有排污口应按水体功能要求，实行污染物总量控制，以保证受纳水体水质符合规定用途的水质标准。

② 排污口设置尽量选择离岸较近且海底地形较为简单的深水海区，以降低铺设排污管道的造价，并减少对底栖生物及其生境的破坏。

③ 在水深较大的位置，初步设定扩散型（射流）排放口参数，估算污水排放的"初始稀释度"，即污水质点从水下喷出，到达海平面时的稀释倍数，一般控制在 80 倍以上，初始稀释度大或密度分层使污水不冒顶均为较佳排放口海域。

④ 排放口布设应与城市总体规划中污水工程规划相适应，使之与陆上污水管网布置相协调。

⑤ 避免在邻近滩涂的浅水域布局排放大量污水的污染源，切忌漫滩排放或于小潮沟处排放。

⑥ 切忌在半封闭海湾湾顶水域排放污水，在湾顶布局污染源，其污水排放口设置应按照上述原则进行。

遵循以上条件，给出污染源的多种设计方案。

然后，根据污染源 - 水质的响应关系，通过线性规划等方法确定使得海洋环境容量可利用量最大的最佳污染源布局方案。

（2）陆域污染源概化

将每个陆域汇水区的入海污染源进行归并，概化为 1 ~ 2 个入海排口。调查统计各入海排口的不同来源的现状污染源强。预测不同规划期的不同来源的期末源强。

概化的原则如下。

① 现存沿岸排污口的位置及周边应考虑设置排口。

② 每一个集水区域至少要设置一个排口，集水区域的设置依据各集水区域河流入海口所处位置而定。

③ 每一个水质功能区考虑设一个排口。

④ 海洋功能区划规划的排污口应考虑设置排口。

（3）海上污染源概化

海上污染源在总量分配时主要考虑海上养殖污染。海上养殖污染在每个海域总量控制单元根据养殖面积和规模概化为 1~2 个点源，位置选择在养殖面积集中区域的中心。

调查统计海上养殖污染的种类、面积、产量、投饵等情况，核查现状污染源强和预测不同规划期期末源强，并按概化的点源进行归并和汇总。

5.3.3.2　水质控制点设置

水质控制点的设置包括控制点数量、位置和采用水质标准等，它的设置与污染源分配容量和海洋环境容量的计算结果密切相关。

1）数量

在概化排污口周围最少要设置 1 个水质控制点，最多可设置 7 个。

2）位置

（1）混合区范围确定

对于水质控制点位置设置，需要首先确定混合区范围，保证计算网格分辨率与混合区大小一致，同时要求混合区总面积不应超过目标海域总面积的约 5%。混合区应满足如下 3 个基本要求：①保证混合区内水域的各项污染物指标不超过地面水中规定的最高允许浓度；②保证混合区外水域满足和水域功能相应的水质标准要求；③保证整个受纳水体的环境资源和生态平衡得以维持而不受到破坏。

根据《污水海洋处置工程污染控制标准》（GB 18486—2001），计算混合区面积，若假定混合区为圆形，则可确定混合区长度，可作为混合区长度上限。

（2）水质控制点位置确定原则

根据水质控制点设置原则，污染源的地理位置和混合区范围，选择混合区沿岸边法线方向边界处设置，作为第一类控制点，以这些点为基准点，取两个相邻基准点之间沿距岸边 1 个网格（混合区距离）连线上的中间点作为节点，取目标海域中心作为中心点。然后，以基准点为起点分别向节点和中心点（最外两个基准点沿距岸边 1 个网格向外至边界）按照自然数等差递增原则设置控制点，作为第二类控制点（包括中心点），其中，要求控制点间隔不得多于 5 个网格，同时中心点附近 5 个网格以内不设控制点。

3）控制标准

对于各个等级水质控制点，以相应网格中污染物浓度平均值作为水质标准控制值。控制值大小则根据国家《海水水质标准》、相应的海洋功能区划和总量控制目标确定。

5.3.3.3 污染源 – 水质的响应关系

污染源及其水质控制点确定之后，就要建立污染源和水质之间的响应关系。

在多介质海洋环境中，主要由于排海污染物在发生各种物理、化学和生物迁移 – 转化过程的同时，通过平流迁移、湍流扩散等作用而相互联系，目标海域 → 水团中污染物浓度 Ω 往往是由多个" $\in$ "污染源单独排放条件下所形成的浓度场 Ω 共同作用的结果（李克强，2007）。多个污染源共同作用下所形成的平衡浓度场，等于各个污染源单独存在时形成的浓度场的线性叠加，即：

$$C(x, yz) = \sum_{i=1}^{m} C_i(x, yz)$$

这里，可将" $\in$ "污染源在单位源强单独排放条件下所形成的浓度分布场定义为" Ω "污染源响应系数场：

$$\alpha_i(x, yz) = \frac{C_i(x, yz)}{Q_i}$$

响应系数场可以直接给出污染源与水质控制点浓度之间的定量响应关系。响应系数场的计算过程如图 5.3 – 1 所示。

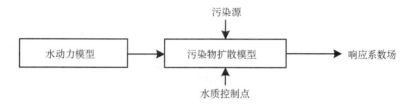

图 5.3 – 1 响应系数场计算过程

5.3.3.4 污染源分配容量和海域环境容量

污染源的海域环境容量和污染源的分配容量是进行污染物总量控制的必要的科学基础。所谓污染源的海域环境容量，是指在维持特定海洋学和生态学功能所要求的国家海水水质标准条件下，一定范围内目标海域所能容纳某一污染物的最大数量。所谓污染源的分配容量，是将在具有确定的海洋环境容量阈值前提下，为使目标海域污染物浓度维持在一定等级国家海水水质标准，一定时间内所允许单一污染源的污染物最大排海数量（王修林和李克强，2006）。

污染源 – 水质的响应系数场确定后，就可求解海域环境容量，其线性规划方程见式（3.1）~（3.3），其中 Ω 为各污染源的分配容量，‖ supp(Ω) ‖ 为海域环境容量。而海域总量控制单元的环境容量为其内的污染源的分配容量的加和。

根据不同季节的背景值，可得到不同季节的环境容量；全年环境容量的背景值可取全年平均值或保守的季最大背景值。

5.3.3.5 分配主体和分配对象

污染源分配容量的分配主体是海域或海域总量控制单元；分配对象是入海污染源，具体为陆域汇水区或行政区入海排口或海上养殖。海域污染源的确定考虑两种情况，一种是进行污染源布局最优化设计的情况；一种是充分考虑现有污染源的情况。

5.3.3.6 海域总量分配可选方案

海上养殖的分配容量不进行再次分配。本研究仅对陆域污染源进行再分配，主要有以下3种方案(图5.3-2)。

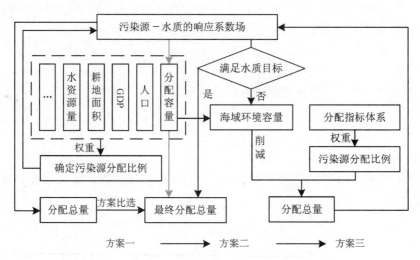

图5.3-2 海域污染源分配总量可选方案技术思路

(1)零方案

分配容量即为分配总量。

(2)基于响应系数场的再次分配

将分配容量 Q_i 作为再次分配的考量因子，与人口、GDP、农田播种面积、水资源量等自然和社会因素综合考虑，确定各污染源的分配比例，代入环境容量的线性方程再次求解。

污染源总量分配是一个多变量的分配问题，将其转化为单变量问题更好解决。采用加权平均法，计算污染源总量分配的比例因子：

$$r_i = \sum_{k=1}^{5} w_k r_{ki}$$

式中，r_i 为第 i 个污染源总量分配的比例；w_1，w_2，$\cdots$，w_5 分别为分配容量、水资源量、人口、农作物播种面积和GDP的权重；r_{1i}，r_{2i}，$\cdots$，r_{5i} 分别为第 i 个污染源的环境容量、水资源量、人口、农作物播种面积和GDP所占比例。

设污染源之间的分配比例系数向量为 $R = [r_1, r_2, \cdots, r_n]^T$，显然，存在标量参数 t，使得上式变为：

$$Y = tR$$

其中，Y 为污染源的分配负荷向量。

目标函数可转化为对 t 求最大值，有：

$$t_{max} = \min\left[\frac{s_i - b_i}{(AR)_i}\right]$$

$$Y_i = r_i \min\left[\frac{s_i - b_i}{(AR)_i}\right]$$

其中，Y_i 为污染源的分配总量。

（3）海域环境容量基于指标体系的再分配

建立分配指标体系，求得各汇水区的组合权重，即污染源的分配比例。再分配的过程是：第一步，海域环境容量 Q，按污染源分配比例分配得到各污染源的分配总量 a，然后将该分配总量代入污染源 - 水质响应系数场，判别其是否满足水质目标；第二步，满足，那么分配总量 a 就是最终各污染源的分配总量；第三步，不满足，那么将海域环境容量削减一定的百分比，按第一步重新计算，直至得到最终的分配总量。

3 种方法的优缺点如表 5.3 - 1 所示。

表 5.3 - 1　海域总量分配 3 种方法比较

方法	优点	缺点
零方案	计算简单，容量资源空间利用率高	未考虑污染源之间的公平性
基于响应系数场的再次分配	考虑污染源之间的公平性，计算较复杂	容量资源空间利用率降低
海域环境容量基于指标体系的再分配	考虑污染源之间的公平性，计算复杂	容量资源空间利用率降低

5.3.3.7　分配方案评价和筛选

基于响应系数场的再分配和海域环境容量基于指标体系的再分配，由于权重确定方法的不同组合，可得到多种方案。对于多种方案的评价和筛选可采用基尼系数法。

5.3.4　涉海陆域总量分配

5.3.4.1　涉海陆域排污单元的划分

涉海陆域排污单元：根据总量控制规划的需要，以汇水区或行政区为基本单元进行划分，可进一步向下划分为较小的汇水区或逐级细分至乡镇行政区。

1）以汇水区为单元的划分方法

水系和对应的汇水区相对完整：基于汇水区的地形地貌以及地表水系，特别是地面标高以及内河涌结构及其集水范围为依据。

对于以丘陵山地为主的区域来讲，以该地形相邻流域的分水岭为界。

对于以平原地区为主的区域来讲，应借助地貌和人工构筑物对地表产流作观测分析，以引起地表径流分流的自然堤沙嘴、公路、铁路、河岸、堤坝等为界。

对于河网流域以及与河相连的湖泊流域，以雨后地面相对稳定的产流流向为示踪依据，确定地表径流分流地带，并以此为界。

参考周围地区各行政区的界线，并按不同地区的水质保护要求将沿海域周围向外扩至一定的等距离线作为界限，径流汇入水文状况联系密切的区域划入汇水区内部。

水域功能和水质保护目标相同：以地表水（环境）功能区划为主要依据。

经济现状和发展水平相对一致。

从入海口感潮河段分界线至入海河流源头或支流分岔口为边界。

2）以行政区为单元的划分方法

涉海区域范围内包含 3 个或 3 个以下地级行政区的，以下一级行政单元作为控制单元；包含 3 个以上地级行政区的，以地级行政区作为单元。

对于基础资料详细，经济、技术条件允许，且需要实施尽可能详细的总量分配的区域，以最小行政单元（乡、镇、街道办）作为单元。

考虑污染物排放去向、空间布局、管网布置相对一致或集中的陆域范围。

（1）以行业为单元的划分方法

可在汇水区或行政区内进行行业的划分，主要依据统计资料和数据。

（2）具体排污单位

由点源和面源涉及的具体污染物排放单位，主要包括：工业污染源，农业污染源（含养殖），生活污染源，集中式污染治理设施和其他产生、排放污染物的设施。

5.3.4.2　分配主体和分配对象

分配主体为陆域入海排口的分配总量，分配对象为涉海陆域排污单位。

5.3.4.3　以汇水区或行政区为单元的总量分配方案

总量向下逐级分配均可采用层次分析法和引入平权函数法，具体步骤如图 5.3 - 3 所示。

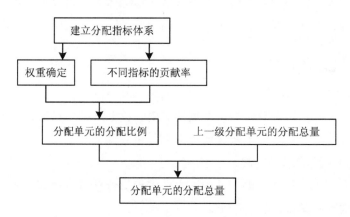

图 5.3 - 3　涉海陆域总量分配步骤（层次分析法）

其中，本研究的分配指标体系可根据区域特色、统计数据详细程度等调整指标体系结构，可选指标因子集见 5.3.5.1 节。权重确定方法见 5.3.5.2 节。由于权重确定方法的不同组合，可得到多种分配方案。对于多种方案的评价和筛选可采用基于群决策的博弈分配模型。

5.3.4.4 行业总量分配

环境容量总量的行业分配主要是为了优化产业布局和结构、实现容量效益最大化而进行的各行业容量总量分配。

1)分配主体和分配对象

分配主体为涉海陆域总量控制单元。

分配对象为三次产业的各行业,如图 5.3 - 4 所示。

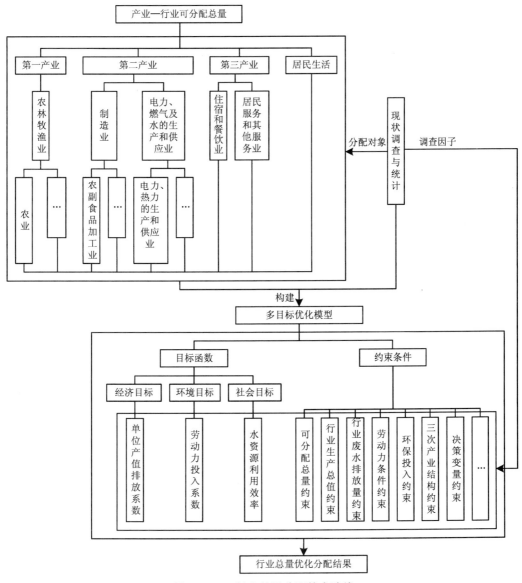

图 5.3 - 4　行业总量分配技术路线

2)行业总量分配方案的设计

根据行业数据获取情况,可选择简单分配和多目标优化两种方法。

（1）简单分配方法

行业污染物总量分配方案分为两种情况：如果海域环境容量有剩余，则在基年的行业污染物的基础上加上由专家赋予的行业权重确定的允许排污增量，作为规划年末行业允许排污量，其计算公式为：

$$H_{ix} = q_i \iota_{ix} + Q_{ix0}$$

式中，H_{ix} 表示地区 i 对应行业 x 的允许排污量；q_i 表示地区允许排污增量；ι_{ix} 表示专家赋予的地区行业污染物分配权重；Q_{ix0} 表示基年地区行业排污量。

如果海域环境容量没有剩余，需要对污染物进行削减，则按照等比例原则进行分配，其计算公式为：

$$H_{ix} = \frac{Q_{ix0}}{Q_{i0}} Q_i$$

式中，H_{ix} 表示地区 i 对应行业 x 的允许排污量；Q_{ix0} 表示基年地区行业排污量；Q_{i0} 表示基年地区排污总量；Q_i 表示规划年允许排污总量。

（2）多目标优化法

产业—行业分配推荐采用多目标优化模型方法进行分配，主要从第一产业、第二产业、第三产业（居民生活）等进行分配、细分到第一产业的农业、林业、渔业等；第二产业的副食品加工业、纺织业等，第三产业的住宿与餐饮业等，分配对象为《国民经济行业分类》（GB/T 4754—2011）中有排污的行业或累计污染贡献率超过 80% 的所有行业。

多目标优化分配方法：构建经济目标、环境目标和社会目标的函数，通过行业生产总值约束、环保投入约束、劳动力约束等求解各行业最优分配量。

分配步骤如下。

① 通过现状调查与统计获得不同分配主体的各行业的详细数据，包括现状的行业总产值、污水排放量、污染因子排放量、劳动就业情况、环保投入情况、水资源利用率、三次产业结构等以及未来的发展计划和约束，为目标函数和约束函数的相关因子提供准确的数据。

② 在不同的分级内进行分配，求解多目标规划方程。可以在海域总量分配的基础上，将涉海陆域总量控制单元的分配总量分配给农业、畜牧业、生活、工业（包括不同行业类型）等；可以将涉海陆域的不同总量控制单元的分配总量再细分给不同的行业。

5.3.4.5 具体排污单位的总量分配

具体排污单位的总量分配首先是在具体污染源调查的基础上进行，调查结果作为分配的主要依据，结合排污单元的总量情况，考虑污染物的迁移转化规律进行总量分配。排污单位具体调查的内容参考全国污染源普查条例。推荐采用定额达标法进行分配。

5.3.5 分配的关键问题分析

5.3.5.1 影响总量分配的指标因子筛选

参考《生态县、生态市、生态省建设指标（修订稿）》及相关文献（黄秀清等，2011；李如忠，2003；李如忠，2005；吴悦颖等，2006；王媛等，2008；王媛等，2009；王丽琼，2008），从水环境条件、自然资源、经济状况、社会发展、技术管理水平等方面列出可供选择的总量分配指标因子集，如表 5.3－2 所示。具体分配时可根据区域特点、数据可获取性等筛选可用因子、自由行层次组合。

表 5.3－2　影响总量分配的指标因子集

准则层	指标层	可选指标
环境条件	用水量	居民人均生活水耗
		单位工业增加值新鲜水耗
	万元产值废水产生量	单位工业增加值废水产生量
	万元产值废水排放量	单位工业增加值废水排放量
	主要污染物排放强度	万元产值 COD 排放量
	污染物（COD 等）总排放量	工业排放量
		农业排放量
		生活排放量
		海水养殖排放量
	工业废水达标率	—
	主要污染物年均浓度占标率	—
	近岸海域环境功能区水质达标率	—
	水质现状	水质达标率
		水污染综合指数
	污染衰减系数	污染物排放浓度响应程度倒数
自然资源	土地面积	农作物播种面积
		耕地面积
	水环境容量	水环境容量利用比例
	水资源量	水资源开发利用比例海岸线长度
	森林覆盖率	—
	城镇人均公共绿地面积	—
	规模化畜禽养殖场粪便综合利用率	—
	农业灌溉水有效利用系数	—
	化肥施用强度（折纯）	—
	土壤侵蚀强度	—
	水土流失治理率	—

准则层	指标层	可选指标
经济状况	人均 GDP	—
	地区人均收入水平	农民年人均纯收入
		城镇居民年人均可支配收入
	居民人均消费水平	—
	人均地方财政收入	—
	社会劳动生产率	—
	工业产值	—
	农业产值	—
	服务业产值	—
社会发展	人口数量	—
	人口自然增长率	—
	非农业人口比重	—
	第三产业从业者比重	—
	城镇职工失业率	—
	社会文化水平	—
技术、管理水平	环境保护投资占 GDP 的比重	—
	污水处理率	城镇污水集中处理率
		农村生活污水处理率
	工业废水循环利用率	工业用水重复率
	废水再生利用率	城市污水再生利用率
	中水回用率	—
	科技进步贡献水平	—

5.3.5.2 分配指标因子的权重确定方法

总量分配过程中很多方法需要赋予权重,赋权方法汇总如下。

(1)专家赋权法

在综合分析乡镇环境状况、自然资源、经济以及社会因素等基础上,设计专家咨询方案,选择至少 20 个专家进行专家咨询,确定准则层和子准则层各要素的权重系数。

(2)相互重要性比较判断矩阵法

首先构造判断矩阵,所谓判断矩阵即描述本层次指标之间两两比较的相对重要性。本研究两两比较的相对重要性数值按五级标度法通常取 1 ~ 5 及其倒数(倒数表示相互比较的重要性具有相反的类似意义)。五级标度法及其含义,如表 5.3 - 3 所示。

表 5.3-3 五级标度法及其含义

标度	定义（比较因素 i 与 j）
1	因素 N_i 与 N_j 同样重要；N_{ij} 取值为 1（N_{ji} 取值为 1）
3	因素 N_i 与 N_j 同样重要；N_{ij} 取值为 3（N_{ji} 取值为 1/3）
5	因素 N_i 与 N_j 同样重要；N_{ij} 取值为 5（N_{ji} 取值为 1/5）
2，4	上述两相邻判断的中间值
1~5 的倒数	表示因素 i 与因素 j 比较的标度值等于因素 j 与因素 i 比较标度值的倒数

然后，求判断矩阵最大特征值对应的特征向量，并将其归一化。如对于 $A \sim B$ 判断矩阵 $A-B$，计算满足 $B \cdot \omega = \lambda_{max} \cdot \omega$ 的特征向量 ω（λ_{max} 为最大特征值），并将其归一化，则其相应的分量即为该层次指标的排序权重值。

最后进行准则层的单排序一致性检验。计算一致性指标 CI：$CI = (\lambda_{max} - n)/(n-1)$。式中，$n$ 为判断矩阵的行数，即层次中的指标或要素个数，本研究中 $n = 4$。计算随机一致性比率 CR：$CR = CI/RI$，其中 RI 为随机一致性指标，如表 5.3-4 所示。当 $CR \leqslant 0.1$ 时，判断矩阵具有满意的一致性，$CR < 1$ 时被认为一致性可以接受。否则，应对判断矩阵予以调整。

表 5.3-4 n 对应的随机一致性指标 RI 值

n	2	3	4	5	6	7	8	9	10	11	12
RI	0	0.58	0.9	1.12	1.24	1.32	1.41	1.45	1.49	1.52	1.54

（3）方差赋权法

先将子准则层指标分为效益型和成本型两类，再将乡镇对应指标下的数值归一化。效益和成本指标归一化方法，可按下式计算，即：

$$z_{ij} = \frac{p_{ij} - p_{j_{min}}}{p_{j_{max}} - p_{j_{min}}}, i = 1, \cdots, n; j = 1, \cdots, l$$

用标准偏差法计算指标权重 w_j，即：

$$\sigma_j = \sqrt{\frac{1}{n-1} \sum_{i=1}^{n} (z_{ij} - \overline{z_{ij}})}, i = 1, \cdots, n; j = 1, \cdots, l$$

$$w_j = \frac{\sigma_j}{\sum_{s=1}^{k} \sigma_j}, j = 1, \cdots, l$$

（4）熵权法

先将子准则层指标分为效益型和成本型两类，再将乡镇对应指标下的数值归一化，效益和成本指标归一化方法可按下式计算，即：

$$z_{ij} = \frac{p_{ij} - \min_j\{p_{ij}\}}{\max_j\{p_{ij}\} - \min_j\{p_{ij}\}}, i = 1,\cdots,n; j = 1,\cdots,l$$

$$z_{ij} = \frac{\max_j\{p_{ij}\} - p_{ij}}{\max_j\{p_{ij}\} - \min_j\{p_{ij}\}}, i = 1,\cdots,n; j = 1,\cdots,l$$

各指标熵值 E_j 和指标权重 w_j 计算，即：

$$E_j = -\frac{\sum_{i=1}^{n} z_{ij}\ln z_{ij}}{\ln z_{ij}}, (z_{ij} = 0 \rightarrow z_{ij}\ln z_{ij} = 0), i = 1,\cdots,n; j = 1,\cdots,l$$

$$w_j = \frac{1 - E_j}{\sum_{s=1}^{k}(1 - E_j)}, j = 1,\cdots,l$$

（5）距离最小赋权法（Wu and Chen，2007）

先将子准则层指标分为效益型和成本型两类，再将乡镇对应指标下的数值归一化，效益和成本指标归一化方法，分别如下式所示。理想权重优化模型为：

$$\min J = \sum_{i=1}^{n}\sum_{j=1}^{l}(z_{j_{max}} - z_{ij})w_j^2$$

$$\text{s.t.} \sum_{j=1}^{l} w_j = 1, w_j \geqslant 0, j = 1,\cdots,l$$

模型的最优解 w_j^* 为：

$$w_j^* = \frac{1/\sum_{i=1}^{n}(z_{j_{max}} - z_{ij})^2}{\sum_{j=1}^{l}\left[1/\sum_{i=1}^{n}(z_{j_{max}} - z_{ij})^2\right]}, j = 1,\cdots,l$$

参考文献

陈阳，赵勇，肖江文. 2006. 激励机制下污染物允许排放总量的分配模型［J］. 华中科技大学学报（自然科学版），34（6）：103 – 105.

崔正国. 2008. 环渤海 13 城市主要化学污染物排海总量控制方案研究［D］. 青岛：中国海洋大学.

方秦华，张珞平，王佩儿，等. 2004. 象山港海域环境容量的二步分配法［J］. 厦门大学学报（自然科学版），43（增刊）：217 – 220.

郭怀成，尚金城，张天柱，等. 2001. 环境规划学［M］. 北京：高等教育出版社.

胡妍斌. 2003. 排污权交易问题研究［D］. 上海：复旦大学.

华迎春，陈卫兵，朱勇岭，等. 2007. 区域污染物总量控制绩效评估技术及动态化管理建议与对策研究［J］. 污染防治技术，20（4）：21 – 24.

淮斌，李清雪，陶建华. 1999. 离散规划在近海地区排海废水污染物总量控制中的应用［J］. 城市环境与城市生态，12（1）：37 – 39.

黄秀清，姚炎明，王金辉，等. 2011. 乐清湾海洋环境容量及污染物总量控制研究［M］. 北京：海洋出版社.

李嘉, 张建高. 2001. 水污染协同控制[J]. 水利学报, 12: 14 – 19.

李克强. 2007. 胶州湾主要化学污染物海洋环境容量研究: 在多介质海洋环境中主要迁移 – 转化过程——三维水动力输运耦合模型建立与计算[D]. 青岛: 中国海洋大学.

李如忠, 钱家忠, 汪家权. 2003. 水污染物允许排放总量分配方法研究[J]. 水利学报, 5(5): 112 – 116.

李如忠, 汪家权, 钱家忠. 2005. 区域水污染负荷分配的 Delphi—AHP 法[J]. 哈尔滨工业大学学报, 37(1): 84 – 88.

李如忠. 2002. 区域水污染物排放总量分配方法研究[J]. 环境工程, 20(6): 61 – 63.

林高松, 李适宇, 江峰. 2006. 基于公平区间的污染物允许排放量分配方法[J]. 水利学报, 37(1): 52 – 57.

林高松, 李适宇, 李娟. 2009. 基于群决策的河流允许排污公平分配博弈模型[J]. 环境科学学报, 29(9): 2011 – 2016.

林巍, 傅国伟, 刘春华. 1996. 基于公理体系的排污总量公平分配模型[J]. 环境科学, 17(3): 35 – 37.

林巍, 傅国伟. 1996. 冲突分析理论方法及其在环境管理中的实例研究[J]. 中国环境科学, 16(2): 143 – 147.

裴相斌, 赵冬至. 2000. 基于 GIS 的海湾陆源污染物排海总量控制的空间优化分配方法研究: 以大连湾为例[J]. 环境科学学报, 20(3): 294 – 298.

饶卫振. 2007. 基尼系数计算方法新思考[J]. 统计与决策(7): 28 – 29.

盛虎, 李娜, 郭怀成, 等. 2010. 流域容量总量分配及排污交易潜力分析[J]. 环境科学学报, 30(3): 655 – 663.

史忠良, 肖四如. 1993. 资源经济学[M]. 北京: 北京出版社.

宋新山, 邓伟. 2004. 环境数学模型[M]. 北京: 科学出版社.

王华东, 张敦富, 郭宝森, 等. 1988. 环境规划方法及实例[M]. 北京: 化学工业出版社.

王金南, 潘向忠. 2005. 线性规划方法在环境容量资源分配中的应用[J]. 环境科学, 26(6): 195 – 198.

王丽琼. 2008. 基于公平性的水污染物总量分配基尼系数分析[J]. 生态环境, 17(5): 1796 – 1801.

王亮, 张宏伟, 岳琳. 2006. 水污染物总量行业优化分配模型研究[J]. 天津大学学报(社会科学版), 8(1): 59 – 63.

王修林, 李克强. 2006. 渤海主要化学污染物海洋环境容量[M]. 北京: 科学出版社: 143 – 178.

王媛, 牛志广, 王伟. 2008. 基尼系数法在水污染物总量区域分配中的应用[J]. 中国人口·资源与环境, 18(3): 177 – 180.

王媛, 张宏伟, 刘冠飞. 2009. 效率与公平两级优化的水污染物总量分配模型[J]. 天津大学学报, 3: 231 – 235.

吴亚琼. 2004. 总量控制下排污权交易制度若干机制的研究[D]. 武汉: 华中科技大学.

吴悦颖, 李云生, 刘伟江. 2006. 基于公平性的水污染物总量分配评估方法研究[J]. 环境科学研究, 19(2): 66 – 70.

肖伟华, 秦大庸, 李玮, 等. 2009. 基于基尼系数的湖泊流域分区水污染物总量分配[J]. 环境科学学报, 29(8): 1765 – 1771.

熊俊. 2003. 基尼系数四种估算方法的比较与选择[J]. 商业研究(23): 123 – 125.

叶礼奇. 2003. 基尼系数计算方法[J]. 中国统计，4：58.

岳刚，吕焰. 2007. 抚顺市水污染物总量分配探讨[J]. 辽宁城乡环境科技，27(4)：41-43.

张存智，韩康，张砚峰，等. 1988. 大连湾污染物排放总量控制研究：海湾纳污能力计算模型[J]. 海洋环境科学，17(3)：1-5.

张学庆，孙英兰. 2007. 胶州湾入海污染物总量控制研究[J]. 海洋环境科学，26(4)：347-351.

赵勇，王清. 2008. 可分离物品拍卖及污染物排放总量分配方法[J]. 系统工程学报，23(2)：208-214.

Wu Z, Chen Y. 2007. The maximizing deviation method for group multiple attribute decision making under linguisticenvironment[J]. Fuzzy Sets and Systems，158（14）：1608-1617.

第6章 入海污染物减排技术

海洋是人类污染物的汇集和最终排放场所，海洋容纳和消化污染物是有限的，随着社会经济的快速发展，近岸海域的水环境问题日益严重，水体富营养化现象十分严重，为了维系海洋生态系统的健康和人类自身的安全，必须严格控制和削减入海污染物的总量。

入海污染物来自工业废水和固废、生活污水及垃圾、农业面源、禽畜养殖、水产养殖、交通航运、大气沉降等多方面。要针对不同的海洋污染的特征与成因，按照"陆海统筹，河海兼顾"的原则，实施不同的控制途径进行污染物的减排：一是要加强对工业、生活和农业等各种源头污染的控制；二是要通过实施流域综合整治，强化流域和入海河口区的生态环境建设与保护，在污染物向海洋输送迁移的过程中加以截留和净化；三是要加强海洋污染的末端治理，加强对近岸海域的生态修复，改善受损的水环境条件，提高海域水环境容量（纳污能力）。

6.1 沿海城镇污水集中处置技术工艺

在人们的日常生活中离不开水，在几乎所有工业企业的生产中均离不开水，人类生活以及生产活动中每时每刻都产生废水，不及时排出废水必然会影响正常的生产和生活；人工城市生态区域为了满足高密度能量流动和物质循环的需要，不透水地表所占比例很大，从而改变了自然生态条件下原有的降雨径流过程，植物截留以及下渗的降水量减少，地表径流量明显增大。如果不及时排出水产生的径流，不仅会给城市的生产和生活带来不便，而且可能形成洪涝灾害并造成严重后果。因此，城市必须采用排水管网系统收集、输送生产和生活产生的排水和降水形成的地表径流，通过先进的技术工艺进行集中处理，最后通过管道排海。因此，本部分主要从城镇污水管网收集、污水处置技术工艺和污水海洋处置与排放3个方面进行论述。

6.1.1 沿海城镇排水管网优化

传统的排水管网设计过程中，通常是凭借设计者的经验对排水管网的布置及水力学参数进行初步优化。技术经济分析一般只对排水管网布置的几个不同方案进行方案比较，但不涉及水力学参数的优化。传统的排水管网设计方法中存在的问题可以归结为两点：一是排水管网平面布置方案的优化方法还比较初级，缺乏系统优化理论的支持；二是排水管网水力学设计参数的优化仅仅是凭借个人经验，随意性大，优化的实际效果也无法评估。因此，需要优化理论和优化手段两个方面相结合，才可能实现真正意义上的优化设计。中国近30年来进入了经济高速增长期，城市化进程加快，人民物质生活水平逐步提高，对环境质量的要求也越来越高，相应排水管网的普及率也在不断提高。无论是老城区改造，还是城乡结合部、小城镇的城市化改造，都面临大量排水管网设计建设过程中的优化问题，因此，排水管网设计优化也具有重要的现实意义。

排水管渠的优化设计一般涉及3个方面的内容：城市最佳排水分区数量和集水范围的确定；排水管网平面布置方案的优化；在排水管网平面布置方案确定的条件下，管道设计参数的优化。

所谓"最优化"设计，就是从完成某一任务的所有可能方案中选出最佳方案的过程，因此，只要完成某一任务存在不同的解决方案，就存在最优化问题。"排水管网系统优化设计"就是在遵循现有设计规范的前提条件下，使排水管网系统的某项性能指标(通常是环境效益、社会效益或经济效益等)达到最优，即确定并选取所有可用方案中按某一标准为最优的方案。

传统排水管渠设计方法可以理解为一种依靠个人经验为主的初步优化设计方法，很明显这种简单的初步优化很难达到理想的总体最优化。优化设计方法是从总体出发，从全局考虑问题，从而获得全局最优化方案。例如，在进行水力计算设计参数优化时，优化设计方法可从整个系统考虑，由此得出的最优解一般可比传统法节省工程投资5%～15%。排水管渠优化设计方法通常是建立在现代优化计算技术基础上，必须借助计算机编程才能完成优化计算过程。得出最优方案后，再结合工程实施的经验对优化方案进行必要的校核和修改。

城市排水管网系统通常与城市同步发展，在早期城市人口密度较小，人类活动强度不大的情况下，往往采用合流制明渠将雨水和污水在一个管道系统内就近排放到水体；随着城市的发展以及改善城市卫生条件的要求，明渠改为暗渠直接排放水体；由于城市进一步发展，未经处理的混合污水造成严重的水体污染，诸如伦敦的泰晤士河、上海的苏州河变迁都是典型的案例。

目前，我国城市排水体制中新建、改建管道大都采用雨污水分流制系统，即新建管道采用雨污水分流制，分别修建污水管道系统和雨水管道系统；对于改建排水管道，通常采用保留原有合流制管道作为雨水管道，再新建污水管道。对于大部分沿海城市原有排水管道错综复杂，如果要改造为雨污水分流制的排水管网系统，不仅工程复杂，涉及大量拆迁等棘手问题，而且投资巨大，造成城市有限资源的浪费，所以一般采用截流式合流制改造是比较切实可行的。

(1)改造合流制为分流制

将合流制排水体制管网系统改造为分流制排水体制管网系统，可以杜绝雨季时混合污水下河对水体造成的污染。此时由于雨污水分流后，污水量相对较少，污水浓度提高，成分相对稳定，有利于污水处理厂长期稳定运行和管理。合流制改分流制的条件：建筑内部有完善的卫生设备,源头可实现污水和雨水的分流;工业企业内部具备比较完善和彻底的清污分流管道系统,可将达到纳管标准的生产污水接入市政排水管道系统,将处理后达到要求的生产废水接入城市的雨水管道系统或循环、循序使用;城市道路横断面有足够的位置,允许设置由于改制增加污水管道,且不至于对城市的交通造成过大影响。

由于老城区一般街道比较狭窄,且各种管道纵横交错,交通繁忙,新建管道系统施工极为困难。以美国芝加哥市区为例,若将合流制全部改为分流制,需投资 22 亿美元,不仅如此,施工工期将延续十几年。因此,合流制改造为彻底的分流制理论上没问题,但实施起来非常困难。

(2)合流制改为截流式合流制

由于存在上述诸多困难,老城区排水管道系统通常由合流制改为截流式合流制,这种形式可以保证旱季所有污水进入污水处理厂处理后排放,但雨季时溢流的污水直接下河,仍然对城市水环境的保护构成威胁。为了保护水体,可对溢流的混合污水进行适当的处理,以减轻混合污水下河对水环境的影响。这些处理措施包括细筛滤、沉淀以及加氯消毒,等等。也可增设蓄水池、地下人工水库或利用现有的湿地,将溢流的混合污水储存起来,然后对雨季混合污水进行处理。这样能较好解决溢流污水污染水体的问题。

(3)雨污水全部处理的合流制

对于降水量很少的干旱地区,或对水体水质要求很高的地区,可以修建合流制管道将全部雨污水送至污水处理厂,在污水处理厂前部设置一个大型调节池。

6.1.2 沿海城市污水处理工艺的选择

城市污水处理技术就是利用各种设施设备和工艺技术,将污水所含的污染物质从水中分离去除,使有害的物质转化为无害的物质、有用的物质,水则得到净化,并使资源得到充分利用。城市污水处理技术通常有物理处理技术、化学处理技术、物理化学处理技术、生物处理技术等。典型的物理处理技术在城市污水处理中应用的有沉淀技术、过滤技术、气浮技术等。典型的化学处理技术和物理化学处理技术有中和、加药混凝、离子交换等。典型的生物处理技术有好氧性氧化分解和厌氧生物发酵技术。城市污水处理工艺,实际上是以上这些技术的应用与组合。

城市污水处理工艺按流程和处理程序划分,可分为预处理工艺,一级处理工艺、二级处理工艺、深度处理工艺和污泥处理工艺以及最终的污泥处置。沿海城市中的工业污废水则进入城市下水道,进入城市污水治理系统,而城市污水中的氮和磷等营养物质是造成近岸海域富营养化的主要原因。近几年来,虽然在沿海兴建了大量的城市污水处理厂,污水处理率逐年提高,城市污水经过处理达标排放,按理已经遏制了主要污染源,但近岸海域水体污染趋势却未得到明显的遏制。水体富营养化的主要控制指标是总氮(TN)和总磷(TP),最大限度地控制排放进入水环境中的氮和磷,是防止水体富营养化的关键。纵观目前各种传统脱氮除磷工艺和反硝化除磷工艺,虽其形式多样,但从运行的实际效果来看,脱氮除磷效果不稳定,达不到处理的最佳条件,导致目前城市污水处理厂的排放水仍然是"微污染"水的现状,对氮、磷的去除率未能达到防止水体富营养的要求(王美娟,2009)。所以沿海城镇污水,选择的处理工艺必须考虑有机物、氮、磷等的去除以控制污染物排放对海域水质的影响。

城市污水处理工艺的确定,是根据城市水环境质量要求、来水水质情况、可供利用的技术发展状态、城市经济状况和城市管理运行要求等诸方面的因素综合确定的。工艺确定前一般都要经过周密的调查研究和经济技术比较。最近几年国内应用较多的有 A/O 或 A/A/O 工艺、SBR 工艺、氧化沟工艺等类型。A/O 或 A/A/O 工艺也叫缺氧 – 好氧或厌氧 – 缺氧 – 好氧工艺。这一工艺的开发主要是为了满足脱氮除磷的需要,这是一种经济有效的生物脱氮除磷技术,我国南方不少污水处理厂就采用这一工艺。

SBR 工艺也叫续批式活性污泥法工艺。这一工艺构筑物主要是一个池子既作曝气池又作二沉淀,管理简单,特别适合中小城镇的城市污水处理,对于较大水量的连续操作,处理一般要几套池子组合运行。氧化沟工艺是一种延时曝气的活性污泥法,由于负荷很低,而冲击负荷强,出水水质好,污泥产量少且稳定,构筑物少且运行管理简单。氧化沟可以按脱氮设计,也可以略加改造实现脱氮除磷。另外,城市污水处理还有传统活性污泥法的一些变型工艺以及 A/B 工艺等一些工艺类型。

6.1.2.1 A/A/O 工艺概述

随着对排入水体的污水水质要求的提高,对富营养化氮、磷的排放值的要求更为严格。当进水含有一定量的氨氮、磷,传统的活性污泥法便无法满足出水水质要求。而 A/A/O 可实现生物脱氮除磷,且工艺简单,易于在原有的工艺上进行改造。

(1) A/A/O 工艺类型

图 6.1 – 1 为不同类型的 A/A/O 工艺流程示意,表 6.1 – 1 对这些工艺的特点进行了比较。

表 6.1 – 1　不同类型的 A/A/O 工艺特点比较

工艺类型	工艺特点	优点	缺点
Wuhrmann	遵循硝化、反硝化顺序设置	为以后脱氮除磷的工艺发展奠定基础	脱氮效率低,在工程上不实用
A/O	前置反硝化(缺氧) – 硝化(好氧)	利用进水中可生物降解物质为碳源	好氧池总流量的一部分没有回流到缺氧池,不能达到完全脱氮的效果;除磷效果不佳
Bardenpho	缺氧 – 好氧 – 缺氧 – 好氧,Wuhrmann 工艺和 A/O 工艺的结合	脱氮效果好	混合液回流中的硝酸盐和亚硝酸盐对生物除磷有非常不利的影响

工艺类型	工艺特点	优点	缺点
Phoredox	在 Bardenpho 前增设一厌氧池	脱氮除磷效果好，适合低负荷污水处理厂的脱氮除磷	—
传统 A/A/O	厌氧 – 缺氧 – 好氧	较好的除磷效果	脱氮能力依靠回流比保证
UCT	厌氧 – 缺氧 – 好氧，混合液回流至缺氧池进行反硝化，再从缺氧池回流至厌氧池	减少了硝酸盐和亚硝酸盐对生物除磷的不利影响	当进水 TKN/COD 较高时，缺氧池无法实现完全的脱氮，仍会有部分硝酸盐进入厌氧池，影响生物除磷
MUCT	厌氧 – 缺氧 1 – 缺氧 2 – 好氧，设置 2 个缺氧池，缺氧池 1 接受二沉池回流污泥，缺氧池 2 接受好氧池硝化混合液，使污泥的脱氮和混合液的脱氮分开	进一步减少了硝酸盐和亚硝酸盐对生物除磷的不利影响	—
JHB	缺氧 1 – 厌氧 – 缺氧 2 – 好氧，在传统的 A/A/O 工艺前增加一个缺氧池，来自二沉池的污泥可利用 33% 进水的有机物作为碳源进行反硝化。其余 67% 的进水进入厌氧池	可消除硝酸盐和亚硝酸盐对生物除磷的不利影响	—
RA/A/O	缺氧 – 厌氧 – 好氧，省却混合液回流，适当增加污泥回流比	前置缺氧池的反硝化，消除了硝酸盐和亚硝酸盐对后续厌氧池的不利影响	存在碳源问题；聚磷菌的释磷水平明显低于传统的 A/A/O

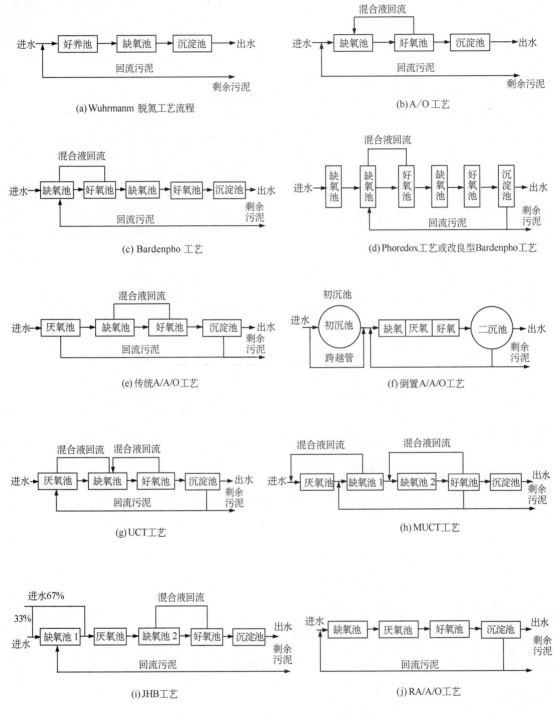

图 6.1-1　不同类型 A/A/O 工艺流程

（2）A/A/O 工艺特点

A/A/O 及其变形工艺在实际的工程应用中，与污水处理的其他生物技术相比，主要具有以下特点。

① A/A/O 及其变形工艺由于能同时满足当前脱氮除磷的污水处理要求，且处理构筑物少，处理工艺相对简单，从而在大多数国家和地区得到了广泛的应用。

② 设计处理规模多样，能满足不同污水处理规模的工艺要求。

③ 脱氮除磷功能的固有矛盾，聚磷菌、硝化菌和反硝化菌在碳源要求、泥龄、有机负荷上存在着矛盾和竞争。一是厌氧环境下反硝化菌与聚磷菌对碳源有机物的竞争；二是脱氮和除磷对泥龄要求的矛盾，泥龄越长，越有利于脱氮，但系统排泥量小，不利于除磷。在实际运行中，根据进水氮磷浓度及处理要求，设计不同泥龄。

④ 混合液/污泥回流比变化范围大。一般该系统中设计混合液回流比为 200% ~ 400%，污泥回流比为 60% ~ 150%。

⑤ 厌氧、缺氧、好氧三段体积比差异大。

厌氧、缺氧、好氧三段体积比直接决定着各段的水力停留时间，而这三段停留时间相互制约、相互影响。

6.1.2.2　SBR 工艺概述

序批式活性污泥法是活性污泥法的一种，在序批式反应器（Sequencing Batch Reactor，SBR）中完成进水、反应、沉淀、滗水和闲置等工序。

SBR 法是活性污泥法的先驱。1914 年在英国的 Salford 市建造的第一座活性污泥法污水处理厂就是间歇操作的，但由于当时控制技术的限制，使其未能得到发展和应用。随着自控技术的发展，20 世纪 70 年代初美国的 Natredame 大学 Irvine 教授对 SBR 法进行了较为系统的研究，1980 年 Irvine 等人将美国印第安纳州 Culver 市规模为 1 437 m^3/d 的连续活性污泥法系统改建成世界上第一座 SBR 法污水处理厂。之后，澳大利亚、日本等国也进行了研究。到 1991 年，美国已有 150 座污水处理厂采用 SBR 工艺。澳大利亚近 10 年来建成 SBR 工艺的污水处理厂近 600 座。我国自 20 世纪 80 年代中期开始对 SBR 进行研究，目前许多城市污水处理厂采用 SBR 工艺。随着研究的深入，新型 SBR 工艺不断出现。20 世纪 80 年代初，出现了 ICEAS，后来 Goranzy 教授相继开发了 CASS 和 CAST。20 世纪 90 年代，比利时 SEGHERS 公司开发了 UNITANK 系统。

1）普通 SBR 法

（1）SBR 运行周期

如图 6.1 - 2 所示，SBR 的运行周期包括进水期、反应期、沉淀期、排水期及闲置期。

① 进水期：是反应器接纳污水的过程。充水前，反应池内留有沉淀下来的活性污泥，相当于传统活性污泥工艺的污泥回流作用。污水注入时，反应池起到调节的作用。污水流入的方式有单纯注水（调节作用）、曝气（恢复污泥活性和预曝气）、缓慢搅拌（脱氮和释磷）3 种，根据设计要求选定。

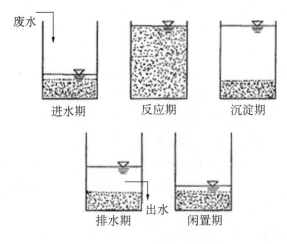

图 6.1 - 2 SBR 运行周期

② 反应期：进行曝气或搅拌以达到反应目的(去除 BOD、硝化、脱氮除磷)。

③ 沉淀期：相当于传统活性污泥法的二沉池，SBR 在沉淀时的优点在于停止了进、出水，也停止了曝气，污泥的沉降过程是在相对静止的状态下进行的，因而受外界的干扰甚小，沉降效率高。沉淀时间一般为 1.0 ~ 1.5 h。

④ 排水期：排出上清液至最低水位，沉降的活性污泥大部分作为下一个处理周期的回流污泥。剩余污泥被引出排放，一般 SBR 中的活性污泥量占反应器容积的 30% 左右，另外还剩下一部分处理水，可起循环水和稀释水的作用。

⑤ 闲置期：通过搅拌、曝气或静置使微生物恢复活性，并起到一定的反硝化作用。闲置后的活性污泥处于一种营养物的饥饿状态，进入下一个周期的进水期时，活性污泥可充分发挥其吸附能力。闲置期所需的时间也取决于所处理的污水种类、处理负荷和所要达到的处理效果。在闲置期应采取措施以避免污泥的腐化。

2) 滗水器

滗水器是 SBR 反应器沉淀阶段用于排出上清液的专用设备。滗水器滗水时应不扰动已沉淀的污泥层，同时挡住浮渣不外溢，应有清除浮渣的装置和良好的密封装置。常见的滗水器类型有浮筒式、虹吸式、套筒式、旋转式、堰门式。常见构造如图 6.1 - 3 所示。

目前在国内较大规模的 SBR 水处理工程旋转式滗水器应用较为广泛，主要由集水管(槽)、支管、主管、支座、旋转接头、动力装置、控制系统等组成。一般采用重力自流，当滗水器降至最低位置时，堰槽内最低水位与池外水位(或出水口中心)差 ΔH 通常为 500 mm 左右。其集水堰长度一般不宜超过 20 m，滗水深度不宜小于 1 m。其优点是滗水量和滗水范围大，便于控制。

浮筒式滗水器主要由浮筒、滗水管、排水管、电动出水阀、伸缩接头、出水管和滗水器支架构成。浮筒由玻璃钢填充聚铵酯制成，漂浮于水面，使其下悬的滗水器在水面以下，并使滗水器在变化的水位中工作。滗水管由增强玻璃钢制成，在管的底部 45° 位置设有若干排水孔，孔内设有弹簧阀。弹簧阀为压力感应阀，由锥形的阀板、支撑件、弹簧、阀杆和阀头组成。排水管为适应水位变化由一段可曲挠软管组成，并在软管两侧安装带活动节点的管架以限制排水管侧面运动。表 6.1-2 为常见滗水器的工作原理及特点。

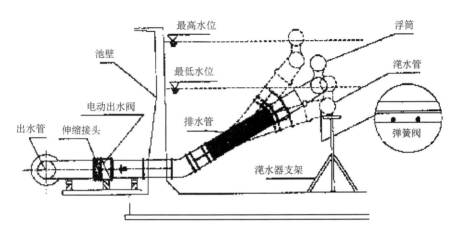

图 6.1-3　常见滗水器构造

表 6.1-2　滗水器的工作原理及特点

滗水器类型	浮筒式滗水器	旋转式滗水器	套筒式滗水器	虹吸式滗水器	直堰式滗水器	弧堰式滗水器
负荷/(L·m⁻¹·s⁻¹)	—	20~32	10~12	1.5-2.0	—	—
滤水范围/m	1.2~2.5	1.1~2.4	0.8~1.2	0.4~0.6	0.4~0.9	0.3~0.5
工作原理	通过浮筒上的出水口将水引至池外	经过一个旋转臂上出水堰将水引至池外	由可升降的堰槽(T部类似于可伸缩天线)引出管将水引至池外	利用电磁阀排掉"U"形管与虹吸口之间的空气，通过"U"形管将水引至池外	通过堰板向下开启，将水溢流至池外	通过堰门旋转降低将水引至池外
基本结构	浮筒、出水堰口、柔性接头、弹簧塑胶软管及气动控制拍门组成	回转接头、支架堰门、丝杆、方向导杆及减速机等组成	启闭机、丝杆出水槽堰及伸缩导管等组成	主要由管、阀组成	—	—

滗水器类型	浮筒式滗水器	旋转式滗水器	套筒式滗水器	虹吸式滗水器	直堰式滗水器	弧堰式滗水器
控制形式	气动(可编程控制)	PLC控制电动螺杆	钢丝绳卷扬或丝杆升降	电磁阀(可编程控制)	电动头螺杆	电动头螺杆
主要优点	动作可靠、滗水深度大、自动化程度高	运行可靠、负荷大、滗水深度较大	滗水负荷量大，深度适中	无运转部件、动作可靠、成本较低	滗水负荷大	密封效果好，如与其他装置组合可完成较深范围的滗水

3）SBR 工艺的优点

SBR 工艺与传统活性污泥法相比，具有以下优点。

① 时间上理想推流反应器特征。

② SVI 值低，沉降性能好，具有抑制丝状菌生长的特征，不易发生污泥膨胀现象。

③ 适应水量水质变化。

④ 工艺简单，不需二沉池及回流污泥泵房，一般不设调节池。

⑤ 泥水分离效果好。

⑥ 具有脱氮除磷功能，有利于难降解有机物的降解。

⑦ 运行灵活，可根据进水水质和水量的变化来改变各处理阶段的运行时间与操作，达到硝化、脱氮除磷等目的。

SBR 工艺的缺点：自动化控制要求高；由于排水时间短且要求不搅动污泥层，需专门的排水设备(滗水器)，且对滗水器的要求高；后处理设备要求大；滗水深度一般为 1 ~ 2 m，增加了总扬程。

6.1.2.3　双污泥脱氮除磷工艺

目前，国内外城市污水处理厂污水二级处理工艺采用生化方法，主要通过微生物的生命运动等手段来去除废水中的悬浮性，溶解性有机物以及氮和磷等营养盐；双污泥脱氮除磷工艺和 SHARON 工艺和 SHARON – ANAMMOX 联合工艺是比较先进的污水处理工艺，正在推广应用中（王美娟，2009）。

双污泥脱氮除磷工艺分为前后两段，前段采用活性污泥法，主要由厌氧池、缺氧池、短泥龄好氧池和沉淀池等组成；后段主要采用曝气生物滤池。系统回流包括污水回流和污泥回流，污水回流是将部分生物滤池出水回流至缺氧池，以保证脱氮效果；污泥回流则是将沉淀池污泥部分回流到厌氧池，其余富含磷的剩余污泥被排掉。厌氧池内有机物被活性污泥快速吸附或降解用于厌氧释磷，同时以回流污水中的硝酸根为电子受体进行吸磷，实现了"一碳两用"，提高了易降解有机物的利用率。短泥龄好氧池通过采用较高污泥负荷和较短泥龄，使好氧池内的硝化反应不完全，创造适合聚磷菌生长的环境。曝气生物滤池提高了滤池内硝化细菌的浓度，硝化细菌因处于专性好氧状态而大大增强了硝化效果。结果表明，该工艺对 COD、总磷和总氮的去除率分别高达85%、95%和90%，处理效果稳定。另外，将活性污泥法与生物膜法相结合，开发出一种新型脱氮除磷处理工艺，成功地解决了传统工艺中硝化细菌与除磷菌之间的泥龄矛盾问题。不但可达到双污泥脱氮除磷工艺，同时处理效果稳定，对水质的适应能力也较强。

双污泥脱氮除磷工艺是一种概念上完全不同于一般脱氮除磷工艺的全新工艺，对于目前解决脱氮除磷这一难点和热点问题，提供了一种新的思路，这种工艺可以大幅度减少 COD 和氧气的消耗量，被誉为适合可持续发展的绿色工艺。

SHARON 工艺是指"短程硝化"工艺；SHAR – ON – ANAMMOX 联合工艺是指"短程硝化 – 厌氧氨氧化联合工艺"，短程硝化 – 厌氧氨氧化处理高氨氮有机废水。

SHARON 工艺基本原理是将氨氮氧化控制在亚硝化阶段，然后进行反硝化。用 SHARON 工艺来处理城市污水二级处理系统中污泥硝化上清液和垃圾滤出液等高氨氮废水，可使硝化系统中亚硝酸积累达 100%。该工艺核心是应用硝酸菌和亚硝酸菌的不同生长速率，即在高温($30 \sim 35℃$)下，亚硝酸菌的生长速率明显高于硝酸菌的生长速率，亚硝酸菌的最小停留时间小于硝酸菌这一固有特性，通过控制系统的水力停留时间，使其介于硝酸菌和亚硝酸菌最小停留时间之间，从而使亚硝酸菌具有较高的浓度而硝酸菌被自然淘汰，维持稳定的亚硝酸积累。工艺中温度和 HRT 值应严格控制。SHARON 工艺由于在反硝化中需要消耗有机碳源，并且出水浓度相对较高，因此，可以 SHARON 工艺作为硝化反应器，而 ANMMOX（厌氧氨氧化）工艺作为反硝化反应器进行组合工艺。SHARON 工艺可能控制部分硝化，使出水中 NH_4^+ 与 NO_2^- 比例为1:1，从而作为 ANAMMOX 工艺的进水，组成一个新型的生物脱氮工艺。SHARON – ANAMMOX，联合工艺具有耗氧少、污泥产量少、不需外加碳源等优点。短程硝化和厌氧氨氧化作为处理高氨氮废水的新兴工艺，已从小规模试验开始走向工业应用。

6.1.3 沿海城市污水海洋处置与排放

内陆城市排水的受纳水体是江河湖泊，而沿海城市排水的受纳水体是海洋。世界各国沿海城市污水处置和排放的发展大体都经历过以下 3 个阶段。

① 污水不经预处理，岸边自由排放。我国相当一部分沿海城市基本上还处于这个阶段，对我国近海海域造成严重的环境污染。

② 污水一级处理后，离岸排放。近几十年来，沿海世界各国兴建了许多污水海洋处置工程，美国已有几百处之多，我国内地和香港、台湾地区也兴建了几十处污水海洋处置工程，这些工程中大多数是一级处理后再排海。

③ 二级污水处理后，离岸排放。在经济实力雄厚的国家，随着海洋处置污水负荷增加和环境保护要求提高，已逐步采用污水经二级处理后再离岸排放。上海市城市污水就是从初期的经一级处理后离岸排放，发展到现在的二级处理后离岸排放。

长远来看，二级处理后离岸排放是比较理想的，在经济实力有限的情况下，近期采用一级处理离岸排放，远期再升级至二级处理后离岸排放是切实可行的，总体方案需要经过认真的技术经济比较后方可确定。

污水的深海排放海洋处置是利用海洋自净容量进行污染物控制的一种重要的工程技术措施，它是在严格控制排污混合区的位置和范围，符合排放水域的水质目标要求，不影响周围水域使用功能和生态平衡的前提下，选定合适的排放口位置，选取设计合理、运行可靠的污水排放方式，采取科学的工程系统措施，合理利用海域自净能力的一种污水处置技术。污水经过规定要求的预处理后，通过铺设于海底的放流管，离岸输送到一定水下深度，再利用具有相当长度和特殊构造的多孔扩散器，使污水与周围水体迅速混合，在尽可能小的范围内高度稀释，达到相关功能区海洋水质标准。

对于污水海洋处置技术的认识要注意避免两个误区。一是否认污水海洋处置技术是沿海水污染控制技术的重要组成部分，忽视污水海洋处置技术的重要性。事实上污水海洋处置技术是沿海城市一种行之有效的复杂系统的水污染控制技术。二是盲目夸大污水海洋处理技术的作用和地位：不是含有任何污染物的污水都可以进行海洋处置，对于无法自然生态净化和危及生态环境的污染物，如工业废水中的重金属和放射性物质，可显著减少进入海洋生态系统自然光的物质，城市污水中过量的固体悬浮物和漂浮物等，都是禁止排放海洋的，所以在进行海洋处置前上述污染物都按照要求通过预处理技术予以去除；不是任何地点都可以进行海洋处置，一般来说，不宜在近岸排放，而应离岸排放。尽量选择开敞的对流交换能力强的深海水域进行海洋处置。

6.2　沿海城市工业废水深度处理工艺

随着沿海地区经济发展格局的形成和沿海经济发展规模的不断扩大，沿海地区大力发展临港工业，特别是随着临港重化工业发展，以石化、制药、船舶修造、冶金、纸业等为主的临港工业排放的污染物种类较一般产业复杂化、多样化，废水排放量及污染物浓度均较高。因此，要合理调整工业布局和经济结构，积极推广先进的清洁生产工艺，开展生态工业园区建设，提高水的重复利用率，严格控制工业废水及水污染物排放总量。

6.2.1　电镀废水处理技术

电镀废水排放的重金属污染物，具有不易降解及累积性，对海洋生物和生态的影响很大。电镀废水处理方法可分为化学法、物理化学法、物理法以及各种方法的组合工艺。化学法具有技术成熟、投资小、费用低、适应性强、自动化程度高等诸多优点，适用于各类电镀金属废水处理。但也存在许多缺点，如试剂投加量大，从而污泥产量大，出水中含盐量高等。选择何种处理方法，要综合考虑废水水质、各种方法的处理效果、工程投资和占地面积等因素。各种处理方法的综合如表 6.2 - 1 所示。目前各种电镀金属废水处理技术都比较成熟，对沿海地区的电镀污水，应尽量做到零排放，同时，杜绝事故性排放。

表 6.2－1　电镀废水处理方法

废水种类	处理方法	优点	缺点
含铬废水	亚硫酸盐还原法	出水达标，设备操作简单，回收 Cr(OH)$_3$	亚硫酸盐货源缺乏，含铬污泥可能引起二次污染
	铁氧体法	FeSO$_4$ 来源广，设备简单，无二次污染	FeSO$_4$ 投加量大，污泥量大，制作铁氧体技术较难控制，耗热能
	离子交换法	操作简单，残渣稳定，无二次污染	技术要求高、一次性投资大、回收的铬酸中存在余氯，影响利用
	电解法	适合处理高浓度废水，水质适应性强，操作简单	不适合处理低浓度废水，电耗大，成本高
	吸附法	效果好，操作简单，无二次污染	活性炭再生效率低
含氰废水	碱性氯化法	设备简单，技术成熟，投资省	腐蚀设备，出水中含有余氯
	离子交换	出水水质好，稳定，可回收氰化物和铜离子化合物	技术要求高，一次性投资大
	电解法	高效，可自动控制，污泥量少	工艺复杂，流程长，投资大
	硫酸盐法	操作简单，处理废水低，	处理效果低，残渣多且不易分离
酸、碱废水	药剂中和法	操作简单，技术成熟，试剂来源广、价格低	—
	过滤中和法	操作简单，技术成熟，试剂来源广、价格低	—

6.2.2　石油化工废水的主要处理技术

石油化工废水的成分复杂，污染物种类多，如硫化物、挥发酚、氰化物、NH$_3$-N、各种结构的石油类化合物等，污染物的浓度较高，pH 值变化大，对环境的危害特别重。

石化废水处理技术按治理程度分为一级处理、二级处理和三级处理。一级处理所用方法包括隔栅、沉砂、调整酸碱度、破乳、隔油、气浮、粗粒化等，其主要目的是去除废水中阻碍生化处理进行的部分有机污染物和无机污染物，如砂粒、油类、酚、氰等。二级处理方法主要是生物处理，如活性污泥法、生物膜法、生物滤池、生物氧化、接触氧化、氧化塘、厌氧生物处理等，其主要目的是去除废水中大部分的有机物和无机物，如 BOD、COD、氮、磷。

如图6.2－1所示，炼油废水治理工艺流程基本上是在隔油、浮选与生化处理老三套工艺基础上的改进。经过"隔油—浮选—生化"等二级处理后的出水，俗称"外排水"，一般可以达到国家排放标准，但COD、NH_3-N、BOD_5、悬浮固体（SS）、浊度、色度、油、细菌等含量仍然较高而且波动大，直接回用于以循环冷却水系统为主的工业用水领域将引起管道内细菌大量滋生而产生微生物黏泥、腐蚀以及结垢，导致管网系统的腐蚀速度加剧而危害生产过程；当外排水回用于生活及办公杂用水时，除了引起用水管网堵塞外，色度和臭味等感官指标差，难以为人们所接受；达标外排水一般可以回用于绿化领域，但当污水处理系统运行不稳定时，外排水的硫化物、酚、油等某些指标容易超标而威胁植物的生长。因此，外排水必须经过三级处理也就是深度处理才能回用于工业生产与生活领域。

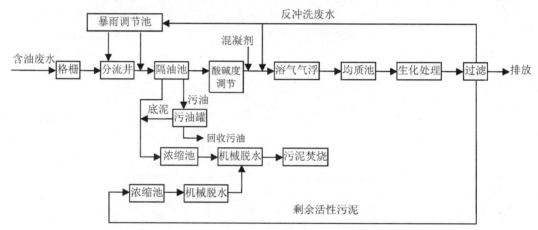

图6.2－1　典型石油炼制废水的处理过程

当前流行的三级处理方法有吸附法、化学氧化法、膜法等，其主要目的是进一步去除水中的有机污染物和无机污染物，使废水达到深度处理和回用的目的。面临着不断紧张的水资源状况和国家更为严格的排污政策，我国将会有越来越多的石化企业采用废水深度处理和回用技术。

由于石化废水成分复杂，污染物浓度高，且往往具有毒性，因此，在进行生化处理前必须首先进行预处理，以达到生化处理系统进水的要求。石油化工废水处理过程中常见的预处理技术如图6.2－2所示。

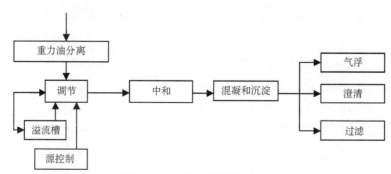

图6.2－2　常见的预处理技术

6.2.3 生化处理技术

经过预处理的石化废水性质较为稳定，可以进一步进行二级处理。在石油化工废水处理中，生化处理是常见的处理技术。污染物在生物处理过程中通过一种或多种机制被去除，这些机制包括吸附、吹脱和生物降解。

(1)活性污泥法

活性污泥法的目的是去除废水中溶解的和非溶解的有机物，并把这些有机物转化为易于沉淀的絮状微生物悬浮物，以便使用固液分离技术来分离。这类处理方法既有传统的合建式曝气池，也有分建式活性污泥法。

合建式曝气池是石化废水生化处理过程中一种常见的处理设施，废水与污泥一起进入曝气区，与池内的混合液快速混合，形成均匀的污泥混合液，具有耐冲击、运转稳定、容积负荷大、生物效率高等特点。目前较常见的曝气池为圆形表面曝气池，也可称为加速曝气池，其主要特点是，二沉池与曝气池合建在一起。但是该工艺不但硝化效果差，而且无法实现脱氮的目的，所以要与其他工艺相配合使用。

20 世纪 80 年代后期我国石化企业开始采用分建式曝气池，并逐步走向二级好氧生化工艺，即 O/O 工艺，该工艺较传统活性污泥法处理的效果好，二级好氧处理的功能分区明确，一级好氧主要功能是降解 COD，而二级好氧主要功能则是降解氨氮。

(2)A/O 工艺

A/O 是厌氧好氧两段式处理废水工艺，其特点是充分发挥两种状态下的各自优势。废水首先进入厌氧段，在无分子态氧条件下，通过厌氧微生物(包括兼性微生物)作用，水解酸化将废水中难降解的有机物转化为易降解的有机物，把长链的有机物转化为短链的脂肪酸、醇类、醛类等简单的有机物，从而提高废水的可生化性，为下一步好氧处理创造条件。废水在厌氧菌作用下可以去除一部分 COD，同时在产氢及甲烷菌的作用下，部分有机物被分解转化为 H_2、CH_4、CO_2 等，产生另一种能源。废水然后进入好氧段，在充足供氧的条件下，废水中的脂肪酸、醇类、醛类、短链烃被好氧微生物氧化成为 CO_2、H_2O 等无机物，从而降低废水中的 COD 和油含量。

郝超磊等人对冀东油田两段式串联 A/O 工艺进行的研究表明，该工艺对废水中石油类物质、COD、硫化物去除效果明显。高一联合站及柳一联合站污水经处理后，石油类去除率分别为 90.6% 和 96.0%；COD 去除率分别为 86.0% 和 91.6%；硫化物去除率分别为 94.8% 和 98.2%，处理后的污水均达到一级排放标准；另外，采用厌氧—好氧工艺的成本相对较低，处理费用低于 0.5 元/m^3。

Guan Weisheng 等人强化了 A/O 工艺中厌氧处理的功能。他们采用上流式厌氧污泥床和好氧曝气池处理含高浓度挥发酚和乳化油的炼油废水。UASB 在中温和 HRT 为 24 h 的条件下，COD 容积负荷达 5.2 kg/($m^3 \cdot d$)，BOD5 去除率超过 85%，沼气产率达到 1.34 m^3/($m^3 \cdot d$)。通过投加适量的颗粒活性炭和 $FeSO_4$，促进了污泥的颗粒化，UASB 的污泥浓度达到了 60 g/L，大部分易降解污染物都在 UASB 被去除(对难降解有机物如二甲基酚、乙基酚也有很好的去除效果）。这样，后段曝气生物处理池的 HRT 可以缩短，且大大降低了曝气量。该组合工艺比单独好氧曝气处理的去除效率高 20% ~30%。

"缺氧—好氧—好氧"工艺又称为 $A/O_1/O_2$ 工艺，是对 A/O 工艺的改进，20 世纪 90 年代开始被我国炼油厂污水处理系统采用。该工艺不但对 COD 有良好的降解能力，而且对 NH_3-N 有很好的去除能力，而同时由于工艺中 O_2 出水回流至 A 池，从而实现了反硝化，使总氮得到较好的控制。$A/O_1/O_2$ 工艺具有完整的除 COD、NH_3-N 和 NO_3-N 流程。

（3）氧化沟系统

氧化沟是一种封闭式环形生物反应器，是活性污泥法的一种改良方法。我国石油炼厂 20 世纪 80 年代末开始引进氧化沟工艺，其主要功能是除磷脱氮。氧化沟工艺通过控制沟内各段的溶解氧含量，自身达到"好氧—缺氧—厌氧—……"的反复循环处理过程，既能降解 COD，同时又增进了硝化、反硝化的效果。

氧化沟污水处理技术与传统的活性污泥系统相比，在技术、经济上具有一系列的优点：处理流程简单，构筑物少，比普通活性污泥系统少建初沉池、污泥消化池，甚至二沉池和污泥回流系统；处理效果好且稳定可靠，不仅可满足 BOD_5 和 SS 的排放要求，而且可实现脱氮、除磷等深度处理的要求；采用的机械设备少，运行管理十分简单，可实现完全自动化；对高浓度石油化工废水有很好的稀释能力，能承受水量、水质的冲击负荷，对不易降解的有机物也有较好的处理效果；由于泥龄长，污泥生成较少，且已在沟中得到好氧稳定，排出的污泥浓缩没有臭味且浓缩脱水快；由于氧化沟水力停留时间长，污泥负荷低，较传统曝气方法，对低温有更大的适应性；基建费用较一般活性污泥法低，运行费用和动力成本也较低。

虽然氧化沟工艺在国内炼油厂得到了广泛的应用，但是处理效果并不能令人满意。侯增勇指出，氧化沟工艺处理含油废水，在运行中，必须对生物量、溶解氧、废水温度、有机碳等主要技术参数进行适量控制，特别是对溶解氧的控制极为重要。一般情况下，溶解氧上升，硝化率、反硝化率下降。对于氧化沟工艺来说，好氧区溶解氧控制在 1.5 ~2.0 mg/L，缺氧区低于 0.5 mg/L 时，处理效果最好。

（4）序批式活性污泥法（SBR）

序批式活性污泥法（SBR）是传统活性污泥法的改进，是一种新型的高效废水处理技术。它集进水、反应、沉淀于一池，能在同一处理构筑物内完成去除有机物、脱氮和除磷的功能。序批式生物反应器具有污泥浓度高、固液分离效果好、抗冲击能力强、温度影响小（5 ~65℃）、适应范围广等优点。

王赞春等人研究了 SBR 法处理炼油废水的最佳工艺条件：当反应温度为 25 ~40℃，pH 值为 6.0 ~8.5，反应时间为 8 ~12 h，活性污泥浓度为 2 000 ~4 000 mg/L 的工艺条件下时，对 COD 的去除效果最好；当好氧曝气和缺氧搅拌交替进行 3 次以上，废水的脱氮率可以达到 90%。通过实验研究筛选出对石油类物质有较强降解能力的微生物菌株，与 SBR 工艺结合，采用投菌 SBR 法处理炼油厂隔油池出水，废水可以不经过气浮除油而直接从隔油池进入生化装置，即用微生物除油代替了气浮除油，同时，废水中的氮得到了有效的去除。该工艺可以达到除油和脱氮的双重目的，解决了"老三套"工艺存在的问题，具有较强的实用价值。

（5）活性污泥法的改进

近年来，国内外针对传统的活性污泥法在治理石油化工污水方面，对水质变化和冲击负荷的承受能力较弱，易发生污泥膨胀、中毒等特点开展了大量的工作，对传统的活性污泥法进行革新。半推流式活性污泥系统，集前段的多点进水和后段的推流式于一体，具有抗冲击负荷强、处理深度大、不易产生污泥膨胀、运行费用低等特点，在含油污水领域的应用取得了良好的效果。厌氧序批间歇式反应器（ASBR）是 20 世纪 90 年代由 Richard R. Daqut 等在"厌氧活性污泥法"等研究基础上提出并发展的一种新型高效厌氧反应器。它由一个或几个 ASBR 反应器组成。运行时，污水分批进入反应器中，经过与厌氧污泥发生生化反应，到净化后的上清液排出，完成一个运行周期。它具有固液分离效果好、出水澄清、工艺简单、占地面积少、建设费用低、耐冲击负荷、适应力强、温度影响小、适应范围广（5~65℃）、污泥活性好及易于处理等优点。根据水量大小和排放方式，ASBR 法可通过单个或串、并联方式有效地进行处理。

（6）曝气生物滤池

与普通活性污泥法相比，生物膜法具有抗冲击负荷能力强、污泥沉降性能好、易于维护操作等优点。当前石油化工行业广泛使用的生物膜工艺主要形式有：生物滤池、生物转盘、生物接触氧化法和生物流化床技术。

曝气生物滤池是最常见的生物膜工艺形式。废水通过布水器均匀分布在滤池表面，滤池中装满石子、陶粒或聚丙烯酰胺等填料。废水和空气在填料表面流过，与其上生长的生物膜接触，使污染物得到降解。该工艺具有占地小，出水水质好，运行稳定等优点。

肖秀梅等人采用设计规模为 600 m^3/d 的三级上向流曝气生物滤池对某石油加工企业排放的废水进行处理。运行结果表明，对废水进行预处理后，进入 BAF 中的石油类及 SS 含量很低，对 COD 及 NH_3-N 的去除率均可达 94% 以上。

（7）生物流化床

生物流化床处理技术是借助流体使表面生长着微生物的固体颗粒呈流态化，同时进行去除和降解有机污染物的生物膜法处理技术。影响其处理效果的因素有：载体的选择、菌种的筛选等。从这两方面改进流化床法的研究取得了一定效果。崔俊华等在"老三套"工艺上添加了三相生物流化床部分；且采取高效原油降解菌及漂浮和悬浮填料并用的措施，使出水含油量为 3.5~4.9 mg/L，达到国家排放标准。据文献报道，用常规功能菌筛选和诱变方法获得 5 株高效降解原油菌，将此高效菌接种到三相流化床中，在适宜降解条件下可使废水中的油含量从 44.4 mg/L 降至 4.0 mg/L，平均去除率提高至 91.0%。研究者还确定了高效菌的适宜降解条件：初始 pH 值为 5.5~7.0，温度为 25~35℃，溶解氧含量为 5.7~7.2 mg/L。

（8）生物接触氧化法

接触氧化法的特点是高效率，兼顾了生物膜法和活性污泥法的优点，既有生物膜工作稳定、操作简单的优点，又有活性污泥悬浮生长、与废水接触良好的特点。在含油废水深度处理中，接触氧化法是一种被广泛采用，渐趋成熟的生物深化处理技术。在不同的含油污水中，人们使用的工艺组合有所区别。在采油废水方面，气浮—生物接触氧化工艺被普遍运用。王吉从的研究表明：生物技术处理采油废水是可行的，废水中 COD 和油的去除率分别达到 40% 和 85% 以上，最后出水能达标排放。接触氧化法不仅能降低 COD，对氨氮也有去除作用，比较适合用于炼油废水的净化。李鑫钢以新型高效填料固定微生物处理炼油废水，得出结论：用接触氧化工艺处理 $COD_{Cr} \leqslant 500$ mg/L 的炼油废水时，硝化细菌是优势菌；该工艺能同时有效去除氨氮和 COD。

(9) 生物膜法的发展和改进

生物膜处理含油废水近年来取得了较大的进展，工程中为了提高生物滤池的效率，采用了高孔隙率、高附着面积和高二次布水性能的新型塑料模块，同时对滤床上微生物进行选择、优化。此外，还在工艺上进行了改进、重组，如取消滤池回流系统，采用膜泥法 A/O 工艺以及缺氧–好氧高性能生物滤池组合工艺等，即传统的初沉池预处理被厌氧或缺氧水解池取代。某油田针对采油污水可生化性能差的特点，采用厌氧水解—高负荷生物滤池进行污水处理，使 BOD_5、COD、SS 和油达到了排放标准。

(10) 膜生物反应器工艺

膜生物反应器(MBR)工艺是生物处理技术和膜分离技术的有机结合。一方面，该工艺简化了处理流程；另一方面由于固液分离的效果显著提高，使生物处理池的污泥浓度可以保持在 30 g/L 以上，大大强化了生物处理的功能，因而污染物的去除效率很高，同时良好的出水水质可以满足回用要求。MBR 非常适用于炼油厂的碱渣废水、酸洗废水等高浓度废水的处理或深度处理。

雍文彬利用 MBR 处理炼油污水，MBR 系统内的污泥浓度高，达到 10 g/L 以上，污泥龄长(60~100 d)，使得生长繁衍缓慢的硝化菌得以在反应器内富集，从而保证了系统良好的硝化效果和较强的抗冲击负荷能力。MBR 利用膜的高效截流作用，去除全部悬浮物和部分大分子溶解性有机物，确保稳定的优质出水；大分子难降解有机物被截流，反应时间延长，有利于专性菌的培养，降解率大大提高。并且对高浓度石油和酚有很强的适应能力和很好的去除效果。

彭若梦等人采用 A/O 膜生物反应器处理炼油废水取得了较好的效果，出水水质达到了国家工业循环冷却回用水的指标要求，经过活性炭吸附处理，可使水中 COD_{Cr} 降至 20 mg/L 以下，能满足更为严格的回用要求。Chih – Ju G. Jou 等人研究采用一种固定膜生物反应器处理炼油废水，相比较传统的活性污泥法有不少优势。它能承受高有机负荷，去除污染物能力好；脱氮效果好；二次污染少，产生污泥量少；系统稳定性好，抗冲击能力强。

另外，最近出现了微孔膜生物反应器，该装置由微孔膜组件和生物反应器构成，用无机微孔膜组件替代沉淀池，实现泥水分离，可大大提高反应装置内的污泥浓度，有利于提高反应器的容积负荷，减小占地面积。有研究将其用于处理含高凝固油废水，运行实践表明，该装置处理效果稳定，抗冲击负荷能力强，操作简便。

6.2.4 外排废水深度处理与回用技术

废水的深度处理又称为废水的高级处理，通常是为了去除二级处理出水中残存的难去除的污染物质。这种处理工序可以是物理、化学、生物方法，也可以是这些方法的组合。石化污水经深度处理后可回用于循环冷却水补充水、工艺用水等。

（1）物理法

物理法处理主要包括沉淀、过滤、吸附、空气吹脱、膜分离等。

① 沉淀。主要用于澄清水质，固液分离，去除大颗粒的絮体或悬浮物。这是最常用的一种深度处理方法，往往与絮凝技术结合使用。

② 过滤。利用有孔隙的粒状滤料，截留水中杂质，去除大于 3 μm 的悬浮物，使水得到澄清的过程。它的主要原理是机械筛滤作用、沉淀作用和接触絮凝作用，过滤的作用不仅能够进一步降低水的浊度，而且水中有机物、细菌等也将随浊度的降低而被大量去除。在污水的深度处理流程中，常把过滤作为预处理，使后序处理设施免于经常堵塞，提高处理效率。在废水处理中，常用的滤料有石英砂、无烟煤粒、石榴石粒、陶粒、聚苯乙烯发泡塑料球、核桃皮及活性炭，等等。其中以石英砂使用最广，具有一定的优势，石英砂的机械强度大，化学稳定性好。过滤的方式很多，有采用单层滤料过滤的，也有采用双层或多层滤料过滤等。常用的滤池有快滤池、虹吸滤池、无阀滤池、压力滤罐等，但都属于间断运行的过滤设施。目前已开发出一种无须停车反洗、在运行过程中自动连续清洗的动态过滤系统。

③ 吸附。利用活性炭或某些材料的巨大表面能吸附大分子有机物、去除色度、降低 COD 和去除某些无机离子，常用的吸附材料有活性炭、碳纤维以及某些新型材料。目前污水深度处理中用得最多的是生物活性炭处理，即通过某种方式在活性炭的表面培养微生物，有机地把活性炭的吸附性能和微生物的再生作用结合起来，既提高了活性炭使用周期，也降低污水深度处理费用。

④ 膜分离。膜分离技术是以半渗透膜进行分子过滤来处理废水的一种新方法，它可以有效去除水中的溶解性固体、大部分溶解性有机物和胶状物质。膜技术已被广泛应用于污水的深度处理。

（2）化学处理法

化学处理法主要有絮凝、化学氧化、消毒、离子交换、石灰处理、电化学和光化学处理等，能够有效去除水中的大分子物质、某些离子、降低硬度、杀灭病原微生物等。

① 絮凝。投加无机或有机化学药剂使胶体脱稳、凝结悬浮物、絮体等，去除悬浮物和胶体，常与沉淀、过滤等结合使用。

② 化学氧化。去除 COD、BOD、色度等还原性有机物或无机物，常与其他方法结合使用。废水经过化学氧化处理，可使废水中所含的有机、无机有毒物质转变成无毒或毒性不大的物质，从而达到废水深度处理的目的。化学氧化常用方法如下。

臭氧(O_3)氧化：是一种应用非常广泛的氧化技术，对大分子有机物特别有效。但是O_3单独使用，不但COD难以彻底去除，而且运行费用高，尾气处理麻烦，所以O_3一般与其他方法联合使用。臭氧氧化与生物活性炭处理联合使用，臭氧能够将大分子有机物氧化分解为小分子有机物，然后进行生物活性炭处理，提高了活性炭的使用周期，而且能够去除水中的微量有机物，并能有效地脱色、除臭。

过氧化氢是一种比较常见的氧化剂，其氧化还原电位比氯气高，比臭氧低。过氧化氢对浊度、细菌及大肠菌群均有较好的去除作用，而且过氧化氢在水中残余量较高，可维持比臭氧更长的消毒杀菌效果，防止二次污染。从成本考虑，过氧化氢成本与传统氯气相当，远远低于二氧化氯和臭氧的成本。因此，过氧化氢作为氧化剂具有很大的应用前景。

高级氧化是指利用羟基自由基($\cdot OH$)有效破坏水中污染物的化学反应。高级氧化具有如下特点：羟基自由基具有极强的氧化性，氧化能力仅次于氟，对多种污染物能有效去除；属于游离基反应，反应速度快；可操作性强，设备相对比较简单；对污染物的破坏程序能达到完全或接近完全。高级氧化系统的基本技术原理是利用光催化氧化、光化学氧化技术所产生的自由基在短时间内迅速分解水中的有机污染物，特别是能够高效分解水中剧毒物质氰化物和氨氮。氰化物通过高级氧化系统可完全分解，其降解产物是二氧化碳、氮气、二氧化氮和硝酸根；对氨氮的分解其产物为氮气、二氧化氮、硝酸根。同时该系统对其他有机化合物有极高的分解能力，对酚类物质、醛类物质和卤化烃类物质能迅速分解。羟基自由基的产生方法一般采用加入氧化剂、催化剂或借助紫外线等。目前被认为比较突出的高级氧化技术有$UV/TiO_2/H_2O_2$（过氧化氢与多相光催化结合）、$UV/TiO_2/O_2$（多相光催化氧化）、UV/H_2O_2（过氧化氢加紫外光）。

③ 消毒。利用Cl_2、ClO_2、O_3等杀生剂、UV和电化学方法杀灭细菌，藻类、病毒或虫卵，常用于饮用水、回用水灭菌、循环水杀生等。

④ 离子交换。去除水中的阴、阳离子，可用于咸水或半咸水脱盐。

⑤ 石灰处理。沉淀钙、镁离子，降低水的硬度，防止结垢，用于高硬度水的深度处理。

⑥ 电化学、光化学处理。去除水中的难降解物质。如UV催化氧化或辐照处理，电水锤技术、脉冲电晕技术等，常与化学氧化结合应用。

⑦ 臭氧－生物活性炭联用深度处理技术。

臭氧氧化与常规水处理方法比较具有显著的特点：O_3氧化能力极强，对于生物难降解物质处理效果好；降解速度快，占地面积小，自动化程度高；剩余O_3可迅速转化为O_2，无二次污染，并能增加水中的溶解氧；浮渣和污泥产生量较少；同时具有杀菌、脱色、防垢等作用。但是O_3单独使用，不但COD难以彻底去除，而且运行费用高，故O_3一般与其他方法联合使用。

活性炭通常是以木质和煤质果壳核等含碳物质为原料，经化学或物理活化过程制成。活性炭微孔发达，拥有巨大的比表面积，一般为700～1 600 m^2/g。活性炭处理是利用活性炭的多孔性和表面化学或物理作用吸附废水中残存的溶解态有机污染物，而达到深度净化的目的，在净水过程中对水中有机物、无机物、离子型或非离子型杂质都能有效去除。一般活性炭对溶解性有机物吸附的有效范围为分子大小在 100 ~ 1 000 埃，分子量 400 以下的低分子量的溶解性有机物。极性高的低分子化合物及腐殖质等高分子化合物难于吸附。有机物如果分子大小相同，芳香族化合物较脂肪族化合物易吸附，支链化合物比直链化合物易吸附。活性炭化学性质稳定，能耐酸、碱，耐高温高压，因而适应性很广。商品活性炭按形状主要分为粉末状和颗粒状两种。粉末状活性炭由于不能再生，用于水处理中成本较大，颗粒状活性炭可再生，现广泛用于给水深度处理及微污染水的处理中。

活性炭吸附污染物一段时间后，在温度及营养适宜的条件下，活性炭炭层中滋长出好氧微生物，而这些微生物在废水处理中发挥着重要的作用。将活性炭的吸附作用与微生物的氧化分解作用相结合，即形成了所谓的"生物活性炭"（BAC）。生物活性炭不但提高了处理的效率，而且在一定程度上延长了活性炭的使用周期。

将 O_3 氧化与 BAC 联合使用，O_3 氧化的对象是大分子有机物，主要作用为：提高了水中溶解氧，为生物活性炭中的微生物创造了良好的生长条件；氧化水中有机物，降低活性炭的吸附负荷，将憎水性物质亲水化，从而提高可生物降解性；去除溶解性有机碳；杀死细菌和病毒；氧化分解螯合物等。活性炭吸附的主要对象是中间分子量的有机物，主要作用为：吸附难降解物质和分解产物；吸附水中残余的臭氧，以提供充足的溶解氧。微生物作用的对象是小分子的亲水性有机物，主要作用为：降低可同化有机碳；去除 NH_3-N；通过微生物同化分解吸附质，使活性炭再生。

O_3-BAC 联用技术，集 O_3 氧化及消毒、活性炭吸附、微生物降解于一体，成为污水深度处理技术的主流。

（3）生物深度处理技术

生物法在污水的回用深度处理中应用非常广泛，能够降解多种污染物，处理成本低、运行稳定可靠，抗冲击能力很强。常用的生物处理法有生物过滤法、生物接触氧化法、氧化塘以及土地过滤处理等。这些生物处理工艺很多在石油炼厂废水的二级处理工艺中也广泛应用，通过改变工艺条件，调整运行参数，这些处理技术可以进一步去除回用水中的污染物质，提高回用水水质。

生物过滤法是利用过滤材料上培养的微生物聚合体 – 生物膜来氧化分解污染物，净化水质，如曝气生物滤池。曝气生物滤池技术（BAF）应用于炼油污水的深度处理在技术上可行，氨氮的去除率较高，COD 有一定的去除率。不过，BAF 的出水稳定性受进水水质的影响较大。

生物接触氧化法结合了生物膜法和活性污泥法的优点，既有良好的除污染效果，又能够用于不同的处理规模。填料是微生物附着生长的基质，因此填料的好坏是影响其处理效果的关键因素。悬浮载体生物反应器工艺是生物接触氧化工艺的进一步发展，悬浮载体的密度与水相近，能够浮动于生物处理池的不同位置，正常曝气状况下，就能处于流化状态，制作与安装简单，既可提高传质的效果，又能加快填料上生物膜的更新速度，避免了常规生物膜法填料堵塞的难题。因此，悬浮载体生物接触氧化法还具有生物流化床的某些特点，国内外对此工艺用于污水处理的研究和生产性应用正逐渐成为热点。此外，悬浮载体在适当的曝气强度下始终处于流化状态，传质的效率高，微生物附着生长的膜很薄，填料不必定期反冲洗。因此，生物处理装置的运行与管理十分方便。

土地过滤法主要利用土地微生物的氧化分解和地层的过滤作用去除污染物，可单独使用或用于污水深度处理。石化废水深度处理出水，用人工土层快速渗滤土地处理法进行深度净化效果明显，再生水质达到预期目标，回用于循环冷却水系统补水具有显著的环境和经济效应。

6.3 沿海农村分散性生活污水处理技术

村镇生活污水的特点有：村镇生活污水水量小、浓度低、水量不连续、变化系数大；与城市生活污水水质相差不大，水中基本上不含有重金属和有毒有害物质（但随着人们生活水平的提高，部分生活污水中可能含有重金属和有毒有害物质），含有一定量的氮、磷，有机物含量高，可生化性好。根据我国村镇的农户分布特点及村镇水质水量特点，研发分散处理小水量的村镇生活污水处理工艺，不仅可以节省因建设庞大的收集管网的资金投入，而且工艺可满足建设和管理运行费用低廉、低耗能、操作管理简便、处理稳定可长期使用、部分污水可再利用等要求。因此，较为经济可行的方法是对村落或者居民点的污水进行就地分散式处理。

目前，国内外应用于村镇生活污水分散处理技术多种多样，但从工艺原理上可分为三大类：第一类是自然及人工生态处理系统，即在人工控制的条件下，将污水投配到自然或人工组建的处理系统上，利用土壤（或填料）- 植物 - 微生物构成的生态系统，进行物理化学和生物化学的净化过程，使污水得到净化。其常用系统有土地处理系统、稳定塘处理系统和蚯蚓生态滤池处理系统。第二类是生物生态组合处理系统，解决单个工艺处理生活污水难以满足日益严格的氮磷排放标准的问题，前段生物处理主要去除有机物和一部分营养物质，后续生态处理则是对前序单元出水进一步脱氮除磷。主要工艺有"厌氧—跌水充氧接触氧化—人工湿地"、"厌氧—滴滤—人工湿地"、"自回流生物转盘—人工湿地"等。第三类是一体化设备处理系统，即集预处理、二级处理和深度处理于一体的中小型污水处理一体化装置。主要工艺有日本的净化槽技术、挪威的 Uponor 技术、BioTrap 技术和Biovac 技术等，其中净化槽技术由厌氧滤池与接触氧化或生物滤池组合，再组合沉淀池及混凝沉淀除磷工艺；挪威的技术则采用一体化的 SBR 工艺或以 MBBR 工艺为主（富立鹏，2010）。

6.3.1 生物生态组合处理技术

（1）厌氧池 - 跌水充氧氧化 - 人工湿地技术

① 适用范围。

适用于居住相对集中且有空闲地、可利用荷塘的村庄，尤其适合于有地势落差或对氮磷去除要求较高的村庄，处理规模不宜超过 150 t/d（杨文婷等，2010）。

② 工艺流程。

工艺流程如图 6.3 – 1 所示。

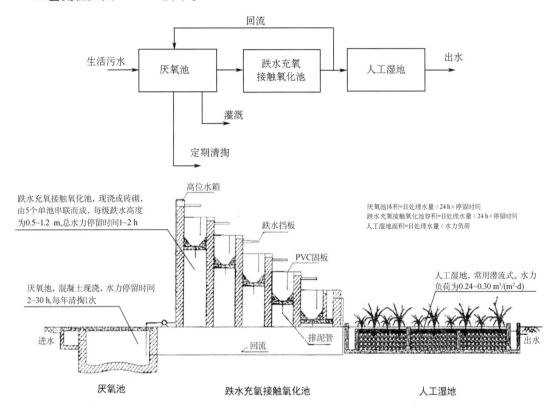

图 6.3 – 1　厌氧池 – 跌水充氧接触氧化 – 人工湿地技术工艺流程

③ 技术简介。

该组合工艺由厌氧池、跌水充氧接触氧化池和人工湿地 3 个处理单元组成。跌水充氧接触氧化利用水泵提升污水，逐级跌落自然充氧，在降低有机物的同时，去除氮磷等污染物，跌水池出水部分回流反硝化处理，提高氮的去除率，其余流入人工湿地进行后续处理，去除氮磷。

村庄应尽可能利用自然地形落差进行跌水充氧，减少或不用水泵提升。跌水充氧接触氧化池可实现自动控制。

④ 技术指标。

工艺参数：厌氧池水力停留时间 12 ~ 30 h，跌水充氧一般应有 5 级以上跌落，水力停留时间不宜少于 2 h，每级跌落高度为 0.5 ~ 1.2 m；人工湿地水力负荷为 0.24 ~ 0.30 m^3/(m^2·d)。

处理效果：常温下，出水水质可达到《城镇污水处理厂污染物排放标准》（GB 18918—2002）一级 B 标准；低温季节，出水水质可达《城镇污水处理厂污染物排放标准》（GB

18918—2002）二级标准。

⑤ 投资估算。

系统户均建设成本为1 000 ~ 1 200 元（不含管网），设备运行费用主要是水泵提升消耗的电费，为0.1 ~ 0.2 元/t 水。

⑥ 运行管理。

厌氧池每年清掏1 次，跌水充氧可实现自动控制，一般不需手动操作管理，但应落实专人定期察看。高温季节，应及时清理跌水板上形成的较厚生物膜，防止其堵塞跌水空隙；秋冬季，应及时清理跌水氧化池和人工湿地的枯萎植物、杂物，防止堵塞。

（2）厌氧滤池 - 氧化塘 - 生态渠技术

① 适用范围。

适用于拥有自然池塘或闲置沟渠且规模适中的村庄，处理规模不宜超过200 t/d。

② 工艺流程。

工艺流程如图6.3 - 2 所示。

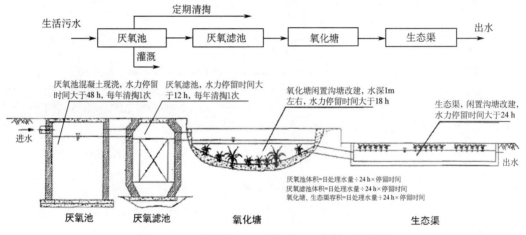

图 6.3 - 2　厌氧滤池 - 氧化塘 - 生态渠工艺流程

③ 技术简介。

生活污水经过厌氧池和厌氧滤池，截流大部分有机物，并在厌氧发酵作用下，被分解成稳定的沉渣；厌氧滤池出水进入氧化塘，通过自然充氧补充溶解氧，氧化分解水中有机物；生态渠利用水生植物的生长，吸收氮磷，进一步降低有机物含量（江苏省建设厅，2008）。

该工艺采用生物、生态结合技术，可利用村庄自然地形落差，因势而建，减少或不需动力消耗。厌氧池可利用三格式化粪池改建，厌氧滤池可利用净化沼气池改建，氧化塘、生态渠可利用河塘、沟渠改建。生态渠通过种植经济类的水生植物（如水芹、空心菜等），可产生一定的经济效益（富立鹏，2009）。

④ 技术指标。

工艺参数：厌氧池停留时间不短于48 h，厌氧滤池停留时间≥12 h；氧化塘水深1 m左右，停留时间不短于18 h；生态渠停留时间不短于24 h。

处理效果：常温下，出水水质可达到《城镇污水处理厂污染物排放标准》一级 B 标准；低温季节出水水质可达《城镇污水处理厂污染物排放标准》二级标准。

⑤ 投资估算。

系统户均建设成本为 800 ~ 1 000 元(不含管网)，无设备运行费用。

⑥ 运行管理。

日常安排专人不定期维护，清理杂物，水生植物生长旺季和冬季及时收割，厌氧池和厌氧滤池每年清掏 1 次。

(3)厌氧池 – 脉冲滴滤池 – 人工湿地技术

① 适用范围。

适用于拥有自然池塘、居住集聚程度较高、经济条件相对较好的村庄，尤其适用于有地势落差或对氮磷去除要求较高的村庄，处理规模不宜小于 10 t/d。

② 工艺流程。

工艺流程如图 6.3 – 3 所示。

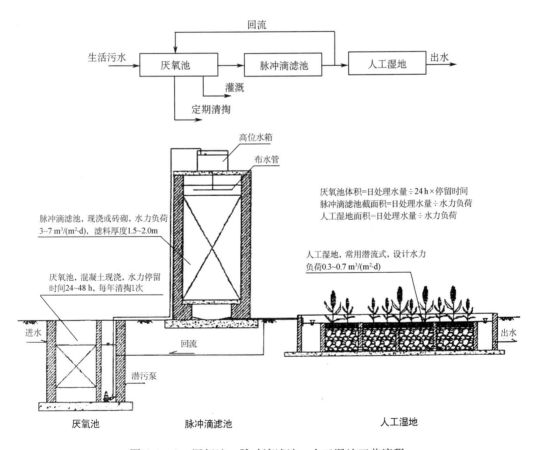

图 6.3 – 3　厌氧池 – 脉冲滴滤池 – 人工湿地工艺流程

③ 技术简介。

该组合工艺由厌氧池、脉冲滴滤池和人工湿地 3 个处理单元组成。污水经过厌氧池降低有机物浓度后，由泵提升至脉冲滴滤池，与滤料上的微生物充分接触，进一步降解有机物，同时可自然充氧，滤后水部分回流反硝化处理，提高氮的去除率，其余流入人工湿地或生态净化塘进行后续处理，去除氮磷（Li et al.，2009）。

本工艺中水泵及生物滤池布水均可实现自动控制。有地势落差的村庄可利用自然地形落差滴滤，减少或不用水泵提升。

④ 技术指标。

工艺参数：厌氧池水力停留时间 24～48 h；滴滤池水力负荷为 3～7 $m^3/(m^2 \cdot d)$，布水周期为 20 min；人工湿地设计水力负荷为 0.3～0.7 $m^3/(m^2 \cdot d)$。

处理效果：常温下，出水水质可达到《城镇污水处理厂污染物排放标准》一级 B 标准；低温季节，出水水质可达《城镇污水处理厂污染物排放标准》二级标准。

⑤ 投资估算。

系统户均建设成本为 1 200～1 500 元(不含管网)，设备运行费用主要是水泵提升消耗的电费，为 0.1～0.2 元/t 水。

⑥ 运行管理。

安排专人定期对厌氧池和人工湿地进水口的杂物进行清理；定期对水泵、控制系统等进行检查与维护；厌氧池每年清掏 1 次。

(4)厌氧池 -(接触氧化) - 人工湿地技术

① 适用范围。

适用于经济条件一般和对氮磷去除有一定要求的村庄。

② 工艺流程。

工艺流程如图 6.3 - 4、图 6.3 - 5 所示。

③ 技术简介。

厌氧池 - 人工湿地技术利用原住户的化粪池作为一级厌氧池，再通过二级厌氧池对污水中的有机污染物进行消化沉淀后进入人工湿地，污染物在人工湿地内经过滤、吸附、植物吸收及生物降解等作用得以去除(高蓉菁和闵毅梅，2007)。厌氧池 - 接触氧化 - 人工湿地技术是在厌氧池 - 人工湿地技术上进行的改进，通过在厌氧池后增加接触氧化工艺段，提高有机物的去除率。厌氧池可利用现有三格式化粪池、净化沼气池改建。

该技术工艺简单，无动力消耗，维护管理方便。

④ 技术指标。

工艺参数：一级厌氧池(厌氧活性污泥)处理，水力停留时间约为 30 h，二级厌氧池(厌氧挂膜)水力停留时间约为 20 h；化粪池水力停留时间为 24～30 h，接触氧化渠水力停留时间大于 3 h；人工湿地水力停留时间不短于 16 h，水力负荷为 0.4～0.6 $m^3/(m^2 \cdot d)$。

处理效果：厌氧池 - 人工湿地技术对总氮和氨氮的去除能力有限，处理出水可达到《城镇污水处理厂污染物排放标准》(GB 18918—2002)的二级标准。改进后的厌氧池 - 接触氧化－人工湿地技术改善了氨氮的去除效果，整体出水水质优于《城镇污水处理厂污染物排放标准》（GB 18918—2002）的二级标准。

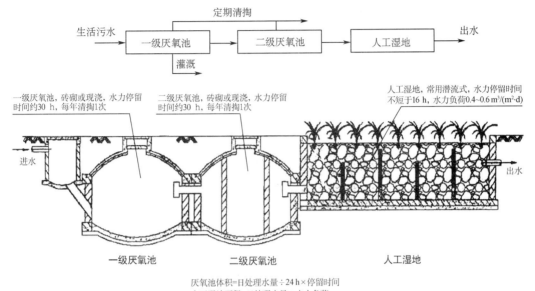

图 6.3－4　厌氧池－人工湿地工艺流程

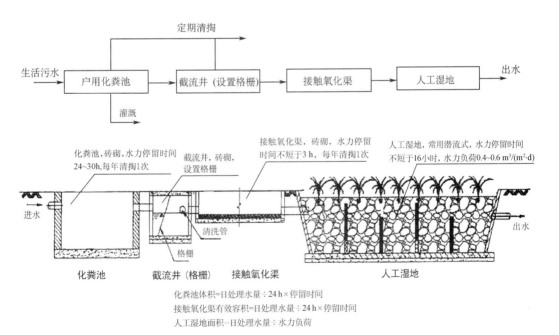

图 6.3－5　厌氧池－接触氧化－人工湿地工艺流程

⑤ 投资估算。

厌氧池－人工湿地系统户均建设成本为 800 ~ 1 000 元（不含管网），厌氧池－接触氧

化 – 人工湿地技术户均建设成本为 800 ~ 1 000 元(不含管网),无设备运行费用。

⑥ 运行管理。

安排专人定期(每季度 1 次)对格栅井和人工湿地进水口的杂物进行清理;一级及二级厌氧池或化粪池每年清掏 1 次;冬季及时清理人工湿地内枯萎的植物。

(5)地埋式微动力氧化沟技术

① 适用范围。

适用于土地资源紧张、集聚程度较高、经济条件相对较好的村庄。

② 工艺流程。

工艺流程如图 6.3 – 6 所示。

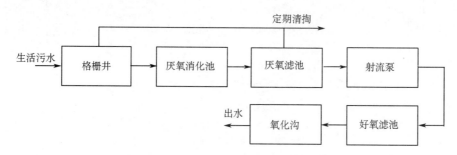

图 6.3 – 6   地埋式微动力氧化沟工艺流程

③ 技术简介。

该污水处理装置组合利用沉淀、厌氧水解、厌氧消化、接触氧化等处理方法,进入处理设施后的污水,经过厌氧段水解、消化,有机物浓度降低,再利用提升泵提升,同时对好氧滤池进行射流充氧,氧化沟内空气由沿沟道分布的拔风管自然吸风提供。已建有三格式化粪池的村庄可根据化粪池的使用情况适当减小厌氧消化池的容积。该装置全部埋入地下,不影响环境和景观(李颖等,2005)。

④ 技术指标。

工艺参数:厌氧消化池水力停留时间不短于 10 h;厌氧滤池水力停留时间不短于 16 h;好氧滤池水力停留时间不短于 5 h。

处理效果:出水中的 COD、SS 和总磷指标可达到《城镇污水处理厂污染物排放标准》(GB 18918—2002)的一级 B 标准;氨氮去除效果受射流充氧和氧化沟自然拔风效果的影响较大。

⑤ 投资估算。

系统户均建设成本为 1 000 ~ 1 200 元(不含管网),设备运行费用主要是水泵提升消耗的电费,为 0.2 ~ 0.3 元/t 水。

⑥ 运行管理。

需安排专人定期对水泵、控制系统等进行检查与维护。

6.3.2 一体化农村污水处理技术

（1）一体化污水处理技术分类

根据污水在反应器中的时间和空间分布以及反应类型，一体化技术的工艺方法可以分为以下 3 类。

① 按时间和多个空间将反应、沉淀和污泥回流等工序调配，最终完成污水的处理。按时间进行调配的工艺有 SBR、循环式活性污泥法 CAST 和 Unitank 等。按空间调配的工艺如三沟式氧化沟等。

② 指不作时间和空间的调配，通过反应器内空间的分区优化完成反应、沉淀等过程，如 MSBR，一体化氧化沟，OCO，厌氧 – 缺氧 – 好氧一体化等。

③ 指各种化学、物理、生物等污水处理方法的组合，如生物 – 化学一体化、化学 – 生物 – 物理一体化等工艺组合。

（2）常用的一体化技术

① SBR 法。投入应用的时间比连续流活性污泥法早，其每个反应周期的基本操作流程有进水、反应、沉淀、出水和闲置 5 个阶段，每个阶段都在同一个反应器中进行。该工艺设备简单、造价低、运行方式灵活、可脱氮除磷，具有较强的耐冲击负荷的能力和良好的污泥沉降性能。适用于小流量水的处理。

② CAST 法（循环式活性污泥法）。该法是 SBR 工艺的一种变型，与传统 SBR 法不同的是 CAST 工艺在反应器的进水处设置一生物选择器。它是一容积较小的污水污泥接触区，进入反应器的污水和从主反应区内回流的活性污泥在此相互混合接触，泥水混合液通过主反应区，依次经过缺氧 – 好氧 – 缺氧 – 厌氧环境。其主要优点是工艺流程简单，除磷脱氮的效果显著优于传统的活性污泥法，工艺运行稳定，且占地面积少。

③ Unitank 法。即一体化活性污泥法又称交替生物池法。它是由 3 个水力相连通的矩形池组成，每个池中均设有供氧设备。在矩形池两侧外边，设有固定出水堰及剩余污泥排放口，该池既可作曝气池，又可作沉淀池，中间的矩形池只作曝气池。进入系统的污水，通过进水闸控制可分时序分别进入 3 只矩形池中任意一只池。

④ 三沟式氧化沟法。三沟式氧化沟是由 3 条平行的同体积环形沟并联组成，在不同时间阶段里每一条沟停留在污水处理的不同状态。三沟式氧化沟运行灵活、稳定，管理方便。

⑤ MSBR 法。综合了 A2/O、SBR、UCT 等工艺的优点，可以根据不同的水质和不同的处理要求灵活地设置运行方式。一般由 6 个功能池组成，分别为厌氧池、缺氧池、主曝气池、泥水分离池和 2 个序批池。污水经过厌氧、好氧、缺氧、沉淀等过程后出水。该工艺脱氮除磷功能较好，且能实现连续进出水。

⑥ 一体化氧化沟。又称合建式氧化沟。集曝气、沉淀、泥水分离和污泥回流功能于一体，无须建造单独的二沉池。一体化氧化沟技术开发至今迅速得到发展和应用。

⑦ 一体化 OCO 法。OCO 工艺的主要特点是其生物反应步骤在一个圆形反应器中

完成的。原水经过预处理后与回流污泥混合，并在反应器的内圆中进行厌氧反应，回流污泥释磷后，进入缺氧反硝化，最后进入好氧区进行氧化、硝化和吸磷。由于生物反应器的特殊结构，使泥水在运动中，产生良好的湍动效果，有利于有机质与生物充分反应。

⑧ 厌氧－缺氧－好氧一体化法。厌氧－缺氧－好氧一体化复合反应器为一圆柱形塔，底部进水，顶部出水，塔内由下往上依次为厌氧带、缺氧带和好氧带。厌氧部分充满了微生物颗粒，类似于上流式厌氧污泥床反应器；厌氧带和缺氧带用特殊的物质隔离，中间充满了特殊的生物膜，污水以较高速度上流，进水中的有机物被转化成易降解的化合物。缺氧带和好氧带填充塑料环以便生物膜的附着，之间有一部分污水回流，以进行反硝化。

⑨ 生物－化学一体化法。生物－化学一体化处理装置的主要工艺原理是利用活性污泥短暂的(30 ~ 120 min)曝气阶段，加入高效的化学絮凝剂，使生物氧化与化学混凝强化处理相结合，将固液分离，达到最佳的处理效果。

6.4　海水养殖废水处理技术

与工业废水和生活污水相比，海水养殖产生的废水具有两个明显的特点，即潜在污染物的含量低和水量大，加之海水盐度效应以及养殖废水中污染物的主要成分、结构与常见陆源污水的差异，增加了养殖废水的处理难度。因此，对普通污水处理技术和工艺加以改进才能达到所需效果。通常养殖废水中的营养性成分、溶解有机物、悬浮固体(SS)和病原体是处理的重点。以下是一些海水养殖水的一般净化技术和新技术。

6.4.1　pH 值的调节

海水与淡水不同，海水中存在着更多的溶解盐类，它们在水中形成的动态平衡使海水 pH 值保持稳定，基本上在 7.5~8.5。若 pH 值很高，则生物发生氨氮中毒；pH 值过低，大多数水生生物的腮组织和表皮遭到破坏，降低血液载氧能力，因而新陈代谢降低，抵抗力下降，植物的光合作用强度也减弱，硝化过程被抑制，有机物被大量累积，造成环境恶化。因此，海水自身较强的缓冲能力可使水生生物免受 pH 值急剧变化带来的损害。

当 pH 值变得过高或过低时，常采用以下方法来调节：①定期、定量换水；②将石灰投入水中，提高水体 pH 值添加量应根据水中硫化氢的含量而定；③加入光合细菌，使其在池内繁殖，既可达到净化水质的作用，又为鱼虾提供更丰富的食物。

6.4.2　臭氧杀菌

近年来臭氧杀菌技术的研究应用发展非常迅速，而且杀菌效果不错，其主要优点为：

①臭氧具有强氧化性，可快速有效地杀死养殖水体中病毒、细菌及原生动物，是其他消毒剂无法比拟的；②臭氧的产物是氧气，可被养殖生物利用，不会产生二次污染；③臭氧在应用中更方便、更安全、更可靠、更经济。孙晓华等曾报道由臭氧处理的海水培养的十几种藻类饵料均接种成功，且生长状况良好，同时对太平洋牡蛎育苗、刺参育苗和鲍鱼养殖等试验均取得了良好的应用效果。

值得注意的是，海水中存在着许多微量元素，用臭氧进行海水处理时，臭氧会与这些元素特别是溴离子发生反应生成次溴酸离子（BrO^-）及溴酸离子（BrO_3^-），并可相当长时间残留于鱼体内，对鱼造成危害。经测定，残留的强氧化剂衰减一半的时间为 22 h 以上。如强氧化剂浓度为 0.03 mg/L，经 20 ~ 40 min 曝气处理，70 ~ 105 cm 的黑鲷在 50 ~ 90 min 就会死亡。因此，必须采用硫代硫酸钠等还原剂或活性炭等将臭氧或臭氧合成物去除后再用于养殖。

但日本青森县水产养殖中心在养殖试验中发现，通过活性炭后的活菌数又增加了，几乎与原来饲育水无差别，不过细菌群的成分发生了变化，属病原菌的革兰氏阴性菌减少，无病原性革兰氏阳性菌及色素产生的细菌增加，可采用紫外辐射杀死该菌。这可能是臭氧在杀菌的同时也消灭了水中的所有饵料生物，如硝化细菌等一类有用的微生物，所以该中心建议采用投加合理浓度的光合细菌以促使水体中有益微生物的生长。

目前普遍使用臭氧杀菌的地方主要是在大型海洋水族馆中以及河蟹育苗、刺海参育苗、鲍鱼育苗等。

也有人提出臭氧与生物滤池结合使用，可提高去除氨氮和有机物的效果。

6.4.3　膜集成技术

由于膜净化技术具有无相变、常温操作，可以截留病毒细菌等特点，国家海洋局杭州水处理中心率先利用膜集成技术净化海水养殖废水，先用聚砜、醋酸纤维素等超滤膜将有机物、细菌和病毒等除去，而保留了海水中对养殖生物有用的盐分，然后利用紫外辐射和臭氧氧化处理，达到既杀菌又增加水中的溶解氧的目的。由表 6.4 - 1 可以看出，超滤膜的除菌效果是非常好的。因此，膜集成技术用于海水养殖水将具有广阔的前景。

表 6.4 - 1　不同类型胶对细菌总数的脱除率

水样	原卤水细菌总数	聚 9 超滤膜出水中细菌和脱除率/%	醋酸纤维素超滤膜出水中细菌和脱除率/%
未加饵料水	1.3×10^3 个	未检出，100	13 个，99.0
加饵料水	3.2×10^3 个	24 个，99.3	2.7×10^2 个，91.6

注：水温 21℃，每次取样时间 2 h，全过程膜未更换。

6.4.4　泡沫分离技术

泡沫分离技术的分离原理是向水中通入空气，使水中的表面活性物质被微小的气泡吸附，并借助气泡的浮力上升到水面形成泡沫，从而除去水中溶解物和悬浮物、细菌及酸性物质等。根据气泡产生、气液接触及收集方式的不同，其类型主要有直流式、逆流式、射流式、涡流式和气液下沉式。

由于淡水养殖水中缺乏电解质、有机物分子与水分子之间的极性作用小，气泡形成的几率小，气泡的稳定性也差，因此，泡沫分离法不适用淡水养殖，而主要用于海水养殖水水质处理。但泡沫分离法也将水中有益的痕量元素一并去除，所以应随时注意水中痕量元素的变化，并加以调整。

6.4.5 海洋生物技术

虽然天然微生物制剂能够降低养殖环境中的氨氮、硫化氢、亚硝酸盐、提高溶解氧等，对养殖环境起一定的修复作用，但受环境因素的影响很大。因此，目前生物修复技术正朝着构建能够快速分解某种特定污染物的工程菌的方向发展。如为清除油污染，将TOL(甲苯)质粒导入TOD(甲苯酸甲氧酶)降解途径中的某些关键酶的基因缺陷型菌株，使TOD途径的一些中间产物进入TOL途径，达到完全降解这类芳香化合物的目的。美国专家采用生物技术培育的"嗜油"超级细菌，其清除油污的能力比天然微生物高上万倍。

6.4.6 沙床截留

G.L.Palacios提出使用沙床来截留可溶性磷，磷的截留率可达93%，而硅灰石的截留率达98%。而用生物接触氧化性填料床A/O(缺氧/好氧)工艺进行净化处理，具有良好、稳定的净化处理效果，在适宜的水力停留时间(4 h)出水的BOD_5、NO_2^-、NO_3^-等污染指标远低于罗氏沼虾育苗用水指标。该技术在节约水资源，降低饵料费用，减少环境污染等方面有着重要意义。

6.4.7 混养法

采用混养养殖模式是利用养殖生物间的代谢互补性来消耗有害的代谢物，减少养殖生物对养殖水域的自身污染，不仅有利于养殖生物和养殖水域的生态平衡，而且能利用和发挥养殖水域的生产能力，增加产量，具有明显经济效益。

6.4.8 其他技术

(1)加氯法

加氯杀菌虽具有一定的效果，但会产生致癌物及二次污染。

(2)EDTA螯合剂

EDTA可与水中的重金属螯合，降低重金属对幼体的毒害，但其螯合物更易被生物幼体吸收，同时，EDTA在光照下被一些生物降解后，最后产物是CO和NH_3，而NH_3是影响水质的主要因素，并会产生致癌物——亚硝胺的仲胺，因此，常规应用EDTA来螯合重金属离子并非一种好方法。

（3）高分子吸附剂

高分子吸附剂可基本去除水中的重金属离子，而且设备简单、经济，可重复再生使用，不产生水的二次污染，是一种被看好的养殖水处理方法。

（4）甜菜碱

甜菜碱作为重要的饲料添加剂被大量应用于养殖业中，尤其是水产养殖业中，具有诱食、防渗剂（海水中无机盐浓度很高，甜菜碱有利于海洋生物维持体内较低的盐浓度，不断排出或补充流出细胞的水分，发挥渗透调节作用，也可以使淡水鱼适应海水环境）、抗脂肪肝作用（甜菜碱提供甲基给氨基乙醇生成胆碱，胆碱是合成磷脂的原料，而磷脂有利于脂肪酸的消化吸收）。因此，甜菜碱在调节养殖生物自身抵抗力适应水质变化具有很好的作用。

但是单一技术往往并不能解决所有问题，通常将两种或两种以上技术方法结合起来，效果更佳。例如，将臭氧技术与泡沫分离技术结合起来，效果比任何单一技术都好。

6.5　入海污染物的面源污染控制与过程消减工程

对面源污染的控制和管理包括三个方面，其一是源头排放控制，通过各种技术和法规将面源污染物的排放控制在最低限度；其二是途径控制，通过研究面源污染物的扩散机理，采用一定方法，减少污染的排放量；其三是末端治理，对已经形成的面源污染，采取积极的治理措施，将污染的危害控制在最低程度。

6.5.1　沿海城市面源污染控制工程措施

面源污染物在雨水径流的汇流过程中，将产生溶解和扩散，污染物活性被激活，污染得以扩散，使城市地表在暴雨之后受到普遍性的污染，大量分散污染物在短时间内被径流携带入城市水体，严重影响城市水体水质改善和生态环境。目前采用的城市面源污染控制工程措施主要有植被控制系统、滞/持留系统、渗滤系统、湿地系统和过滤系统等。

（1）植被控制系统

植被过滤是一种利用地表密植的植物对地表径流中的污染物进行截流的方法，主要控制以薄层水流形式存在的地表径流，既可输送径流，也可以通过吸附、沉淀、过滤、共沉淀和生物吸收等去除径流中的重金属、营养元素等污染物。密植的植被不但有助于减少径流的流速，提高沉淀效率，过滤悬浮固体，提高土壤的渗透性，而且能够减轻径流对土壤的侵蚀，去除径流中的污染物，是一种简单有效的径流污染控制方法。

植被过滤可分为草地过滤和植草洼地，也可分为湿式过滤带和干式过滤带。根据植被控制区域的不同，植被过滤可分为植草渠道和植被缓冲带两种。植草渠道在径流输送的水渠中密植草皮，用以防止土壤侵蚀并提高悬浮固体的沉降效率。主要是在径流输送的过程中将污染物从径流中分离出来，能够比较有效地去除径流中的 SS、COD、重金属和油脂等污染物，因此，一般用来实现对降雨径流的预处理，使到达后续处理设施的径流水质获得明显的改善。植被缓冲带是过滤带理论的应用，在坡度较小的带状地面密植草皮使水流发散成为面流，从而延缓径流和去除径流中污染物，一般有选择性地设计在受纳水体的岸边或附近，用于处理人工湿地的出水和周边的地表漫流。植被控制适合于各种不同的环境，在设计和实施过程中具有很大的灵活性，而且耗费也较省，是一种很有效的径流污染控制方法。

(2) 滞/持留系统

滞/持留系统包括水塘、涵管、地下水池、雨水调节池等，其中滞留系统用于径流流量的控制，而持留系统同时控制水质和流量。滞留系统暴雨期间储存雨水径流，利用暴雨间歇期将蓄水排入雨水处理设施。滞留系统可以沉降径流中的一部分颗粒物质，下次暴雨来临时，沉于池底的颗粒物质会因径流的扰动再次悬浮起来，不利于水质的净化；但滞留系统可以调控径流流量，降低河道下游的流量峰值，以保护下游河道。

持留系统中储存的雨水径流具有较长的停留时间，水生植物和微生物可以更充分地吸收或吸附水流中的重金属、营养物质等，也避免了沉积颗粒物的再次悬浮，强化了系统对污染物的去除效果。持留系统同时具有控制流量和调节水质的功能。

雨水调节池，又称雨水滞留池，是目前应用最广泛的径流污染控制措施。一般建在管道溢流口或污水处理厂附近，用来暂时储存管线系统的雨污水，减少合流制溢流雨污水量，或存储、滞留和处理周围区域收集到的径流，经沉淀处理后再慢慢排入雨水管道排放，或由重力流或泵抽升返回管网系统。部分缺水城市将调节池储存的雨水处理后用作城市杂用水。

雨水调节池也分为干式和湿式两种。干式雨水调节池在径流控制中主要用于削减洪峰流量，属于滞留系统。干式雨水调节池一般建在土地紧张或含重污染径流的地区，修建维护费用较高。湿式雨水调节池中保持一定量的水，容许径流以一定的速度流入后再与原来的池水混合流出，池内可以放养水生动物和植物，对径流中颗粒态和溶解性的污染物均有较好的去除效果，是一种径流的持留系统。在实际应用中，往往采用湿式雨水调节池。雨水在调节池中的停留时间和池的容积是影响去除效率的关键因素，需要根据区域降雨特征、径流特征、径流中悬浮固体的沉降速度以及流域面积来设计合理的停留时间和池容。

设计合理的雨水调节池具有较高的污染物去除率，并具备景观、动物栖息等多重价值，在控制城市面源污染的过程起着非常重要的作用。雨水调节池一般用来调节和处理超过管道输送能力的径流和雨污混合水，同时也可作为其他系统的预处理设施，在径流迁移的途径和管网末端都得到了很好的应用。雨水调节池的主要缺点是占地面积较大，适合在城市大型绿地周围、低洼地、空旷地带、边缘地带使用。

（3）渗滤系统

渗滤系统是在暴雨期间使降雨径流暂时存储起来，并逐渐渗透到地下的一种暴雨径流管理方法，它在雨水径流原位处理方面具有较突出的优势。渗滤系统通常包括渗滤池、渗渠、渗透管、渗井、多孔路面等。国外通常将渗滤系统作为一种处理暴雨径流的可选方案，可以单独使用，也可以与其他方法结合使用，主要用以去除溶解性有机物。设计良好的渗滤系统对径流中污染物有很好的去除作用，并能补充地下水资源。

土壤渗透性能良好时，一般利用城市周边的低洼地作为地面渗滤池。地面渗滤池有季节性水池和常年存水池，池中宜种植植物。相对于地面渗透池来说，地下渗透池、渗透管、渗渠更便于在生活小区设置，是利用碎石空隙来储存雨水的地下储水装置。建设地下储水装置时，要求地下水至少低于渗透表面 1.2 m，土壤渗透率不小于 2×10^{-5}，径流悬浮物含量小，否则容易发生堵塞和造成地下水污染。汇集的雨水通过透水性管渠进入碎石层，并进一步向四周土壤渗透，碎石层具有一定的储水调节作用；装置埋于地下，地表可以植草美化。由于渗渠等地下储水装置的容积有限，不适宜处理流量较大的径流，且对径流的水量削减较少。德国将地面渗滤池和渗渠组合使用，最后的出水可以达到饮用水标准。

多孔路面也是一种渗滤系统，它是为控制路面径流水量和水质而设计的一种特殊路面形式。多孔路面由多孔沥青或有空隙的混凝土修筑，透水能力比地面渗滤池和渗渠小，易堵塞，使用范围有限，通常用于人行道、加油站和停车场等场所。多孔路面能够允许径流通过，并使水渗透存储在路面下的碎石垫层中，最终慢慢渗入土壤。美国 Benjamin 等的研究表明，多孔路面能够有效去除径流水中的重金属和有机物，且路面持久耐用。

渗滤系统对于地下水位低和土壤渗透性好的城市区域是非常适用的，既能达到控制径流污染、削弱洪峰流量的目的，又能回补地下水。但是渗滤设施建设管理费用较高，且对进水要求高，容易发生堵塞，因此，一般不大规模使用。

（4）湿地系统

近年来，湿地技术被广泛应用于暴雨径流的处理。地下水位位于地表或接近地表的水池，或有足够空间形成一层浅水层的凹地，都可以人工建筑成湿地系统。湿地是一种复杂的生态系统，通常出现在陆地与水体的交界处，其植物生长茂盛，对营养的需求量大，分解速率高，沉积物及生化基质的氧含量低，且生化基质具有较大的吸附表面。湿地技术可以与其他工程技术灵活组合使用。

湿地系统是一种高效控制降雨径流污染的措施，可以同化径流中大量的悬浮物或溶解态物质，依靠植物吸附、截留、吸收、降解和填料过滤的共同作用去除径流污染物，且出水水质较好，一般可以直接或经植被缓冲带处理后排入受纳水体。湿地系统是目前用来处理汇流末端径流的最主要的控制措施，具有对各种污染物都有良好去除能力且其效果持久、抗面源污染负荷冲击能力强、所需费用较少等优点。但其应用时占地面积比较大。暴雨径流湿地系统选种的植物应能耐受冲击，能适应长期干旱或浸泡的环境。

（5）过滤系统

过滤系统一般以沙粒、碎石、卵石为过滤介质，木屑、堆肥后的碎叶、矿渣等也可以作为介质使用。过滤系统主要进行径流水质的控制，用以去除其中的小颗粒物，可以与其他水量控制措施组合使用，如在系统前加滞留塘或对径流进行预处理，以减少大颗粒物对介质的堵塞。过滤系统通常包含表层沙滤器和地下沙滤器两种类型，主要采用地下管道收集出水。出水可排放至下游河道或经进一步处理后回收利用。过滤系统多用于处理初期径流或较小汇水面积上的重污染径流，若维护不当则易堵塞，在应用时应避免大流量径流的冲击，以延长其使用寿命。

除了上述控制措施外，部分城市区域选择在雨水调节池的出水端设置充有一定体积过滤介质如沙、泥煤等的过滤处理设施或特殊装置，如旋风分离器，用来进一步去除径流中的污染物质，并取得了很好的去除效果。通过上面各种工程技术措施的分析可知，单一的控制措施很难达到控制污染的目的，因此，需采取组合和集成的措施。一般雨水调节池与植草渠道结合起来在径流迁移的过程中去除部分污染物质，作为径流进入过滤系统、渗滤系统或湿地系统前的预处理，保障后续处理的稳定运行，避免其受到污染负荷的冲击。如植草渠道（雨水调节池）-湿地系统-植被缓冲带、植草渠道（雨水调节池）-渗滤系统（过滤系统）等组合均得到了广泛和成功的应用。

6.5.2　沿海乡镇农业面源污染控制

农业面源污染的治理从两个方面来考虑：其一是污染源头控制，指减少潜在运移的污染物数量，其二是污染物迁移途径的控制，指在污染物的运移途径中通过滞留径流、增加流动时间减少进入水体的污染物量。源头控制的措施包括保护性耕作、等高线耕作、保护性轮作、生态施肥、营养物管理、有害物管理、梯田建设和水渠改道、水土保持等。污染物迁移途径控制措施有泥沙滞留工程、缓冲带、人工湿地和人工水塘等。

（1）泥沙滞留工程

泥沙滞留工程用于拦截和收集泥沙，是干扰泥沙迁移的工程措施。其主要原理是利用重力来转移泥沙。泥沙过滤池占地面积非常大，可以收集大范围的水流。但该工程所需维修费用很高，容易将有用资源过滤，且很难阻止可溶营养物、杀虫剂等迁入下游水体。

（2）缓冲带

缓冲带，全称保护缓冲带（conservation buffer strip），指利用永久性植被拦截污染物或有害物质，是由美国农业部国家自然资源保护局向美国公众推荐的土地利用保护方式。1997年4月，美国农业部国家自然资源保护局发出自然资源保护缓冲带倡议，承诺到2002年帮助全国修建320万km长的保护缓冲带。自然资源保护缓冲带倡议鼓励农牧业粪便管理中接受缓冲带。同时，自然资源保护缓冲带倡议鼓励农牧民了解缓冲带的经济和环境利益。

根据已经建成的缓冲带的分布位置与主要作用，缓冲带可以分为以下几个类型：滨岸缓冲带;草地化径流带;等高缓冲带;防风带或遮护缓冲带;混合耕种;缓冲湿地。缓冲带防治农业面源污染主要是通过滞缓径流、沉降泥沙、强化过滤和增强吸附等功能来实现的,能有效降低各种污染物(包括氮、磷、悬浮物、稀有金属、有机质、病原体等)的浓度,包含了沉积作用、过滤作用、化学作用、吸附作用、微生物间的相互作用等,是控制面源污染物迁移的最佳工程措施。如果没有合理的维护措施,缓冲带在 10 年的作用期后就可能成为面源污染的源头。

被施用到土壤中各种形态的氮在化学和微生物活动作用下,首先转变为 NH_4^+,然后转变为 NO_3^-; NO_3^- 若不能被植物完全吸收,就会产生淋溶。氮在缓冲带内被截留主要是随泥沙沉降、微生物的反硝化作用、植物的吸收和微生物的代谢,主要包括 3 种生物方法:植物吸收和存储、微生物固定和存储、通过反硝化作用转化为气态氮。反硝化作用能有效减少地下水中硝态氮的含量,这是去除地下水中含氮量的主要方法。

土壤磷素流失的主要形态为溶解性磷和固相态磷两种。如果地表径流发生在不施肥时期,土壤中溶解性磷的流失主要是通过地表径流解吸、溶解等作用来实现。而在土壤施磷季节,地表径流或农田排水中的溶解磷主要来自于溶解于径流或农田排水中的磷肥,并且随着排水次数的增加,径流中的溶解磷含量呈指数下降。地表径流通过雨蚀作用剥离表土层的土壤,从而产生地表径流固相态磷的流失。其浓度与负荷取决于降雨强度、土壤性质、地表植被等因子。

磷在缓冲带内的截留主要是磷随泥沙的沉降及溶解态磷在土壤和植物残留物之间的交换,主要由以下几种过程组成:土壤吸收、植物对固相态无机磷的吸收、微生物的吸收。磷的最大截留量往往出现在缓冲带的起始部位。当缓冲带中的磷饱和时,就会观测到磷酸根离子的淋溶现象。

农田与水体之间存在的植被缓冲带可以将农田与水体隔开。当地下水从农田流向水体时,植被缓冲带对地表径流起到滞缓作用,调节入河洪峰流量,并能有效地减少地表和地下径流中固体颗粒和养分含量。通过沉积作用、过滤作用、化学作用、吸附作用、微生物间的相互作用等,缓冲带能明显降低各种污染物(包括氮、磷、悬浮物、稀有金属、有机质、病原体等)的浓度。

缓冲带对不同种类的农药也具有较好的去除效果,可防止水体中有害物质的聚集。研究学者对广泛应用的多种农药如杀虫剂、除草剂等开展了深入的研究,通过缓冲带的实验研究,发现缓冲带可以有效地减少这些毒害型污染物的排放,其最高去除率可达 100%。其中不同种类物质的去除效果差异较大,甚至于在不同实验中,同种农药的去除率也相差较大。这也表明了缓冲带效果不稳定的特性。

缓冲带可以建立在保护性耕作田地坡度最下端,帮助减少细小颗粒和可溶解污染物。若将缓冲带与沉积物过滤池、人工湿地组合在一起处理畜牧废弃物,可以达到非常高效的处理目标。

缓冲带技术是采用生态工程原理和方法,利用生态系统中物种共生、物质循环原理、结构和功能协调原则,建立缓冲带生态系统,防治面源污染的一项技术。当缓冲带位于污染区域和被保护水体之间时，它们对水体总会提供一定的保护作用。但是如果希望缓冲带能够滞留农药、营养物质等物质时，则缓冲带必须处在径流流经的方向才有效。具有一定坡度的缓冲带可以增加水流与缓冲带剖面基质的接触时间，增加缓冲带对水中悬浮物质及溶解物质的吸附和吸收效果。缓冲带的坡度一般控制在5%以内，当坡度超过15%时，流经缓冲带的水流很难成为均匀的片流。研究结果表明，缓冲带离所需处理区域越近，处理的效果也就越明显。因此，缓冲带的处理效果与它所处的位置十分相关。当缓冲带位于丘陵区或是容易形成集中水流的区域时，需要采取工程措施，降低流动速率，使其呈片流状流经缓冲带，减缓聚集径流对缓冲带处理产生的影响。通常采用的方法为垂直于径流建立小型水道，使径流通过水道，从而减缓流速。

缓冲带的宽度是指水流垂直经过缓冲带的距离。缓冲带宽度的设计必须考虑其设计功能需要、位置条件、经济可行性等。对于人均占地面积较少的我国来说，过宽的设计不具可行性。国外研究证明，狭窄至1～5m的缓冲带可以清除多达50%的沉积物、TSS、磷酸盐和氮，缓冲带主要在5m内发生作用。

目前在缓冲带上种植的主要植被种类一般主要分成木本物种和多年生草本植被。为了建立稳定、健康的缓冲带生态系统，在缓冲技术应用中往往采用的都是本地植物，有利于整个生态系统的抗逆性和当地生物的生存。

6.5.3 入海污染物过程消减的推荐生态工程

6.5.3.1 人工湿地技术

根据《国际湿地公约》定义，湿地是指天然或人工、长久或暂时的沼泽地、湿原、泥炭地或水域地带，带有静止或流动或为淡水、半咸水或咸水水体者，包括低潮时水深不超过6m的水域。湿地是地球上具有多种独特功能的生态系统，它不仅为人类提供大量食物、原料和水资源，而且在维持生态平衡、保持生物多样性和珍稀物种资源以及涵养水源、蓄洪防旱、降解污染、调节气候、补充地下水、控制土壤侵蚀等方面均起到重要作用。

湿地是自然生态系统中自净能力最强的生态系统。湿地地区地势低平，有助于减缓水流的速度，当含有污染物质(生活污水、农药和工业废水等排放物)的流水经过湿地时，流速会大幅度减慢，有利于污染物质的沉淀和排出。此外，一些湿地植物如芦苇、凤眼莲、香蒲、水葱等湿地植物能有效地吸收各类污染物。在湿地中生长的植物、微生物和细菌等通过湿地生物地球化学过程的转换，包括物理过滤、生物吸收和化学合成与分解等，将生活污水和工业废水中的污染物和有毒物质吸收、分解或转化，吸收、固定、转化土壤和水中营养物质含量，降解污染物质，消减环境污染，使流经湿地的水体得到净化。在现实生活中，不少类型的湿地可以用做小型生活污水处理地，通过这一过程提高水环境质量，有利于人类的生产和生活，维护人类生态安全。美国佛罗里达州的实验表明，在进入河流之前，将污水先流经大柏树湿地，结果发现流经湿地后，大约有98%的氮与97%的磷被去除掉了。湿地在污染物的去除方面有以下几个。

（1）有机物的去除

湿地对有机物有较强的净化能力，污水中的不溶有机物通过湿地的沉淀、过滤作用，可以很快被截留下来而被微生物利用；污水中的可溶性有机物则可通过植物根系生物膜的吸附、吸收及生物代谢过程而被分解去除。国内有关学者对人工湿地净化城市污水的研究表明，在进水浓度较低的情况下，人工湿地对 BOD_5 的去除率可达 85% ~ 95%，对 COD的去除率可达 80%，处理出水 BOD_5 的浓度在 10 mg/L 左右，SS 小于 20 mg/L。随着处理过程的不断进行，湿地床中微生物相应的繁殖生长，通过对湿地床填料的定期更换及对湿地植物的收割而将新生的有机体从系统中去除。

（2）氮的去除

湿地进水中的氮主要以有机氮和氨氮的形式存在，氨氮被湿地植物和微生物同化吸收，转化为有机体的一部分，可以通过定期收割植物使氮部分去除，有机氮经氨化作用转化为氨氮，然后在有机碳源的条件下，经反硝化作用被还原成氮气，释放到大气中去，达到最终脱氮的目的。存在根系周围的氧化区（好氧区），缺氧区和还原区（厌氧区）以及不同微生物种群和生物氧化还原作用，为氮的去除提供了良好的条件。微生物的硝化和反硝化作用在氮的去除中起着重要作用。

（3）磷的去除

湿地对磷的去除是通过微生物的去除、植物的吸收和填料床的物理化学等几方面的协调作用共同完成的。污水中的无机磷一方面在植物的吸收和同化作用下，被合成为 ATP、DNA 和 RNA 等有机成分，通过植物吸收而将磷从系统中去除；另一方面，通过微生物对磷的正常同化吸收。此外，湿地床中填料对磷的吸收及填料与磷酸根离子的化学反应，对磷的去除也有一定的作用。含有铁质和钙质的地下水渗入床体内也有利于磷的去除，因此，磷的去除是通过植物吸收、微生物去除及物理化学作用而完成的。

（4）悬浮物的去除

进水的悬浮物的去除都在湿地进口处 5 ~ 10 m 内完成，这主要是基质层填料、植物的根系和茎、腐殖层的过滤和阻截作用，所以悬浮物的去除率高低决定于污水与植物及填料的接触程度。平整的基质层底面及适宜的水力坡度能有效提高悬浮物的去除效率。

从湿地的污染物去除功能看，天然湿地的减少必然降低环境容量，李占玲等（2004）通过对上虞市世纪丘滩涂的研究表明滩涂围垦前湿地生态环境功能收益达 4 630 万元/a，占整个滩涂效益的 95%，而围垦后则降至 2 940 万元/a，占总收益的 31%，围垦前后生态环境服务功能显著下降，而湿地作为生物栖息地的生态效益则由 61% 将至 3%，生物多样性受到严重破坏。由此可见，湿地的保护对维持环境容量非常重要。

人工湿地技术是 20 世纪 70 年代发展起来的一种污水生态处理技术。它构成了填料 - 水生植物 - 微生物三者的协同作用系统，通过一系列物理、化学和生物过程（如过滤、沉淀、吸附、生物转化及水生植物吸收微生物降解作用）（Kyambadde et al.，2005）达到去除氮、磷，高效净化污水的效果，并在治理河流重金属污染方面也卓有成效（Rai，2008）。

此技术由于运行简便、管理费用低、无二次污染等优点而得到广泛应用。

根据人工湿地的存在状态，人工湿地主要分为 3 种类型：浮水植物系统、沉水植物系统和挺水植物系统。为了获得更好的水质，不同类型人工湿地可以结合使用，也可以和传统污水处理方法（如氧化塘、沙滤等）联合使用。自由表面流湿地可以与河道植被恢复相结合，结合溢流堰和拱水坝，构造半人工的河漫滩湿地，既有生态修复功能又有水质净化功能。人工湿地净化河水的效能受湿地水流流态、水力负荷、种植植物类型和数量、温度、填充介质类型、运行方式等因素的影响。

我国自 1990 年建立起第一个人工湿地处理系统——白泥坑人工湿地污水处理系统以来，在人工湿地处理和运用方面已取得快速的进展。陈源高等（2004）利用表面流湿地治理技术对抚仙湖入湖河道窑泥沟污水中氮的去除效果进行实验研究，结果表明湿地的除氮效果非常显著，对污水中硝酸盐及亚硝酸盐、NH_4^+-N、TON、TN 的去除率年平均分别为 62.7%、53.8%、62.4%、57.5%。和丽萍等（2005）对马料河复合人工湿地的除磷效果进行分析，结果表明整个系统的 TP 和 PO_4^{3-} 去除率约为 40%，湿地系统的最佳水力负荷为 $0.1 \sim 0.4 \ m^3/(m^2 \cdot d)$，TP 最佳污染负荷为 $0.1 \sim 0.3 \ mg/L$。李先宁等（2010）对农村生活污水进行净化处理，发现当水力负荷为 $0.3 \ m^3/(m^2 \cdot d)$ 时，污水的 COD、TN、TP 的平均出水浓度为 41.02 mg/L、12.58 mg/L、0.44 mg/L，低于国家城镇污水处理厂排放标准一级排放 A 标准，处理效果良好。Tuncsiper 和 Bilal（2007）对 3 种类型（水平潜流式、表面流式、自由水表流式）的人工湿地进行试点规模研究，发现 3 种湿地系统对 NH_4^+-N 的平均去除率为 49%~52%，表面流湿地系统对 NO_3^- 的平均去除率达 58%，水平潜流式人工湿地对 TP 的平均去除率达 60%，处理效果显著。

人工湿地专门处理污水，能有效地处理多种多样的废水，如生活污水、工业废水、垃圾渗滤液、地面径流雨水、合流制下水道暴雨溢流水等，能高效地去除有机污染物，氮、磷等营养物、重金属、盐类和病原微生物等多种污染物，具有出水水质好，氮、磷处理效率高，运行维护管理方便，投资及运行费用低等特点，近年来获得迅速的发展和推广应用。根据资料统计，欧洲建有 6 000 多座处理城市污水的人工湿地。北美有 1 000 多座处理城市污水和多种工业废水的湿地系统。我国已经至少有 100 多处人工湿地污水处理系统。人工湿地技术已经成为 21 世纪污水处理的新技术与新工艺。

6.5.3.2 生物浮床技术

生物浮床，也称人工浮岛、生物浮岛，是一种新兴的人工湿地污水处理系统（Headley and Tanner，2006；2007），它利用有机或合成材质作为载体漂浮于水面，其上栽植植物，用以形成生物群落来改善水域生态环境（马凤有等，2007）。浮床植物通过根部的吸收、吸附作用和物种竞争相克机理，削减水体中的氮磷及有机、有毒物质，净化水质。生物浮床作为一种新型的污水净化系统，以其可放可收，不受水位限制，不造成河道淤积，只占水面不占地，特别是运行高效，日益受到人们的青睐。但由于该技术发展历史短，工艺研究和相关的基础研究远远落后于实际需要，使它的推广受到很大限制。

国际上运用生物浮床作为水处理系统的研究，主要应用于城市暴雨污水、暴雨－下水道混合污水（Vanacker et al.，2005）、生活污水（Todd，2003）、酸性采矿尾水（Smith，2000）等。

我国生物浮床方面的应用始于 20 世纪 80 年代，当时叫做"无土栽培"或"水面种青"。1999 年在杭州市南应加河治理中首次运用此技术，发现经 5 个月左右的治理，水体透明度从原来的 4.9 cm 提高到较长时间内维持在 1 m 以上，溶解氧含量从施工前的几近于零，增加到植物移植 1 个月后一直维持在 4 mg/L 以上，氨氮和总磷含量也有较大削减（陈荷生等，2005）。王耘等（2006）运用生态浮床对上海城区中小河道黑臭水体进行治理，发现其去污效果良好，去污率达到总去污率的 70%。生态浮岛在治理河流富营养化的同时，还可带来景观效应，且浮岛上由于缺乏地表条件而不适合很多地面昆虫的生存（Nakamura et al，1996）。因此，考虑在浮岛上种植经济作物，可作为浮岛技术今后研究的一个方向。

已有研究发现（黄田等，2007），在不同浮床植物的筛选上，夏季应以水蕹菜、水葫芦、香根草、美人蕉等较优，冬季以水芹菜、多花黑麦草、高羊茅为优，不同阶段的浮床植物污水净化效果有差异。另外，要根据目的水体的污染性质和污染程度有针对性地选择品种，必须要求该植物适合被污染水体，完成正常的生长周期且有较大的生物量（付子轼等，2007）。林东教等（2004）研究发现不同阶段生物净化效果有差异。可能与它们的生长状况、气候、污水有机质、氮和磷含量等有关，是一个漂浮植物、微生物、水体以及植物根区生理生态特性相互作用的结果。周小平等（2007）的研究表明，湿地植物中累积的氮仅占系统去除氮的一小部分。植物组织累积的氮、磷量分别占各自系统去除量的 40.32% ~ 63.87%，其吸收同化作用是氮、磷去除的主要途径。陈立婧等（2008）研究发现，人工浮岛的建立在一定程度上调控了受污染河道中的浮游藻类群落种群结构和生物量，使水体生态系统向良性方向发展。浮床植物系统可明显改变池塘不同水层中的细菌和真菌的数量，促进水体的氮循环，提高水体的自净功能（吴伟等，2008）。

作为国际上广泛采用的污水处理系统——人工湿地虽投资少、效率高、易管理，但需要占用土地。而对于很多"寸土寸金"的地区，可以用来发展湿地处理系统的空间十分有限，且大部分河湖边坡已经被陡直的水泥硬岸代替，建筑物临水很近，如果强行恢复自然岸滩和湿地，将付出很高的经济代价。许多水生或湿生植物如芦苇、香蒲、莲藕等，受水位限制，只能在一定深度水域内生长，且容易造成淤积，阻塞河道；而浮水植物如水葫芦，浮萍等又容易发生"疯长"形成二次危害。与此相比，生物浮床具有明显的优势，以其可放可收，不受水位限制，不造成河道淤积，只占水面不占地，特别是运行高效，可为我国经济发达地区水质的改善提供可能。多种植物可被驯化作为浮床植物无土栽培，如美人蕉、黑麦草、水蕹菜、香根草等，不仅生长良好且净化效果显著，还可以作为蔬菜、饲料、观赏植物，带来经济效益和美化环境。

生物浮床可用于处理多种废水，效果良好，在开阔的水渠、河道中效果更佳。但已有研究大部分以静态实验为主，只有少量涉及现场实验，且有限的几个现场实验也仅限于简单的场内外对比，缺乏系统的整体设计。而且单生长季研究多，全年研究少，尤其冬季的研究更少，也无浮床系统运行的长期跟踪报道。此外，已有研究关于单次采收、浓度对比和植物吸收带走等方面的居多，反复采收的影响、净化机理、浮床运行后水域生态系统的响应等方面的研究较少，浮床最佳覆盖率方面的研究实验也甚少；造价低廉、轻便结实、适合大面积推广的浮床载体，也是限制该技术发展的一个重要因素。今后需要在这些方面做出更进一步的探讨，以期更好地推广和应用生物浮床技术，改善水质环境。

6.5.3.3　稳定塘技术

稳定塘技术是一种利用细菌和藻类共同处理污水的自然生物技术。目前，在原有稳定塘技术的基础上已发展出许多新型组合塘工艺，如美国的高级综合稳定塘(Tadesse et al.，2004)。此技术被广泛运用于城市污水治理，同理在河道治理中也适用。河道滞留塘(胡红营等，2005)即根据稳定塘原理在河道上建坝拦截水，形成滞留塘，利用其中的水生植物的拦截、稀释、沉淀以及微生物降解达到净化水质的效果。这项技术有机统一和协调了水生植物和微生物等的功能，构成微型生态系统，增进整个河流生态系统的稳定，且综合物理、化学及生物方法三者的作用，具有净化效果良好、投资小、操作简便等优点，在国外已开始运用于实际河流治理中。

为解决稳定塘存在的各种问题，人们对稳定塘进行改良，出现了许多新型塘。

(1)活性藻系统

活性藻系统是根据藻菌共生原理，在人工条件下培养合适的菌类及藻类，利用藻类提供溶解氧，从而达到减少污水处理能耗和成本。而且，通过繁殖菌藻净化污水，还能生成藻类蛋白这种副产品(周炜峙等，2011)。

(2)高效藻类塘

高效藻类塘的基本原理是，藻类的大量增殖形成有利于微生物生长和繁殖的环境，形成更紧密的藻菌共生系统。塘中藻类光合作用产生的氧有助于硝化作用的进行，藻类的生长繁殖过程中吸收氮、磷等营养盐，可提高氮、磷等污染物的去除效率。高效稳定塘与传统稳定塘相比具有4点优势：塘深较浅、可进行连续搅拌、停留时间较短、可以安装搅拌装置(郭家骅和高浚淇，2010)。

(3)水生植物塘

水生植物塘是通过塘中植物的生物作用处理污水，同时植物可进行回收，因此，具有较好的经济价值。水生植物塘使用的高等植物具有以下明显作用：去除水体中的悬浮泥沙，改善透明度；可有效去除水中有机物和难降解物质；可有效抑制藻类的生长。水生植物能通过"克藻效应"抑制有害水藻的生长，从而净化水环境(卜全民，2011)。

(4)悬挂人工介质塘

在稳定塘内悬挂比表面积大的人工介质。增加了藻菌如纤维填料，为藻菌提供固着生长场所，提高其浓度来加速塘内去除有机质的反应，从而改善塘的出水水质(胡坚和陈天宇，2012)。

(5)超深厌氧塘

与普通厌氧塘相比，超深厌氧塘在处理同一污水时通过加大塘深，在停留时间不变的条件下具有较小的占地面积，同时塘中有机物的需氧量超过了光合作用的产氧量和塘面复氧量，使塘内处于厌氧状态，改善了塘中厌氧微生物的生存条件，因此，厌氧菌大量生长并消耗有机物。从保温角度看，减少表面积还可以减少冬季塘表面热量的散失，塘中温度变化较小，从而减少季节温度变化对处理效率的影响。因此，与其他种类稳定塘相比，加大厌氧塘的深度有更多好处（翟俊等，2011）。

(6) 移动式曝气塘

传统的曝气塘常采用固定式表面曝气器，为使全塘溶解氧达到净化所需的数值和混合搅拌的要求，常常需要根据塘的大小安装若干个曝气器，并且放置于固定位置，不能移动。其主要缺点是投资费用高，管理维修不便，塘内溶解氧分布不均匀，易发生死角和短流。而移动式曝气塘一般通过一台可移动的曝气器，在稳定塘内循环运动，使含氧水也随着移动式曝气器的移动而迁移，在满足整个塘的充氧要求的同时，缩短了氧分子扩散所需时间，还避免了死角和断流现象的发生，节省了能源和仪器投资，非常适用于狭长河道使用推广（贾晓竞等，2011）。

生物－生态技术作为一种生态、无害的治理方法，结合了生物方法、生态方法两者的优点，操作简便、投资少、无二次污染，但也存在着一些严重的问题：前期施工时间与物理、化学方法相比较漫长，且很多工艺如人工湿地技术等见效慢；水生植物修复方法中大量的水生植物死亡后如不及时清理易堵塞河道，植物残体腐烂后会造成更大的河流污染。这些都是使用生物－生态技术需要解决的问题。

参考文献

卜全民. 2011. 我国农村污水处理模式与技术研究[J]. 安徽农业科学，39(20)：12261－12263.

陈荷生，宋祥甫，邹国燕. 2005. 利用生态浮床技术治理污染水体[J]. 中国水利(5)：50－53.

陈荷生，张永健. 2004. 太湖重污染底泥的生态疏浚[J]. 水资源研究，25(4)：29－31.

陈立婧，顾静，张饮江，等. 2008. 从浮游藻类的变化分析人工浮岛在治理上海白莲泾中的作用[J]. 水产科技情报，35(3)：135－137，142.

陈庆锋，单保庆，尹澄清，等. 2008. 生态混凝土在改善城市水环境中的应用前景[J]. 中国给水排水，24(2)：15－19.

陈源高，李文朝，李荫玺，等. 2004. 云南抚仙湖窑泥沟复合湿地的除氮效果[J]. 湖泊科学，16(4)：331－335.

陈志山，陈荷生. 2002. 生态混凝土净水新技术[J]. 上海环境科学，21(5)：302－304.

丁峰. 2010. 农村分散型的生活污水处理工程实例[J]. 污染防治技术，23(2)：92－94.

董哲仁，刘蒨，曾向辉. 2005. 生态—生物方法水体修复技术[J]. 中国水利(3)：8－10.

付子轼，邹国燕，宋祥甫，等. 2007. 适应近郊污染河道治理工程的生态浮床植物筛选[J]. 上海农业科技(5)：19－20.

富立鹏. 2010. 我国村镇污水生态处理技术综述[J]. 污染防治技术，23(2)：92－94.

高蓉菁，闵毅梅. 2007. 厌氧滤床－接触氧化公益净化槽处理太湖流域分散性生活污水的可行性研究

[J]．环境工程学报，1(11)：59 – 63．

郭家骅，高浚淇．2010．稳定塘技术在废水处理中的应用现状综述[J]．企业技术开发，29(14)：39 – 40．

何刚，霍连生，战楠，等．2007．新村镇污水治理工作的探讨[J]．水环境，6：22 – 25．

和丽萍，陈静，田军．2005．抚仙湖马料河负荷人工湿地的除磷效果分析[J]．环境工程，27(S1)：566 – 569．

胡红营，何苗，朱铭捷，等．2005．污染河流水质净化与生态修复技术及其集成化策略[J]．给水排水，31(4)：1 – 9．

胡坚，陈天宇．2012．稳定塘工艺深度处理污水厂二级出水的研究[J]．中国给水排水(1)：119 – 122．

黄海真，陆少鸣，王娜，等．2007．四段式生物接触氧化池预处理微污染珠江原水研究[J]．中国给水排水，23(11)：39 – 41．

黄田，周振兴，张劲，等．2007．富营养化水体的水芹菜浮床栽培试验．污染防治技术，20(3)：17 – 19．

纪荣平，吕锡武，李先宁．2007．生态混凝土对富营养化水源地水质改善效果[J]．水资源保护，23(4)：91 – 94．

贾晓竞，毕东苏，周雪飞，等．2011．农村生活污水生态处理技术研究与应用进展[J]．安徽农业科学，39(31)：19307 – 19309．

江苏省建设厅．2008．村镇生活污水处理适用技术指南(2008 年试行版)．

李开明，刘军，刘斌，等．2005．黑臭河道生物修复中 3 种不同增氧方式比较研究[J]．生态环境，14(6)：816 – 821．

李先宁，金秋，姜伟，等．2010．蚯蚓人工湿地对农村生活污水净化效果试验研究[J]．环境科学与技术，33(1)：146 – 149．

李颖，何俭，陈迎．2005．城市生活污水地埋式一体化处理工艺现状[J]．宁波工程学院学报，17(2)：14 – 18．

李占玲，陈飞星，李占杰，等．2004．滩涂湿地围垦前后服务功能的效益分析：以上虞市世纪丘滩涂为例[J]．海洋科学，28(8)：806 – 809．

梁嘉晋，董申伟．2009．分散式村镇生活污水处理技术[J]．广东化工，36(7)：168 – 169．

林东教，唐淑军，何嘉，等．2004．漂浮栽培蕹菜和水葫芦净化猪场污水的研究[J]．华南农业大学学报，25(3)：14 – 17．

卢永金，程松明，石正宝，等．2008．苏州河底泥疏浚中试方案研究与实施[J]．上海水务，24(2)：6 – 11．

马凤有，李强，邓辅商．2007．人工浮岛载体设计研究[J]．中国农村水利水电，5：85 – 87．

全向春，杨志峰，汤茜．2005．生活污水分散处理技术的应用现状[J]．中国给水排水，21(4)：24 – 27．

石德坤．2008．修复技术在南明河污染治理中的运用[J]．水土保持通报，28(4)：138 – 139．

屠清瑛，章永泰，杨贤智．2004．北京什刹海生态修复试验工程[J]．湖泊科学，16(1)：61 – 67．

万珊珊，郝莹．2009．PBIL 进化算法求解排污口布局优化问题的研究[J]．计算机工程与应用，45(15)：237 – 240．

王栋，孔繁翔，刘爱菊，等．2005．生态疏浚对太湖五里湖湖区生态环境的影响[J]．湖泊科学，17(3)：263 – 268．

王美娟. 2009. 排海污水中氮、磷及有机污染物处理基础进展[J]. 海洋开发与管理, 26(9): 161 - 163.

王青海, 王之仓, 李萍. 2009. 青海省湟水河流域水质污染特征分析[J]. 青海师范大学学报(自然科学版)(4): 71 - 74.

王文林, 殷小海, 卫臻, 等. 2008. 太阳能曝气技术治理城市重污染河道试验研究[J]. 中国给水排水, 24(17): 44 - 48.

王耘, 程江, 黄民生. 2006. 上海城区中小河道黑臭水体修复关键技术初探[J]. 净水技术, 25(2): 6 - 10.

魏才倢, 吴为中, 杨逢乐, 等. 2009. 多级土壤渗滤系统技术研究现状及进展[J]. 环境科学学报, 29(7): 1351 - 1357.

吴国旭, 杨永杰, 王旭. 2009. 生物接触氧化法及其变形工艺[J]. 工业水处理, 29(6): 9 - 11.

吴伟, 胡庚东, 金兰仙, 等. 2008. 浮床植物系统对池塘水体微生物的动态影响[J]. 中国环境学, 28(9): 791 - 795.

袭德昌. 2009. 村镇生活污水处理技术与展望[J]. 环境安全(5): 41 - 42.

邢海, 曹蓉. 2008. 强化生物膜技术处理城市河道污染水体研究[J]. 河北工程大学学报(自然科学版), 25(1): 54 - 57.

徐乐中, 李大鹏. 2008. 原位生物膜技术去除水源藻类研究[J]. 工业用水与废水, 39(3): 30 - 32.

徐续, 操家顺. 2006. 河道曝气技术在苏州地区河流污染治理中的应用[J]. 水资源保护, 22(1): 30 - 33.

许春华, 高宝玉, 卢磊, 等. 2006. 城市纳污河道废水化学强化一级处理的研究[J]. 山东大学学报(理学版), 41(2): 116 - 120.

薛维纳, 裴红艳, 杨翠云, 等. 2005. 复合微生物菌剂处理城市污染河流的静态模拟[J]. 上海师范大学学报(自然科学版), 34(2): 91 - 94.

杨文婷, 王德建, 纪荣平. 2010. 厌氧池 - 替流人工湿地处理低浓度农村生活污水的研究[J]. 土壤, 3: 485 - 491.

翟俊, 阮雨, 占宏, 等. 2011. 折流式 BAF/稳定塘工艺处理小城镇污水的效果分析[J]. 中国给水排水, (11): 58 - 60.

郑毅, 刘春平, 石云. 2009. 污水土地处理及其资源化利用[J]. 土壤通报, 40(3): 664 - 667.

周炜峙, 王彩虹, 林伟国. 2011. 广州市农村生活污水处理技术浅析[J]. 中国给水排水, 27(18): 33 - 35, 50.

周小平, 徐晓峰, 王建国, 等. 2007. 3 种植物浮床对冬季富营养化水体氮磷的去除效果研究[J]. 中国生态农业学报, 15(4): 102 - 104.

朱彦卓, 滕洪辉. 2009. 城市河流有机物污染监测与评价[J]. 吉林师范大学学报(自然科学版)(4): 70 - 72.

Carl Christian Hofmann, Anneue Baattrnp-Pedersen. 2006. Re-establishing freshwater wetlands in Denmark[J]. Ecological Engineering(9): 22.

Headley T R, Tanner C C. 2006. Application of Floating Wetlands for Enhanced Stormwater Treatment: A Review[R]. ARC Technical Publication No. 324, Auckland Regional Council, Auckland.

Headley T R, Tanner C C. 2007. Floating Wetlands for Stormwater Treatment: Removal of Copper, Zinc and Fine Particulates[J]. Auckland Regional Council Technical Publication No2., Auckland Regional Council,

Auckland, New Zealand.

Kyambadde J, Kansiime F, Dalhammar G. 2005. Nitrogen and phosphorus removal in substrate-free pilot constructed wetlands with horizontal surface flow in Uganda [J]. Water, Air & Soil Pollution, 165 (7): 37 – 59.

Li H J, Zhao Y C, Shi L, et al. 2009. Three-stage aged refuse biofilter for the threatment of landfill leachate [J]. Journal of Envrionmental Sciences (21): 70 – 75.

Nakamura K, Tsukidate M, Shimatani Y. 1996. Characteristic of Ecosystem of an Artificial Vegetated Floating Island[C]. Ecosystems and Sustainable Development, Computational Mechanics Publications, Southampton 171 – 181.

Rai P K. 2008. Heavy metal pollution in aquatic ecosystems and its phytoremediation using wetland plants: an ecosustainable approach[J]. International Journal of Phytoremediation, 10(2): 133 – 160.

Smith M P, Kalin M. 2000. Floating Wetland Vegetation Covers for Suspended Solids Removal[C]//Treatment Wetlands for Water Quality Improvement, Proceedings of Quebec 2000 Conference, CH2MHILL, Canada.

Tadesse I, Green F B, Puhakka J A. 2004. Seasonal and diurnal variations of temperature, pH and dissolved oxygen in advanced integrated wastewater pond system treating tannery[J]. Water Research, 38(3): 645 – 654.

Tang Xianqiang, Huang Suiliang, Scholz Miklas. 2008. Nutrient removal in wetlands during intermittent artificial aeration[J]. Environmental Engineering Science, 25(9): 1279 – 1290.

Todd J, Browne J, Wells E. 2003. Ecological design applied[J]. Ecological Engineering, 20: 421 – 440.

Tuncsiper W C, Bilal A. 2007. Removal of nutrient and bacteria in pilotscale constructed wetlands[J]. Journal of Environmental Science and Health, 42(8): 1117 – 1124.

Vanacker J, Buts L, Thoeye C, et al. 2005. Floating plant beds: BAT for CSO Treatment [R]//Book of Abstracts from International Symposium on Wetland Pollutant Dynamics and Control. , Sept. 4 – 8, Ghent Belgium: 186 – 187.

第7章 入海污染物总量控制规划编制技术

7.1 入海污染物总量控制规划的概念和内涵

7.1.1 规划的概念

入海污染物总量控制规划是指应用各种科技信息，根据规划区主要污染物入海数量和入海污染源分布状况，在海域环境质量状况调查与评价以及海域环境动力学研究的基础上，在预测入海污染物总量变化趋势的基础上进行综合分析，为了达到预期的控制目标，建立主要污染物负荷分配模型，优化计算作出的带有指令性质的入海污染物总量控制规划方案并提出其保障措施，为海域环境保护管理提供科学依据。

7.1.2 规划的尺度范围

开展入海污染物总量控制规划工作的核心内容就是对入海污染物总量控制开展空间上和时间上的合理布局，科学规划污染物排海总量，确定规划实施的建设时序。

规划的尺度范围包括规划的空间尺度和时间尺度，不同尺度下的总量控制规划内容侧重点不同，规划方法也各自有相应的特点。在各类总量控制规划中，合理的尺度等级和尺度层次是宏观的规划理论转化为具体的设计和施工的操作平台。因此，确立符合我国海洋环境保护管理现状和发展趋势的入海污染物总量控制规划尺度十分关键。

（1）空间尺度

入海污染物总量控制规划的空间尺度是指规划所涉及的地域的广度，一般而言，规划以海湾为规划控制对象，范围应覆盖以海湾为基础的主要目标管理海域，并统筹兼顾一定的陆域，可参照海岸带管理边界划分的原则，以海岸带周边分水岭作为界限。

参照海岸带管理边界的划分原则（陈宝红，2001），确定入海污染物总量控制规划范围划定的原则。

① 规划范围划定应有的放矢，规划的界限应以拟解决的所有主要海岸带问题为准。

② 规划范围的划定应考虑主要入海河流的流域范围，应根据实际情况将其划入规划范围。

③ 规划范围应包含关键海岸带生境、关键生态过程和重要物种的生活区域。规划必须重视对关键生境的保护，如河口区、红树林、珊瑚礁、海草地、海滩和湿地等。

④ 规划范围划定应将海岸地区的主要污染点纳入管理范围。

⑤ 规划范围划定应与当地的海域功能区划相统一。

⑥ 规划范围划定应尽可能承认现存的社会、政治区划，以减少阻力与麻烦，如果在行政上和政治上可行，那么规划区应尽可能包含所有的海陆间的相互作用。

⑦ 规划范围划定应考虑岸段的地形地质。

⑧ 边界划定应保证界线清楚，易于理解，并可用图形描绘。

（2）时间尺度

入海污染物总量控制规划的时间尺度是指规划的年限，通常分为基准年、近期目标年和远期目标年，有的规划还可设定规划远景年。基准年的数据是规划的基础，一般选择具备比较完整数据资料的最近年份，如采用某一"五年规划"的末年作为基准年。近期目标年和远期目标年由决策者给定，一般近期目标年距基准年应不小于 5 年，远期目标年应不小于 10~15 年，原则上应与当地国民经济与社会发展规划的规划时限相衔接。

7.1.3 规划的任务

入海污染物总量控制规划的任务是通过科学地编制入海污染物总量控制规划报告，为海域环境保护管理部门提供解决和协调沿海地区经济发展与海洋环境保护之间矛盾的科学方案。海域环境保护管理部门依据入海污染物总量控制规划，科学地规划或调整沿海地区经济发展的规模和结构，从而恢复和协调各个生态系统的动态平衡，进而促使沿海地区人类生态系统向更高级、更科学、更合理的方向发展。

入海污染物总量控制规划的任务具体表现为以下几点。

① 全面掌握目标海域及地区的自然、社会和经济发展等基础资料。在搜集整理资料过程中，对该地区的环境质量现状及污染源现状进行系统、全面的调查、分析和评价。

② 在现有污染源调查的基础上，结合社会经济现状及规划，对规划近期和远期的各类污染源排放量和主要污染物排放量进行预测。

③ 按照分区、分类与分级的原则、代表性原则、海洋生态安全与人体健康的原则、可控性和可操作性原则筛选出规划海域的控制指标和确定控制目标。

④ 确定环境容量计算方案，并对各方案结果进行比较，确定环境容量分区分布方案。以满足环境容量计算分区分期控制指标要求为依据，确定各海区分期污染物消减量。

⑤ 提出总量控制与减排规划主要任务以及可实施的减排重点建设项目。并确定总量控制监测与核查方案，提出总量控制规划的保障措施。

7.1.4 与其他相关规划的关系

入海污染物总量控制规划是环境规划的重要组成部分之一，它是为了解决海洋污染问题所采取的前瞻性的措施，因此，它与许多其他生态环境规划、海洋相关规划等相容或相关。但是，入海污染物总量控制规划又与其他相关规划有着明显的差异性，具有自己独立的内容和体系。

(1)主体功能区规划

主体功能区规划，就是根据不同区域的资源环境承载能力、现有开发密度和发展潜力，统筹谋划未来人口分布、经济布局、国土利用和城镇化格局，将国土空间划分为优化开发、重点开发、限制开发和禁止开发 4 类，确定主体功能定位，明确开发方向，控制开发强度，规范开发秩序，完善开发政策，逐步形成人口、经济、资源环境相协调的空间开发格局。

主体功能区规划是战略性、基础性、约束性的规划，是国民经济和社会发展总体规划、环境保护规划、生态建设规划、海洋功能区划、海域使用规划、流域综合规划、水资源综合规划等在空间开发和布局的基本依据。因此，入海污染物总量控制规划，作为海洋环境保护规划的重要组成部分，在其编制过程中也需要以主体功能区规划为基本依据。同时，编制主体功能区规划也要以入海污染物总量控制规划等相关规划为支撑，并需要在政策、法规和实施管理等方面做好衔接、协调工作。

(2)海洋功能区划

海洋功能区划的基本含义，概括而言就是根据海域(在海岸带区域有时还应包括必要的陆域)的地理区位、地理条件、自然资源与环境等自然属性，并适当兼顾海洋开发利用现状和区域经济、社会发展需要，而划定、划分的具有特定主导(或优势)功能，有利于海域资源与环境的合理开发利用，并能充分发挥海域最佳效能的工作。海洋功能区划是《中华人民共和国海洋环境保护法》和《中华人民共和国海域使用管理法》确定的海洋管理的基础。

我国的海洋功能区分为农渔业区(包括养殖区、增殖区、捕捞区、重要渔业品种保护区等)、港口航运区、工业与城镇建设区、矿产与能源区、旅游娱乐区、海洋保护区、特殊利用区和保留区八大类。

入海污染物总量控制规划应建立在海洋功能区划的基础之上。即对实施入海污染物总量控制规划区域的受纳海域有完备的海洋功能区划，对受控海域的地理条件、自然资源、社会经济状况等有较为清楚的了解。此外，在进行入海污染物总量控制规划的过程中，水质控制目标的确定、总量控制区的划分等均需要依据海洋功能区划，入海污染物总量控制规划的目标应当与海洋功能区划高度协调一致。

(3)区域环境规划

区域环境规划是指调查、评价和预测一个地区或一个流域的环境因经济发展所引起的变化，根据生态学原则提出以调整工业部门结构以及安排生产布局为主要内容的环境保护及改造和塑造环境的战略部署。区域环境规划要以生态规律和社会经济规律为指导，同时考虑与整个国民经济的协调以及规划本身的可实施性。规划的目的是缓解经济发展与环境保护之间的矛盾。其实质是环境和经济的综合规划。区域环境规划主要内容有：研究和确定区域环境目标和环境指标体系；进行环境预测和环境问题的研究；制定和选择区域环境规划方案；提出区域环境保护技术政策。

区域环境规划是入海污染物总量控制规划的编制依据之一，开展区域环境规划为开展入海污染物总量控制规划打下了良好的基础。入海污染物总量控制规划是进行区域环境规划的补充和完善，有利于该区域合理开发利用资源，促进该区域内经济、社会、环境协调可持续发展。

(4)海洋环境保护规划

海洋环境保护规划是国家或沿海地方政府在一定时期内对于海洋环境保护目标和措施所做出的安排。海洋环境保护规划包括海洋环境保护目标、主要任务、主要措施、对各部门和沿海各地区的要求以及海洋生态建设项目的安排等内容。海洋环境保护规划应当与环境保护规划、沿海开发总体规划、海域使用规划等相衔接。

入海污染物总量控制规划是海洋环境保护规划的重要组成部分，它是海域污染防治的基础。因此，入海污染物总量控制规划与海洋环境保护规划需同步编制，可单独编制或作为海洋环境保护规划的组成内容，并纳入其中。入海污染物总量控制规划的目标应服从海洋环境保护的目标，并细化污染物总量控制指标，根据海洋环境保护规划的总体要求，细化入海污染物总量控制的主要任务。

(5)生态规划

生态规划是指通过生态辨识和系统规划，运用生态学原理、方法和系统科学手段去辨识、模拟、设计生态系统，人工复合生态系统内部各种生态关系，探讨改善系统生态功能，确定资源开发利用与保护的生态适宜度，促进人与环境持续协调发展的可行的调控政策。其本质是一种系统认识和重新安排人与环境关系的复合生态系统规划。

生态规划是编制入海污染物总量控制规划的重要依据之一。在入海污染物总量控制规划的编制过程中，可参考生态规划的有关用地布局、资源利用、生态建设性状指标等内容，并从总量控制的角度提出规划目标以及减排措施等。

7.2 规划的编制程序和主要内容

7.2.1 规划编制的依据、目的、指导思想和原则

(1)规划编制的依据

规划编制的依据包括国家环境保护法律、法规和标准；地方环境保护法规和标准；国家和地方国民经济和社会发展规划及其他相关专项规划；海洋功能区划；海洋环境保护规划；地方环境保护与生态建设规划等。

(2)规划编制的目的

规划编制的目的在于保护和维护海域可持续利用能力的前提下，合理利用海域环境的纳污能力，协调经济社会发展与环境之间的关系；在现阶段管理目标和社会可接受的水平

下，促进资源节约、产业结构优化、技术进步和污染治理，落实两个根本性转变，推行可持续发展战略，实现经济发展最大化与环境冲突和损害最小化。

（3）规划编制的指导思想

根据国家和地方国民经济与社会发展和海洋保护事业的需要，以海洋环境容量为基础，制订规划期间规划区域入海污染物总量控制应遵循的方针、政策、原则以及要达到的目标等。

以保护海洋生态环境及人与海洋的和谐为主线，以海洋环境容量为基础，以改善海洋环境质量和维护海洋生态健康为目标，通过调整产业结构与优化工业布局，综合工业点源、农村面源、城镇污水以及海上污染治理，扎实做好污染减排和控制工作；建立陆海统筹、密切协作、责任明确、统一监管的区域海洋污染防治新机制，为区域经济发展争取环境容量空间，实现环境与经济协调发展。

（4）规划编制的基本原则

入海污染物总量控制规划应遵循的原则如下。

① 陆海统筹、河海兼顾原则。规划应综合考虑沿海陆域和入海河流的污染防治与近岸海域的环境保护，统筹规划，有效控制和削减规划区的污染物排放，实现海陆一体的监测、监管和评估。

② 因地制宜、突出重点原则。规划应根据规划区域的自然属性特征、生态环境特征、社会经济特征，实行分类指导，制定总量控制目标，完善总量控制区划，提出总量控制方案，确保海域环境保护和生态建设措施制定的科学性和可操作性。

③ 科学规划、分步实施原则。规划应着眼于解决当前突出问题，兼顾长远的海洋生态安全与健康，科学制订规划，根据实际需要和基础条件，合理安排实施步骤。

④ 防治并举、综合整治原则。规划应坚持标本兼治，预防与治理并重，综合采取工程与非工程、污染治理与生态修复、政策支持与体制创新等各种有效措施，切实提高治理水平和保护效果。

7.2.2 规划的编制程序

入海污染物总量控制规划的编制程序如图 7.2 - 1 所示。

（1）确定任务

当地政府或政府授权海洋行政主管部门委托具有相应资质或经验的单位编制污染物排海总量规划，通过委托文件和合同明确编制规划各方责任、要求、工作进度安排、验收方式等。

（2）调查、收集资料

收集编制规划所必需的生态环境、社会、经济背景或现状资料，包括社会经济发展规划、区域总体规划、土地利用规划、环境保护规划、生态建设规划、海洋功能区划、海洋环境保护规划、近岸海域环境功能区划、产业结构、产业发展规模和布局规划以及农业、林业、交通、水利、矿产、渔业等行业发展规划等有关资料。必要时，应对入海污染源现状、需要重点保护的地区、环境污染和生态破坏严重的地区、生态敏感地区及海洋生态环境进行专门调查或监测。

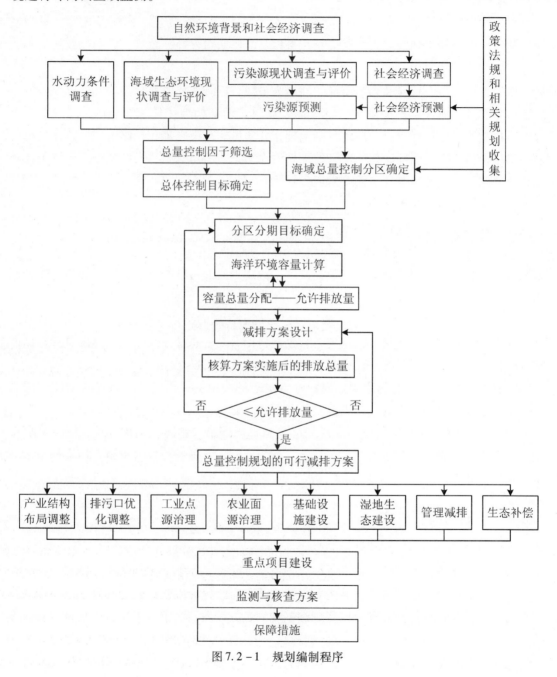

图 7.2 - 1　规划编制程序

（3）编制规划大纲

按照 7.2.3 节规划的主要内容编制规划大纲。

（4）规划大纲论证

当地海洋行政主管部门组织对规划大纲进行论证或征询专家意见。规划编制单位根据论证意见对规划大纲进行修改后作为编制规划的依据。

（5）编制规划

按照规划大纲的要求编制规划。

（6）规划审查

当地海洋行政主管部门依据论证后的规划大纲组织对规划进行审查，规划编制单位根据审查意见对规划进行修改、完善后形成规划报批稿。

（7）规划批准、实施

应按有关规定程序报批、实施。

规划报批稿，经上一级人民政府海洋行政主管部门审查同意后，报同级人民代表大会或人民政府批准，由同级人民政府组织实施。

7.2.3　规划的主要内容

入海污染物总量控制规划的主要内容包括以下 8 个方面。

（1）现状调查与评价

通过现状调查与评价，了解规划范围内主要资源的利用状况，掌握海洋生态环境质量的总体水平和变化趋势，明确区域海洋污染的主要污染因子，辨析制约区域海洋环境质量改善的主要资源和环境要素。现状调查与评价一般包括自然概况、社会经济概况、海洋环境质量与生态状况等内容。现状调查可充分搜集和利用近期（一般为 3~5 年或更长）已有的有效资料。当已有资料不能满足规划要求，需进行补充调查和现场监测。

（2）污染源预测

在现有污染源调查的基础上，结合社会经济现状及规划，对规划近期和远期的各类污染源排放量和主要污染物排放量进行预测。通过污染源预测，确定规划期内不同阶段主要污染源、主要污染物排放负荷的发展趋势及发展特征。一般包括对陆域点源污染、陆域非点源污染、海上污染源等的预测。

（3）环境容量计算与污染物总量分配

结合有关可应用于海洋环境容量计算的数值模型，对海洋环境容量进行计算。通过对入海污染物总量进行分配，核算和合理调配各个总量控制单元污染物允许排放量，识别需要进行污染负荷削减的总量控制单元，明确需要削减的污染物总量。

（4）总量控制规划目标制定

根据环境容量计算结果明确海域各污染物允许排放总量，综合考虑行政区划、地区经济发展水平等提出可供各级政府部门管理的切合实际的总量控制指标及目标，对比各污染源排放现状水平以及规划区未来预测的污染物新增量，确定总量控制任务与削减方案。

在海域污染物总量控制的基准年，需要根据海洋开发的程度和规划发展的趋势及海洋功能的目标要求，合理确定总量控制的区域总目标，并根据控制能力和发展需求做出目标分解规划，运用环境预测、总量分配、分担率和削减量等手段，有步骤地进行调控，提出相应的分期规划目标。

（5）总量控制与减排规划的主要任务确定

规划主要任务是在深入分析规划目标后，在容量计算和总量分配的基础上对规划目标的实现提出政策、管理或者技术等方面的控制与减排措施和对策。可从产业布局优化及产业结构调整、排污口污染控制与优化调整任务、城镇污水和城乡垃圾处理、工业点源污染治理、陆域非点源污染治理、海域污染治理等方面提出。措施及对策应具有可操作性，能够解决规划所在区域存在的主要环境问题，保证在相应的规划期限内实现总量控制目标。

（6）总量控制与减排重点建设项目

入海污染物总量控制与减排重点建设项目的确定应围绕主要任务，并具有针对性，为实施主要规划内容和实现规划阶段目标提供支持。

（7）总量控制与减排规划监测与考核方案编制

总量控制监测与考核方案，是通过监测了解和掌握规划范围内入海污染源主要污染物排放量的变化和海域水质控制点的水质变化，通过考核，分析各入海排污口主要污染物的达标情况，掌握总量控制效果。还应从技术和管理角度提出建立健全总量控制监测体系的措施。

（8）总量控制与减排规划的保障措施

规划的保障措施包括组织能力保障、法规政策保障、科技保障、宣传保障和资金保障等。

7.2.4　规划的成果要求

（1）总体规划（报告）

总体规划（报告）应当全面、系统地反映规划研究成果。

（2）规划附件

规划附件有污染物排海总量控制规划区分布位置图、污染源现状图、资源分布及利用现状图、规划区重点项目或建设工程汇总表、规划区相关照片、影像和其他相关材料等。

（3）规划数据库

总体规划编制的所有图件和基础数据应汇编成数据库。

7.3　现状分析与评价

7.3.1　自然概况

自然概况主要描述下列有关内容。

① 地理概况：地理位置、海岸线面积、岸线长度等。

② 地形地貌：地形地貌特征、岛屿、海湾和形态等。

③ 气候特征：所属气候区、气温、降水量、台风影响程度等。

④ 陆地水文：流域面积、径流量、入海水系数量及特征等。

⑤ 海洋水文：潮汐、潮流、波浪等。

⑥ 海洋自然资源：港口资源、渔业资源、浅海滩涂资源、滨海旅游资源和潮汐能资源等。

⑦ 泥沙情况：含沙量、浓度特征、来源、含沙量与潮位关系及变化规律等。

7.3.2 社会经济概况

社会经济概况主要描述总量控制规划区范围内主要行政单元的社会统计数据，可以是镇、县/区、市和省，建议以镇或者县/区数据为主，收集所涉及的县、市近 5 年的统计年鉴数据，可对数据结果进行 GIS 制图。

主要统计的社会经济指标应该包括以下方面。

① 人口方面：人口总量、城镇人口、农村人口、自然增长率、城市化率、人口密度等。

② 经济方面：经济总量、人均 GDP、地均 GDP、产业规模、产业结构、三次产业各自的年均增长率、各县/区/市工业以什么产业为主产值分别是多少、产业布局、海洋经济与海洋产业(港口运输业、临港工业、海洋渔业、海洋旅游业和潮汐能发电等的情况)、财政收入等。

③ 人民生活指标：城镇居民人均可支配收入、农村人均纯收入、劳动力就业结构、人均生活用水量等。

④ 城市建设指标：城镇建成区的面积、建设用地的比重和历年变化、工业用地面积历年的变化及占建设用地的比重、固定资产投资、污水处理厂规模和日处理量、污水管网长度、生活污水处理率、垃圾无害化处理规模和日处理量、环保投资比重等。

7.3.3 环境质量现状分析和评价

环境质量现状分析与评价应包括水质现状、沉积物质量现状、海洋生物生态现状和海洋自然灾害情况。

(1)近岸海域水质

总量控制海域的海水水质分析项目应该包括：pH 值、盐度、悬浮物、溶解氧、化学需氧量、活性磷酸盐、亚硝酸盐 – 氮、硝酸盐 – 氮、氨 – 氮、石油类、总磷、总氮、铜、铅、镉、汞、砷等，具体可参考《海洋工程环境影响评价技术导则》(GB/T 19485—2004)。数据来源以采用国家海洋局相关海洋环境监测站例行监测数据以及地方环保局例行监测点数据为主，未达要求或部分海域未被覆盖的可安排具体监测，各监测因子的采集与分析均按照《海洋调查规范》(GB/T 12763—2007)和《海洋监测规范》(GB 17378.4—2007)进行。

控制海区海水水质标准值应根据该海区所属省份批复的海洋环境功能区划以及《海水水质标准》(GB 3097—1997)确定。

根据评价结果对规划范围内的海水水质进行定性总结，评价该近海的污染程度，筛选污染最重的污染物，并简要分析原因。近岸海域水质现状可根据采样点的监测结果进行GIS空间插值得到水质的时空分异图。

(2)入海河流水质

影响总量控制海域海水水质的相关陆域范围内的入海河流均应纳入现状水质分析的范围。

入海河流现状分析项目应该包括：高锰酸盐指数、COD、BOD_5、NH_3-N、TP，其他可选的指标包括：pH值、DO、石油类、挥发酚等，具体可参考《地表水环境质量标准》(GB 3838—2002)。数据来源以地方环保局例行地表水水质监测数据为主，未达要求或部分地表水体未被覆盖的可安排具体监测，各监测因子的采集与分析均按照《地表水和污水监测技术规范》(HJ/T 91—2002)进行。

评价方法采用单因子评价法和综合污染指数法，前者用来划分水体的水质类别，后者用以确定总体污染程度和各项污染分担率。

根据评价结果对规划范围内的入海河流水质进行定性总结，筛选出对控制海域污染贡献较大的河流，评价各入海河流污染程度，筛选各入海河流污染最重的污染物，并简要分析原因。

(3)沉积物环境质量

总量控制海域的沉积物分析项目应该包括：铅、镉、铜、锌、汞、石油类、有机碳、硫化物等，具体可参考《海洋监测规范》(GB 17378.5—2007)中所列各测定项目。数据来源以采用国家海洋局相关海洋环境监测站例行监测数据以及地方环保局例行监测点数据为主，未达要求或部分海域未被覆盖的可安排具体监测，各监测因子的采集与分析均按照《海洋调查规范》(GB/T 12763—2007)和《海洋监测规范》(GB 17378—2007)进行。

评价方法推荐采用单因子指数评价法进行，沉积物质量现状评价应采用标准指数法，按评价参数逐项计算出指数值后，再根据指数值的大小评价其污染水平。控制海区沉积物标准值应根据该海区所属省份批复的海洋环境功能区划以及《海水水质标准》(GB 3097—1997)确定。

根据沉积物参数实测值，逐项绘制浓度等值线分布图，并评述调查海域的沉积物污染水平及其分布状况，阐述该区域现存的主要沉积物环境质量问题，列出超标的项目和超标区域，分析其超标的原因。

(4)海洋生物质量

总量控制海域的海洋生物质量分析项目应该包括：底栖生物、游泳动物、浮游植物、浮游动物、潮间带生物种类和数量，重要经济生物重金属及石油烃的富集等，具体可参考《海洋工程环境影响评价技术导则》(GB/T 19485—2004)中的海洋生物调查参数表。数据来源以采用国家海洋局相关海洋环境监测站例行监测数据以及地方环保局例行监测点数据为主，未达要求或部分海域未被覆盖的可安排具体监测，各监测因子的采集与分析均按照《海洋监测规范》(HJ 442—2008)进行。

根据各站浮游生物和底栖生物所获样品的生物密度，分别对样品的多样性指数、均匀度、丰度、优势度等进行统计学评价分析。

根据底栖生物、游泳动物、浮游植物、浮游动物等出现的总类、生物量和频率，计算生物多样性和优势度等，分析控制海域生物质量及主要优势种属，间接反映特定海域各种栖息地环境受污染的程度。对于重要经济生物如贝类、鱼类等同样需要测定其重金属及石油烃的含量，评价标准应采用《海洋生物质量标准》(GB 18421—2001)。在此基础上，还要总结总量控制海域生态方面的主要问题并分析主要原因。

7.4　污染源评价与预测

7.4.1　污染源调查的内容

通过调查与评价，掌握规划范围内各类入海污染源的分布、排污量、排放特征等，确定主要污染源、主要污染物及其排放负荷。通过污染源预测，确定规划期内不同阶段主要污染源、主要污染物排放负荷的发展趋势及发展特征。

污染源调查、评价与预测一般包括对陆域点源污染、陆域非点源污染、海上污染源等的调查、评价与预测。

污染源调查可充分搜集和利用近期(一般为 3～5 年或更长)已有的污染源资料，特别是近期的污染源普查数据。

(1)陆域点源污染调查

陆域点源污染调查与估算包括入海河流输送污染物调查和直接入海排污口调查。

入海河流调查的主要内容应包括河流概况、汇水区域及面积，水文的季节变化特征、河口区海域功能及环境现状，主要污染物的种类、数量和排放强度等。

直接入海排污口调查的主要内容应包括：排污口位置，年污水排海量，各类污染物的浓度及排海量，排污口附近海域功能及污染损害情况等。

(2)陆域非点源污染调查

陆域非点源污染调查包括生活污染源、沿岸农业污染源、畜禽养殖污染物入海量以及水土流失调查。

生活污染源调查的主要内容包括规划区域内涉及的城市、城镇、农村的行政区划、常住人口数量以及生活污水和生活垃圾的产生、处理、利用、排放情况、生活污水受纳水体名称等，从而估算生活污染源的主要污染物排放量。

沿岸农业污染源调查的是沿岸直接入海的农业非点源，调查的主要内容包括农业种植业基本情况、污染物产生和排放情况以及受纳水体，从而估算沿岸农业污染源的主要污染物排放量。

畜禽养殖污染物入海量调查主要内容包括畜禽养殖基本情况、污染物产生和排放情况以及受纳水体，从而估算畜禽养殖污染物的入海总量。

水土流失调查主要内容包括水土流失的面积、类型、原因及影响范围。

（3）海上污染源

海上污染源的调查包括水产养殖废水排海调查、海洋船舶排污调查、石油平台排污调查及海洋倾废排污调查。

水产养殖废水排海调查的主要内容应包括：养殖品种、养殖水域面积、年投饵量、投饵方式、养殖废水年排海量、养殖水域邻近海域功能及污染损害状况等。

海洋船舶排污调查的主要内容应包括：船舶的基本情况、污水排放情况。此外，还应进行船舶事故排污调查，内容包括船舶基本情况、事故性质，发生地点（地理坐标）及附近海域功能状况、事故污染物种类及入海量和事故污染损害及处理情况等。

石油钻井平台、采油平台产生含油污水或油性混合物，需经回收处理后方可排海，石油平台排污调查的主要内容应包括处理后的污水量、污水的石油类浓度。此外，还应进行石油平台事故排污调查，其主要内容应包括：事故设施名称及地点（地理坐标），周围海域功能等；事故类型，事故发生时间，事故污染物名称及其入海量等；事故污染损害情况，处理情况等。

海洋倾废排污调查的主要内容应包括：倾废区名称、位置（地理坐标）、类别、面积、平均水深、距岸平均距离、启用时间，毗邻海域功能，受纳的废弃物种类、数量、主要有害成分等。

7.4.2 污染源评价的内容和方法

采用等标污染负荷法评价，筛选出主要污染物和主要污染源，绘制主要污染源分布图。分析规划范围内主要污染物不同污染来源的分担率、主要污染行业的污染贡献率。通过叠图分析，比对污染源布局与产业布局、人口布局、海洋环境质量和环境敏感区之间的关系，分析污染源排放量与产业、人口等的关系，分析污染源排放量与海洋环境质量现状的关系。

等标污染负荷法评价的计算公式如下。

① 某项污染的等标污染负荷（P_i）计算公式如下：

$$P_i = \frac{C_i}{C_{0i}} \times Q \times 10^{-6} \tag{7.1}$$

式中：P_i——i 项污染物的等标污染负荷；

C_i——i 项污染物的实测浓度平均值，单位为 mg/L；

C_{0i}——i 项污染物的评价标准，单位为 mg/L；

Q——含 i 项污染物的废水排放量，单位为 t/a。

② 某污染源的等标污染负荷(P_n)：指所排各项污染物的等标污染负荷之和。其计算公式如下：

$$P_n = \sum_{i=1}^{j} P_i \quad (i = 1, 2, 3, \cdots, j) \tag{7.2}$$

③ 某区域的等标污染负荷(P)：指该区域所有污染源的等标污染负荷之和。其计算公式如下：

$$P = \sum_{n=1}^{k} P_n \quad (n = 1, 2, 3, \cdots, k) \tag{7.3}$$

④ 某污染源在区域中所占的污染负荷比(K_n)。其计算公式如下：

$$K_n = \frac{P_n}{P} \times 100\% \tag{7.4}$$

通过以上评价筛选出主要污染物和主要污染源。

7.4.3 污染源预测的内容和方法

在现有污染源调查的基础上，结合社会经济发展预测，包括对 GDP、工业增加值、城镇常住人口的预测，对规划近期和远期的工业污水量和污染物排放量、城镇生活污水量和污染物排放量、农业面源水污染物产生量以及海水养殖污染物产生量进行预测。

7.4.3.1 社会经济发展预测方法

（1）GDP 预测

根据基准年 GDP 和规划期内 GDP 平均增长率，预测规划目标年 GDP：

$$GDP_{yt} = GDP_{y0} \times (1 \times r_{GDP})^{yt-y0} \tag{7.5}$$

式中：GDP_{y0}——规划基准年的地区国内生产总值，单位为万元；

GDP_{yt}——规划目标年的地区国内生产总值，单位为万元；

r_{GDP}——规划期内 GDP 年均增长率，%。优先采用规划期相关规划数据；没有规划数据的，采用基准年前 5 年 GDP 实际年均增长率。

（2）工业增加值预测

规划期内各年度工业增加值测算公式如下：

$$V_{yt} = V_{y0} \times (1 + r_{工业})^{yt-y0} \tag{7.6}$$

式中：V_{yt}——规划目标年度的工业增加值，单位为万元；

yt——规划目标年；

V_{y0}——规划基准年工业增加值，单位为万元；

$r_{工业}$——规划期内工业增加值年均增长率，%。优先采用相关规划数据；没有规划数据的，采用规划基准年前 5 年内工业增加值年均增长率。

（3）城镇常住人口预测

总人口、城市化率等数据优先选用规划数据。应注意总人口、城镇化率各年有所差异，进行年度预测的，可以按照不同年份相同比例进行处理。规划目标年城镇常住人口数优先采用规划期内国民经济社会发展规划数据。没有规划数据的，测算公式如下：

$$P_{yt} = P_{y0} \times (1 + r_{人口})^{yt-y0}$$ (7.7)

式中：P_{yt}——规划目标年城镇常住人口，单位为万人；

　　　P_{y0}——规划基准年城镇常住人口，单位为万人，采用人口普查动态更新后的城镇常住人口数据；

　　　$r_{人口}$——规划期内城镇常住人口年均增长率，%。优先采用规划期内相关规划数据；没有规划数据的，采用规划基准年前5年年均增长率。

7.4.3.2 污染物排海量预测方法

1）工业污染物新增量预测

（1）工业污水排放量预测

规划目标年工业污水排放量测算公式如下：

$$W_{yt工} = V_{yt} \times v$$ (7.8)

式中：$W_{yt工}$——规划目标年工业污水排放量，单位为万 t/a；

　　　V_{yt}——规划目标年的工业增加值，单位为万元；

　　　v——规划目标年单位工业增加值水耗，单位为万 t/（万元·a）。优先采用相关规划数据；没有规划数据的，采用规划基准年前5年内年均工业增加值水耗。

（2）工业污染物排放量预测

规划目标年工业污染物排放量测算公式如下：

$$Y_{i工} = W_{yt工} \times C_i/\rho \times 10^2$$ (7.9)

式中：$Y_{i工}$——规划目标年第 i 种工业污染物排放量，单位为 t/a；

　　　C_i——污染物浓度，单位为 mg/L，按《城镇污水处理厂污水排放标准》（GB 18918—2002）中的一级 B 标准执行；

　　　ρ——污水密度，取 1 kg/L。

2）城镇生活污染物排放量预测

规划目标年城镇生活污水排放量测算公式如下：

$$W_{yt生} = P_{yt} \times u$$ (7.10)

式中：$W_{yt生}$——规划目标年城镇生活污水排放量，单位为万 t/a；

　　　u——规划目标年人均综合排水量，单位为 L/（人·d）。优先采用相关规划数据；没有规划数据的，采用规划基准年前5年内年均人均综合排水量。

城镇生活污染物排放量预测公式如下：

$$Y_{i生} = W_{yt工} \times C_i/\rho$$ (7.11)

式中：$Y_{i生}$——规划目标年第 i 种城镇生活污染物排放量，单位为 t/a；

　　　C_i——污染物浓度，单位为 mg/L；

　　　ρ——污水密度，单位为 kg/L。

其中，城镇生活化学需氧量和氨氮的预测可采用综合产污系数法，公式如下：

$$Y_{\text{生COD/NP}} = P_{ty} \times e_{\text{综合}} \times D \times 10^{-2} \qquad (7.12)$$

式中：$Y_{\text{生COD/NP}}$——规划目标年城镇生活化学需氧量和氨氮排放量，单位为 t/a；

$e_{\text{综合}}$——人均 COD 和氨氮综合产污系数，单位为 g/(人·d)，指城镇居民生活污染源和餐饮、医院、服务业等污染源 COD 和氨氮综合产污系数，为污染源普查中五区五类系数在各省的综合取值。全国沿海各省的 $e_{\text{综合}}$ 参见表 7.4 – 1。

D——按 365 d/a 计。

表 7.4 – 1　各省(自治区、直辖市) COD 和氨氮综合产污系数

省(自治区、直辖市)	$e_{\text{综合}}$	
	COD 综合产污系数/(g·人$^{-1}$·d^{-1})	氨氮综合产污系数/(g·人$^{-1}$·d^{-1})
北　京	88	9.7
天　津	76	9.4
河　北	67	8.2
辽　宁	71	8.7
吉　林	70	8.2
上　海	84	9.7
江　苏	77	9.0
浙　江	80	9.4
安　徽	72	7.7
福　建	74	8.7
山　东	72	8.7
河　南	67	7.7
湖　北	71	8.0
广　东	78	9.1
广　西	74	8.3
海　南	71	7.9

数据来源：国家《"十二五"主要污染物总量控制规划编制技术指南(征求意见稿)》。

3) 农业源水污染物产生量预测

已纳入污染源普查的农村生活污染源因统计口径不全，不做预测；种植业和水产养殖业污染物排放量较小且不易监控，不做预测。规划期内，农业源水污染物产生量只预测畜禽养殖业部分，采用猪、奶牛、肉牛、蛋鸡、肉鸡等 5 种畜禽的产污系数分别预测，其中肉畜禽(猪、肉牛、肉鸡)以出栏量为统计基量，奶、蛋等畜禽(奶牛、蛋鸡)以存栏量为

统计基量。其他畜禽不在污染源普查统计范围内，不做产生量预测。

$$E_{yt农业} = \sum (N_{yt畜禽i} \times e_{畜禽i} \times 10^{-3}) \qquad (7.13)$$

式中：$E_{yt农业}$——规划目标年农业源水污染物产生量，单位为 t；

    $N_{yt畜禽i}$——规划目标年 i 类畜禽统计基量，单位为头（羽）；

    畜禽 i——畜禽种类，包括猪、奶牛、肉牛、蛋鸡、肉鸡；

    $e_{畜禽i}$——i 类畜禽产污系数，单位为 kg/（头·a）。如表 7.4-2 所示。

表 7.4-2　猪、奶牛、肉牛、蛋鸡、肉鸡污染物产生系数

畜禽养殖类别	猪	奶牛	肉牛	蛋鸡	肉鸡
COD 产生系数/（kg·头$^{-1}$·a^{-1}）	36.00	2 131.00	1 782.00	4.75	0.42
氨氮产生系数/（kg·头$^{-1}$·a^{-1}）	1.80	2.85	7.52	0.10	0.02

资料来源：国家《"十二五"主要污染物总量控制规划编制技术指南（征求意见稿）》。

$N_{yt畜禽i}$ 以规划基准年数据作为基数，按前 5 年各类畜禽存栏量或出栏量的年均增长率作为规划期年均增长率进行测算，公式如下：

$$N_{yt畜禽i} = N_{y0畜禽i} \times (1 + r_{畜禽})^{yt-y0} \qquad (7.14)$$

式中：$r_{畜禽}$——规划基准年前 5 年各类畜禽存栏量或出栏量的年均增长率，% ；

    $N_{y0畜禽i}$——规划基准年各类畜禽数量，单位为头（羽）；

    $N_{yt畜禽i}$——规划目标年各类畜禽数量，单位为头（羽）。

4）海水养殖污染物产生量预测

按汇水区，对鱼类、虾蟹类、贝类养殖污染，选择适合的计算方法，进行污染物负荷估算，给出各污染因子的估算结果。

（1）鱼类养殖污染物产生量估算

根据鱼类网箱养殖过程中饵料的转移情况，可以分析出养殖过程中饵料及有机废物的产出量，假设以 UM 表示残饵率（即总的未被摄食的饵料与投入的饵料之比）；F 表示排出的粪便与摄入的饵料之比；FCR 表示饵料转化率（增加单位产量鱼所需要的饵料量）；PD 表示增加鱼的总产量；O 表示总的有机颗粒量，则：

总饵料量 TF = PD × FCR

总残饵量 TU = TF × UM

摄入饵料量 TE = TF − TU　　　　　　　　　　　　　　（7.15）

总粪便量 TFW = F × TE

总的有机颗粒量 O = TU + TFW

根据养殖过程中残饵及有机废物的排出量以及碳、氮、磷在饵料和废物中的含量，可估算养殖过程中水域所增加的有机物含量。假设以 CM 表示残饵中的碳、氮、磷的排出量；EM 表示鱼类摄入饵料中碳、氮、磷的排出量；TM 表示增加的碳、氮、磷的总负荷量；K 表示碳、氮、磷在饵料中的百分率；E 表示碳、氮、磷在粪便中的百分率。则：

$$CM = TF \times K = TF \times UM \times K$$
$$EM = TFW \times E = (TF - TU) \times F \times E \qquad (7.16)$$
$$TM = CM + EM$$

对实际养殖中有机质污染的评价还要考虑诸多其他因素，如海区的水文状况、养殖品种、摄食率、养殖品种的消化生理以及养殖系统和管理措施等。

（2）虾类养殖污染物产生量估算

海水中的有机物以 COD 计算，根据虾池废水的总排放量（可由虾池面积估算）、虾池废水与海水 COD 的增量，计算虾池废水中 COD 的排放量。则每公顷虾池一个养殖周期的废水排放总量为：

$$Q = V \times R \times D + V \qquad (7.17)$$

式中：Q——每公顷虾池一个养殖周期的废水排放总量，单位为 m^3；

V——每公顷虾池的平均水体，也是最后排干的水体，单位为 m^3；

D——对虾养殖周期，单位为 d；

R——每天换水率，即换水量占水体的百分比（％）。

虾池废水中的 COD 浓度，随对虾养殖密度投饵量的不同而有所不同，也随养殖时间的不同而变化，一般呈逐渐上升趋势。因此，不同虾池和不同时间，虾池废水中 COD 的增量不同。假设虾池废水 COD 的平均增量为 C（mg/L），则每公顷虾池每一个养殖期内 COD 的排放量为 $Q \times C$。

（3）贝类养殖污染物产生量估算

贝类养殖污染物产生量的估算，主要由实验测定主要养殖品种的滤水率和排泄率，现场测定具体海区的初级生产力、海水交换率等，根据养殖品种在养殖海区的物质循环，用每个时期悬浮有机物的平均现有量表示养殖品种的负荷力，即：

$$C = P + I + B - F(D + S) \qquad (7.18)$$
$$C = C_1 - C_2/t \qquad (7.19)$$

式中：C_1、C_2——t 天时间间隔开始和结束时的悬浮有机物现有量；

P——初级生产力；

I——悬浮有机物的输入量；

B——由滤食者产生的未消化排泄物和拟粪的量；

F——滤食者摄食量；

D——被微生物分解的悬浮有机物的量；

S——悬浮有机物的沉降量。悬浮有机物的来源是浮游有机物和由河流或外海带往沿岸的有机质，此外，还有浮游动物等的排泄物及假粪。

（4）竹内俊郎方法估算

海水养殖的污染负荷也可采用竹内俊郎方法进行估算，即从给饵的营养成分中，扣除蓄积在养殖生物体内的量，剩余的即是环境负荷量，公式如下：

$$T = (K \times F - B) \times 10 \tag{7.20}$$

式中：T——碳、氮和磷负荷量，单位为 kg/t；

K——投饵系数，非投饵集约型养殖取 0；

F——饵料中碳、氮和磷的含量（%）；

B——养殖生物体中碳、氮和磷的含量（%）。

由化学方程式：$C_nH_{2n+2} + \left(n + \dfrac{n+1}{2}\right)O_2 \rightarrow nCO_2 + (n+1)H_2O$，所以 1 个碳原子（原子量 12）相当于 3 个氧原子（原子量 48），所以由碳的量 $\times 48/12 = COD_{Cr}$ 的量。

7.5　规划目标与指标体系

按照分区、分类与分级的原则、代表性原则、海洋生态安全与人体健康的原则、可控性和可操作性原则筛选出规划海域的控制指标和确定控制目标。

7.5.1　总量控制单元的划分

根据规划海域的环境质量特征、水动力及污染物迁移扩散特征，将其划分为数个总量控制单元，以便分别计算其环境容量，并判断各不同区块水体环境容量利用的可行性，为总量控制管理服务。

应重点考虑污染严重的海域以及污染源集中、陆源污染贡献率比较大的区域，并以此作为重点目标控制单元。即在污染源和海域水环境动力条件确定的条件下，对海域整个系统的控制可集中在对某一典型局部区的控制。

总量控制单元的划分包括海域总量控制单元和涉海陆域排污单元的划分。二者的划分过程应充分考虑彼此的衔接与联系。

7.5.2　控制指标和目标的确定

控制指标和目标的确定的基本要求是：以海洋生态系统健康与人体健康为最终目标，通过污染物环境敏感性识别与海洋生态系统健康评价，筛选海域污染物总量控制因子，并区分主控因子与选控因子；以现行的环境质量标准为基础，综合考虑社会需求、经济状况、技术可达与成本经济，确定海域总量控制因子控制目标值；以环境容量为核心，以削减成本为约束条件，确定海域污染物控制量。

（1）控制指标确定

以海洋生态系统健康与人体健康为最终目标，通过污染物环境敏感性识别、海洋生态系统健康评价，监测技术可行性分析与经济效益核算，筛选海域污染物总量控制因子，按其环境影响确定控制优先顺序，并根据不同海湾的环境功能与生态保护需求区分主控因子与选控因子。

（2）控制目标确定

以现行的海水质量标准、沉积物标准与生物质量标准为基础，综合考虑社会发展需求、经济现状、削减技术效率与工程成本分析，因地制宜地确定污染物总量控制目标，并通过环境容量计算，考虑削减技术与削减成本约束，确定海域污染物控制量。

采用定性分析确定总量控制指标，采用定量研究确定总量控制目标。具体筛选确定方法参见第 3 章。

7.5.3 规划目标确定和规划指标的选取

依据所确定的规划区域的总量控制指标及其目标，综合考虑当地的社会经济科技发展现状及发展趋势，制订规划期间污染物排海总量控制的定性和定量目标，规划目标应经济、技术上可行，具有可操作性。根据规划目标，从总量控制目标、环境质量目标、点源污染控制、非点源污染控制和总量控制能力建设等方面将规划目标分解细化，建立规划指标体系。

7.5.3.1 规划目标的确定

根据环境容量计算结果明确该海域各污染物允许排放总量，综合考虑行政区划、地区经济发展水平等提出可供各级政府部门管理的切合实际的总量控制指标及目标，对比各污染源排放现状水平以及规划区未来预测的污染物新增量，确定总量控制任务与削减方案。

规划目标的主要内容应包括：总量控制指标及目标、主要保护对象状态目标；人类活动干扰控制目标；总量控制能力建设目标等。

应根据国家、地方海洋环境保护规划，国家和地方污染物排放总量控制计划、规划的指导思想，结合规划区环境质量和污染源现状及发展趋势，确定规划的总目标、阶段目标及各项建设目标。

7.5.3.2 规划指标选取依据及原则

（1）依据

污染物总量控制规划指标的制定首先要考虑当地社会经济发展与海洋环境保护的总体背景，综合国家地方有关社会经济发展规划、环境保护和生态建设规划、总量控制规划与计划等，确定各规划期污染物排海总量控制规划指标及其目标。

（2）建立原则

根据指标设计的一般原理，污染物排海总量控制规划指标体系应当具备科学性、整体性、连续性、可操作性原则。

① 科学性。指标体系必须符合海洋环境保护的基本要求和一般规律，既要吸收国家和地方环境保护规划和海洋环境保护规划等的指标体系研究的成果，又要体现具体海湾特色的入海污染物总量控制核心内容。

② 整体性。指标体系要求规划指标完整全面，作为一个整体反映海域污染物排海总量控制的总体情况及主要特征。

③ 连续性。指标体系的继承与发展保持相对稳定，更新与完善应当保证与国家和地方海洋环保事业同步发展，综合地反映出污染物排海总量控制的现状及发展趋势，便于预测和管理。

④ 可操作性。指标应具有一定的现实统计基础，可以采用化学、物理等多种现代科学方法获取指标数值，定量说明规划的目标。指标体系应得到各级政府和社会各界的认可，可以作为判断海洋环境改善程度、总量控制工作进展和衡量政府政绩的重要依据。

7.5.3.3　指标推荐

可从总量控制目标、环境质量目标、点源污染控制、非点源污染控制和总量控制能力建设 5 个方面选取指标，建立规划指标体系，明确不同规划时期的规划目标。入海污染物总量控制规划推荐指标如表 7.5 – 1 所示。

表 7.5 – 1　入海污染物总量控制规划推荐指标

序号	分类	指标
1	总量控制目标	总量控制因子排放量(万 t)
2	环境质量目标	海水水质达到或优于Ⅱ类水质标准的海域面积比例(%)
3		重点流域的河海交接断面水质达到或优于地表水Ⅲ类水质标准的比例(%)
4		海水水质控制点达标率(%)
5	点源污染控制	工业污水排放达标率(%)
6		城镇生活污水排放达标率(%)
7		城镇污水集中处理率(%)
8		城镇生活垃圾无害化处理率(%)
9		污水管网覆盖率和收集率(%)
10		污水处理厂采用脱氮除磷工艺的比例(%)
11		排污口深海排放及外海排放的比例(%)
12	非点源污染控制	水资源重复利用率(%)
13		畜禽养殖废弃物处理(资源化)率(%)
14		湿地保护修复率(%)
15		生态林面积(hm^2)或长度(m)
16		水土流失面积治理率(%)
17	总量控制能力建设	总量控制资金投入占沿海 GDP 的比重(%)
18		重点污染防治设施污染物排放自动监控率(%)

7.6 规划与减排方案设计

总量控制与减排规划方案的设计是规划工作的中心内容,是在了解规划区域海域环境和入海污染源现状,总结存在的主要环境问题的基础上,根据所确定的总量控制规划目标及规划指标、在考虑投资能力和社会经济环境效益的情况下,提出具体的总量控制和减排的措施和对策。

规划方案的设计过程主要是在对环境现状进行分析的基础上,找出本地区主要的环境问题,结合当地的实际情况,制定出环境规划的措施和对策。根据入海污染物的产生方式和排放入海方式的不同,总量控制与减排规划方案设计分为产业布局优化及产业结构调整方案、排污口污染控制与优化调整方案、城镇污水和城乡垃圾处理方案、工业点源污染治理方案、陆域非点源污染治理方案、海域污染治理方案等。

7.6.1 产业布局优化及产业结构调整方案

产业布局优化及产业结构调整方案设计目的在于提出利于入海污染物总量控制和减排的可持续发展的城市空间发展战略,调整优化产业布局,规定规划范围内不同空间区域优先发展、限制发展和禁止发展的产业类型,有序整合空间,形成分工合理、与海洋环境承载力相适应的产业新格局。

在产业布局优化及产业结构调整方案中,应制订规划范围内禁止和限制的产业、产品目录,根据产业类型、污染严重程度差异、剩余环境容量大小等实施差别化准入门槛策略,提出分行业实施严格环保审批和限批的措施。分析规划区域重污染行业的工艺技术、装备和产品水平及污染排放情况,提出限制和淘汰落后、过剩产能,推进技术改造的措施。

方案中具体措施主要包括限制和淘汰落后生产能力、发展高新技术产业、发展现代服务业和提高环境准入门槛。

(1)限制和淘汰落后生产能力

限制和淘汰落后生产能力措施主要包括:制定区域禁止和限制的产业、产品目录;开展重污染行业专项整治,加大限制、淘汰落后产能和工艺装备、产品的力度;制定政策压缩过剩生产能力,推进技术改造。

限制和淘汰落后生产能力的重点是对重污染行业的整治,重污染行业主要包括电力、钢铁、有色金属、建材、石化、造纸、纺织印染、食品酿造等行业,规划方案中应对规划范围内的高污染行业的污染物产生量、处理量、排放量以及各自占的比重进行分析,确定对区域污染贡献率较大的产业,作为区域重点污染产业专项整治的对象。进而分析这些高污染行业对区域经济的支撑作用和对吸引就业的支撑作用,分析过去 5~10 年这些高污染产业的发展速度和产业结构变化趋势,评估污染总量减排所面临的压力和困难,提出沿海区域重点污染产业减排的正确方向和可行途径。

（2）发展高新技术产业

高新技术产业主要包括新材料新兴产业（如电子信息材料、新能源材料、新能源汽车电池材料、稀土材料、有色金属合金材料、新型钢铁材料、新型建筑材料、新型化工材料、生物医用材料、生态环境材料和新型环保材料、高性能结构材料）；生物制药产业，新能源产业（新能源汽车、太阳能、风能、核能）、新农业、新网络产业、新消费产业（文化娱乐、旅游以及医疗保健）和新能源环保产业（污水处理、固废处理脱硫脱硝除尘、节能减排及智能电网）等。规划方案应提出对政策引导、因地制宜培育和发展多种形式的高新技术产业群、高新技术产品群和高新技术产业基地的措施，通过支持和引导企业加强自主创新，引进国内外高新技术成果和研发资源，改造和提升传统产业，达到削减区域污染物总量的目的。

（3）发展现代服务业

现代服务业是以生产型服务业为核心，运用现代科学技术和设备，在现代管理技术组织下为生产、商务活动和政府管理提供服务（张坤民等，2003）。网络化、信息化、知识化和专业化的产业特征决定了现代服务业是产业经济中高效、清洁、低耗、低废的产业类型。发展现代服务业，应充分发挥规划区域人文、旅游等资源优势，紧紧围绕面向企业的生产性服务业、面向居民的生活性服务业和面向社会的公共性服务业三大领域配置资源要素。通过规划和政策的支持，重点推进3个方面的突破：一是推进生产性服务业发展，重点发展现代物流、金融保险、信息服务、科技服务和商务服务等生产性服务业，促进现代服务业和先进制造业互动并进；二是推进服务业集聚区建设，结合城市总体规划和开发区规划，建设一批现代物流园、科技创业园、创意产业园、中央商务区和产品交易市场等现代服务业集聚区；三是推进服务业招商引资实现新突破，努力扩大服务业利用外资，主动承接国际服务业转移，重点吸引金融、软件、研发、物流等高端服务业落户。

（4）提高环境准入门槛

提高环境准入门槛是以环境准入门槛推动产业结构调整的必要措施，规划区域应根据产业类型、污染严重程度差异、剩余环境容量大小等实施差别化准入门槛策略。提高环境准入门槛的措施主要考虑以下方面。

一是对新上项目实施严格的环境保护审批制度，纺织染整、化工、造纸、钢铁、电镀及食品制造（味精、啤酒）等重点工业行业新上项目审批污水排放应严格执行国家标准，有地方标准的应执行地方标准。

二是应实施项目限批制度，考虑到目前大部分近岸海域氮磷污染都较COD重，所以可适当考虑限制审批新增氮和磷等污染物总量的建设项目，新增化学需氧量原则上应增产不增污，可考虑通过老企业减排的两倍总量来平衡，实施"减二增一"。

三是对污染物排海总量超过控制指标的地区，不能按计划完成污染减排任务的地区可考虑实行区域限批制度，违反建设项目环境管理规定，违法违规审批造成严重后果的地区，环评暂停审批新增污染物排放的建设项目，暂停安排省级污染防治资金和其他财政专项资金。

7.6.2　排污口污染控制与优化调整方案

排污口污染控制是污染物总量控制和减排最直接有效的手段，而排污口的优化调整是适应海域自净能力空间差异以及合理利用海洋环境的自净能力的重要手段。

（1）排污口污染控制

为切实做好入海污染物总量以及海洋环境保护工作，规划应首先对区域内海洋工程排污口、海岸工程直排口进行现场定位以及调查，掌握陆源排污口的数量、分布、排污状况及主要污染物的种类和组成，据此提出切实可行的排污口污染控制管理策略。

排污口污染控制管理策略可以从以下方面考虑：提出严格审批沿岸入海排污口的要求；提出对不符合海洋功能区划和环境保护规定要求、污染严重的排污口限期整改的要求；提出加大入海排污口监测力度的要求；提出严格限制企业直排口污水的随意排放、做到达标排放的要求。规划应明确规划期分步实施的直排口整治和达标行动方案。

规划可重点提出切实可行的排污口权属管理方案。一是重视完善制度，规范管理，全面实行海洋工程及海岸工程直排口排污许可、登记、达标排放 3 项制度。二是重视普查登记，明确主体。进行海洋工程排污口、海岸工程直排口普查登记与执法检查，进行排污口权属或管理权确认，明确责任主体，为规范管理、开展执法检查提供保障。

（2）排污口优化调整

入海排污口的布局优化对控制入海污染物总量和保持海洋水生态系统的整体良性发展有着重要的实践意义。

① 入海排污口布局优化原则。

首先，应遵循敏感区优先保护原则，排污口应有效避开水域产卵场、育肥场、旅游景区等生态敏感区，使排污口的设置不会对生态敏感区产生不良影响。

其次，水环境容量是排污口合理布局的关键因素，合理利用水环境容量，既可实现对水质、水生态敏感区域的有效保护，又可充分利用海洋稀释与自净能力（万珊珊等，2009）。排污口应设置在水质交换能力较为活跃的区域。

② 入海排污口布局优化设计。

在对现状排污口名称、位置、主要污染物、污水类型、年排放量、局部区域海域海洋环境自净能力、水交换作用强弱、沿海城市化发展水平、工农业发展水平、生态敏感性特征等进行调查的基础上，对排污口布局进行优化设计。

感潮河段入海排污口应设在取水口下游，距取水口的距离还应适当加大。海港港区污水排污口不宜设在港池内，排污口的选择应充分利用潮流的稀释扩散作用。应运用相关海洋污染物迁移扩散模型、运筹学理论、目标规划的方法充分论证各排污口的空间应如何优化、各排污口排放量应如何分配和有效控制。

7.6.3　城镇污水和城乡垃圾处理方案

城镇污水和城乡垃圾处理是削减污染物排海总量的关键举措，通过推动城镇污水和城乡垃圾处理设施建设，完善城镇污水和城乡垃圾处理管理机制，削减城镇生活污水中总量控制污染物的排放入海，控制城乡垃圾面源污染，是污染物排海总量控制规划方案的重要组成部分。

（1）提升城镇污水处理能力

规划应通过调查分析现有污水处理厂的负荷率和覆盖范围、预测规划期内由人口、经济和产业发展带来的新增污水排放量及由于产业结构调整、清洁生产和技术工艺改进减少的污水排放量，计算所需建设的污水处理厂的规模，提出污水处理厂的建设与扩建计划。规划应对现有有条件的污水处理厂提出提标改造、脱氮除磷深度处理、增加回用、人工湿地处理等的建议。

规划应对加快规划区域污水收集管网建设，提高城市污水管网覆盖率和污水收集率提出举措，可考虑以下具体措施：对于新建污水处理设施，必须"厂网并举，管网先行"；已建和在建的城镇污水处理厂加快配套管网建设；规划范围内管网建设逐步完善雨污分流；明确管网未覆盖区域管网工程配套推荐时序，规划应给出管网分期建设里程数和建设目标等。

规划应重视污泥处理处置和资源化利用，污泥产生量较大的又有条件相对集中处理的区域可进一步规划污泥无害化处理，提出推进污泥焚烧、稳定化填埋和资源化利用的要求。

（2）完善城乡垃圾处理体系

完善城乡垃圾处理体系应从以下两个方面来考虑：一是逐步推进城乡垃圾分类收集、分类处理，实现垃圾减量化、资源化和无害化，规划应提出城乡生活垃圾的收运体系建设推进目标；二是稳步推进城乡垃圾集中处理设施建设，并全面停用不符合环保标准和达到使用年限的垃圾处理设施。

规划还应依据实际情况提出生活垃圾无害化处理设施建设、推进餐厨垃圾处理示范工程建设等工程措施控制生活污染源，完善城乡垃圾收运体系，建立农村垃圾保洁、收运长效机制，对现有垃圾填埋场进行扩容改造、实施垃圾处理厂（场）垃圾渗沥液处理设施提标工程，逐步对老垃圾填埋场进行规范化封场等措施。

7.6.4　工业点源污染治理方案

工业点源污染治理方案主要从加强工业废水集中收集和处理、对重污染行业进行专项整治、提高工业企业的清洁生产水平、加强提标改造和深度处理、提高重点污染源的监管能力等方面提出具体的污染控制与减排措施。

（1）加强工业废水集中收集和处理

规划应分析规划范围内特别是各类开发区工业废水的集中收集及处理现状，提出建设污水收集管网、集中式污水处理厂的计划，配合雨污分流、尾水再生利用、加强脱氮除磷等措施，明确规划期内工业污水集中收集处理率和污水再生利用率应达到的目标。

规划应针对主要工业园区提出建设处理能力配套的污水处理厂、优化污水处理工艺的计划和措施。规划应调查清楚现状污水管网覆盖的范围，应该覆盖到的范围，以此明确管网未覆盖到的区域以及仍需铺设的管网公里数，制定管网推进时序表。规划应调查清楚分散未入工业园区的企业清单和空间定位，应明确目前分散企业的污水排放量和排放去向，根据企业的性质、周边工业园产业定位、企业污染现状等，明确分散企业的关停并转措施。规划应提出对企业废水预处理和排水管理的要求，严格执行污水处理厂接管标准，保证污水处理厂稳定运行。同时还应提出建设污水处理厂尾水利用设施，配套出台相应鼓励政策，提高污水再生利用率的要求。

（2）对重污染企业进行专项整治

规划应对重点污染企业进行分析评估，调查污染严重、不能稳定达标的企业的名单，对这部分企业立即停产并限期整改，对不能按期完成整改任务，仍达不到排放标准的企业坚决关闭和淘汰。在规划期内明确各时间段整治重点，提出分期整顿的计划和措施。

（3）提高工业企业的清洁生产水平

规划应提出对区域内水污染物排放不能稳定达标或污染物排海总量超过核定指标的以及使用有毒有害原材料、排放有毒有害物质的企业，全面实行强制性清洁生产审核的要求，并配合相关政策措施，鼓励工业企业开展自愿性清洁生产审核。规划应提出规划期内工业企业实施清洁生产的比例和水平目标。

（4）加强提标改造和深度处理

在控制海域污染较为严重、污染物排海量已远超过环境容量的区域，总量控制规划可明确提出各重点污染行业污水排放提标改造和深度处理的要求，如现状执行一级 B 排放标准的可向一级 A 排放标准靠，现状执行一级 A 的应根据经济可承受能力和技术先进水平提出符合实际的优于一级 A 的排放标准，对污染企业全面实行限产限排。规划可要求新建以接纳工业废水为主的集中式污水处理厂必须配套建设除磷脱氮设施，已建的污水处理厂按新的排放限值进行提标改造。规划应明确分期改造重点、推进时序、改造计划等。

（5）提高重点污染源的监管能力

提高重点污染源的监管能力，应从建立健全重点污染源在线监控系统、提高企业环境突发性事件应急处置能力、实行重点污染源监管责任制等方面考虑。

规划应考虑建设排海污染源监控中心的目标，明确重点工业企业和污水处理厂的在线监控能力建设目标。规划应对各类企业建立环境突发性事件应急处置预案，配套建设应急处置设施提出要求。规划还应明确全面实行重点污染源监管责任制，将监管责任落实到人。

7.6.5 陆域非点源污染治理方案

陆域非点源污染包括生活污水污染、农业化肥施用污染、畜禽养殖污染和水土流失污染。陆域非点源污染治理方案按污染源的来源不同，应从农村生活污水治理、种植业污染控制、畜禽养殖污染控制、水产养殖污染控制、水土流失治理、生态建设等方面提出具体的减排措施。

（1）农村生活污水治理

规划应在现状调查的基础上，明确农村生活污水净化处理的原则和途径，具备接管集中处理条件的村镇，应扩大城镇污水管网的延伸覆盖，提高污水集中处理率；不具备接管条件的农村地区，按照因地制宜、分类处理的原则，提出微动力、少管网、低成本、易维护的生态处理模式，如推广塔式蚯蚓生态滤池、毛细管渗滤沟处理模式、人工潜流湿地生态床处理模式、复合生物装置处理模式、土壤植物－稳定塘处理模式等乡村生活污水处理技术。应在规划中明确规划期末乡村生活污水净化处理率以及分期推进计划。

（2）种植业污染控制

规划应明确指出发展生态农业，调整优化种植结构，推广农业清洁生产技术的措施，通过减少化学氮肥、化学农药施用量来控制和削减种植业排放总量。有条件的区域可通过建设有机农业生态圈，来恢复和增强沿海沿岸区域的生态功能，构建生态屏障。

（3）畜禽养殖污染控制

规划应提出对规划区域内的畜禽养殖科学规划、合理布局和分区管理的措施，应明确划定畜禽禁止养殖区、限制养殖区和适度养殖区，分区域制定相应的养殖污染控制措施，明确提高畜禽养殖污染治理技术水平的可行技术。

（4）水产养殖污染控制

规划应提出通过对现有养殖池塘进行合理布局，对养殖池塘环境进行修复的措施，可提出通过实施池塘循环水养殖技术示范工程，来控制区域内水产养殖对控制海域的污染影响。

（5）水土流失治理

规划应提出规划区域内植被恢复和水土保持等相关措施和工程，在水土流失严重的区域，应明确规划期内分阶段实施水土流失治理的目标。

（6）生态建设任务

生态修复是改善控制海域水环境、提高水体自净能力的有效途径。规划应提出对沿海地区、主要入海河流及河口和其他重要湿地开展保护与修复的要求，主要内容应包括生态清淤、湿地保护与建设、生态林建设和水体生态修复等方面的措施和工程。

① 生态清淤。底泥是控制海域以及入海河流内源污染的主要来源，生态清淤可以有效减少污染海域内源污染物含量，改善水生态环境。在科学论证和试点的基础上，对底泥沉积严重、有机污染物含量高、赤潮等灾害多发区实施底泥生态清淤。应在规划中明确清淤污泥的妥善处置办法和途径。

② 湿地保护与恢复。滨海湿地的生态保护和恢复，可通过建立湿地自然保护区和实施生态示范工程来实现。应在规划中明确重点实施湿地的保护与恢复工程的区域以及建设和恢复的面积。可通过对现有海岸滩涂外来物种入侵的改造，种植红树林、芦苇等湿地植

物，构建生态绿色廊道，对排海污染物进行有效的拦截，增加海湾的环境净化和生态服务功能。在沿海滩涂、入海河流自然堤岸等地区开展湿地保护及恢复工程，恢复基底整理、种植水生植物、生境改造、生态护坡或自然堤岸建设、收割水生植物、生物墙建设、生态廊道建设等。配合工业点源和农业面源治理，建设净化型人工湿地建设工程，对工厂处理的污水或农业面源污染物进行深度处理，提升水质。

③ 生态隔离带及防护林体系建设。生态隔离带及防护林体系的建设能够形成海岸生态屏障，削减和控制污染物的入海量。在主要入海河流两侧及河口等地建设水质净化林工程和隔污缓冲林带工程，选择耐水吸污能力强、净化隔污效果好的树种，科学造林、合理配置，从而建立一个稳定、高质、高效的森林生态系统，促进水体净化、水质提升。因地制宜地建立海岸生态隔离带(面海一重山脊线到海岸线区域)，保护及恢复沿海湿地，强化海岸生态建设，形成以林为主，林、灌、草有机结合的海岸绿色生态屏障，削减和控制污染物的入海量。

④ 生态拦截沟渠建设。农业面源污染、乡村生活污水及农户畜禽养殖尾水的排放，具有面广、量大、分散、间歇的峰值和高无机沉淀物负荷的特点，可在规划中提出科学利用和管理附近沟渠塘的措施，利用附近沟渠塘有效拦截农田径流氮磷流失直接进入海域。南京土壤所"863"科技计划研究成果表明，生态拦截沟渠对总氮、总磷的去除效果分别达到 48.36% 和 40.53%，另对示范工程跟踪监测，对排水沟渠塘生态化工程改造后，可削减面源氮磷流失主要污染物 40% 以上。采用生态田埂、生态沟渠、旱地系统生态隔离带、生态型湿地处理以及农区自然塘池缓冲与截留等技术，利用现有农田沟渠塘生态化工程改造，建立新型的面源氮磷流失生态拦截系统，拦截吸附氮磷污染物，是削减非点源排海污染物的有效措施。

7.6.6 海域污染治理方案

规划应明确海域养殖布局调整计划，提出合理缩减养殖特别是投饵集约型养殖规模的要求，明确规划期内分阶段退养面积和空间定位。规划应提出实施海水生态养殖、合理控制养殖品种、密度，严格控制养殖投饵量的具体措施和要求。规划还应提出对海洋船舶排污、石油平台排污、海洋倾废排污、海漂垃圾等的整治措施。

7.6.7 规划优化与效益分析

入海污染物总量控制规划情景分析过程应包含以下内容：识别主要环境问题，拟订总量控制与减排的初始方案(即情景)，通过剔除不可行方案和劣方案生成备选方案(组)、对备选方案组进行全面的影响分析、通过决策分析推荐优选方案。整个情景分析过程是一个互动和不断反馈的过程，虚线框内所示为情景分析的核心内容(图 7.6-1)。

入海污染物总量控制与减排的初始方案是通过总量控制与减排方案中各个子系统的各种决策变量生成的。为了避免生成过多的，没有实际意义的初始方案，在初始方案生成过程中，应充分考虑当地的环境条件、政策许可、技术约束等，采用排除法和评比法，排除明显不合理或不可能的因素，以确保工程可行性。初始方案（即情景）的设定中应包括零方案（保持现状，不进行减排）和最严格减排方案（不考虑经济成本费用）作为参照。

图 7.6-1　入海污染物总量控制规划情景分析的技术框架

从初始方案中生成备选方案，采用排除法，即通过排除非可行方案，保留可行方案；通过排除劣方案，保留非劣方案。从备选方案组中优选推荐方案则采用评比法，即对所有的备选方案进行全面（包括环境影响、经济影响和社会影响）的分析，通过一定的方法评比其优劣，找出推荐方案。

规划方案的效益分析应包括环境效益、经济效益和社会效益3个方面。

环境效益的分析，主要包括通过对规划方案的实施，能够减少多少入海污染物的排放总量，海湾海水环境质量的改善程度，水质的时空分布变化和改善程度是否达到预期目标以及海洋生态特别是海洋生态敏感区所受到的相应影响。

经济效益分析可采用费用-效益分析法，通过工程经济方法估算入海污染物总量控制和减排方案的费用，同时可采用市场价值法（或生产率法）、替代市场法和调查评价法来估算方案带来的环境效益。

社会效益分析可从对人群健康的影响、对历史文化遗产的影响和其他社会影响入手分析。

7.6.8　总量控制与减排重点建设项目

（1）临港工业和码头的污染控制工程

从临港工业的清洁生产、港区码头污染控制等方面考虑确定临港工业和码头污染控制工程项目。

（2）城镇污水处理工程

从新、扩建污水处理厂、建设和完善污水收集管网、排污口优化与调整等方面考虑确定城镇污水处理工程项目。

（3）流域生态修复整治工程

从内滩水库的生态修复工程、河道整治工程等方面考虑确定流域生态修复工程项目。

（4）农村面源污染整治工程

从农村生活污水治理、生活垃圾处置等方面考虑确定农村面源污染整治和控制工程项目。

（5）畜禽养殖污染整治工程

在畜禽养殖规划的基础上，根据畜禽养殖业所需达到的总量控制和减排目标，提出畜禽养殖污染整治工程项目。

（6）海上污染整治工程

从海水养殖整治、生态养殖、海飘垃圾及养殖废弃物清除、海上酒家和鱼排污染整治、渔船渔港污染防治等方面考虑确定海上污染整治工程项目。

（7）滨海湿地生态修复工程

从外来物种入侵治理、湿地修复及人工湿地建设等方面考虑确定滨海湿地生态修复工程项目。

（8）投资估算和效益分析

按照国家和地方关于工程、管理经费的概算方法和参数，或者参照已建同类项目经费使用情况，对相关工程项目进行详细的经费概算。

效益分析主要说明工程项目实施后产生的环境效益、社会效益和经济效益。

7.7 监测与核查方案编制

7.7.1 监测体系

确定主要监测内容与站位布设原则，制订监测方案，提高总量监测、预报、预警水平，及时准确掌握污染物排海总量动态变化情况，从技术和管理角度提出建立健全总量控制监测体系的措施。

总量控制监测提供海洋污染的各种因素时空分布的准确数据，要能够全面科学地反映环境质量状况和污染情况。因此，在制定入海污染物总量控制规划的同时，必须保障监测工作及时、准确、可靠、全面地开展。

1）监测目的

监测陆域入海河流、陆域非点源、入海排放口等的主要污染物的浓度和排放总量，实现入海污染源主要污染物排放总量的时空监控。开展海水水质控制点的长期监测，评估入海物总量控制的效果，验证控制方案有效性。调查实施海湾入海污染物总量控制规划方案和工程措施的落实情况，考核规划执行的效果。

2）主要监测对象

（1）陆源非点源污染物总量监测

根据陆源非点源污染的产污特点和实际工作的可操作性，按调查方式不同，将陆源非点源的调查与监测方法分为两大类：统计资料调查和遥感监测。启动非点源（包括海水养殖）入海污染物监测研究。运用遥感与 GIS 等新技术，建立非点源污染监测指标体系和评价模型，GIS 监测和入海污染物调查相结合。

按照全面普查、突出重点的原则，陆源非点源入海污染物调查的对象主要包括生活污水、农业化肥施用、畜禽养殖和水土流失 4 个方面。

（2）入海河流污染物总量监测

根据规划区入海河流径流量的大小和污染程度，并采用流域归并的办法，对全部直接入海河流实施全面监测。

（3）入海排污口污染物总量监测

为准确评估入海污染物的总量，需根据以下原则选择监测对象。

① 每日向海域排放污水大于等于 100 t 的陆源入海排污口都应纳入监测范围，且被监测入海排污口的污水排放量之和应占入海排污口污水排放总量的 80% 以上。

② 当入海排污口污水年排放量小于 15 万 t 时，若该排污口的普查结果数据较齐全，可以统计监测为主，而不另行开展现场监测。

③ 当入海排污口污水的日排放量大于 1 000 t，或年排放量大于 30 万 t，必须开展现场监测。

3）监测项目与分析方法

（1）监测项目

① 陆源非点源污染物总量调查。

第一，生活污水。以县级行政区划为单元，调查行政区划内农村、城镇人口数量；城镇综合用水量；农村综合用水量；GDP；当地污水化学需氧量（COD）、总氮（TN）和总磷（TP）年平均浓度。

第二，农业化肥施用。以县级行政区划为单元，调查行政区划内碳铵、尿素等氮肥的施用总量；磷酸钙、钙镁磷肥等磷肥的施用总量；氮磷等复合肥施用总量；年平均降雨量。

第三，畜禽养殖。以县级行政区划为单元，调查行政区划内家庭散养和规模化养殖的猪、牛、羊、家禽等养殖数量。

第四，水土流失。以县级行政区划为单元，调查行政区划内的月平均降雨量、降雨时间、标准降雨次数。

② 入海河流污染物总量监测。

必测项目：油类、COD、亚硝酸盐－氮、硝酸盐－氮、氨氮、磷酸盐、总氮、总磷、铜、铅、砷、锌、镉、汞、硫化物、有机氯农药、粪大肠菌群、细菌总数、PAHs、PCBs、pH 值、盐度等。

选测项目：悬浮物含量、粒度；其他剧毒重金属和环境内分泌干扰物、放射性核素等。

可根据河流流域内的污染源状况，适当增加监测项目。

③ 入海排污口污染物总量监测。

第一，一般排污口监测项目。

市政污水类：pH 值、COD、亚硝酸盐－氮、硝酸盐－氮、氨－氮、磷酸盐、总氮、总磷、悬浮物。

工业废水类：pH 值、盐度、COD、亚硝酸盐－氮、硝酸盐－氮、氨－氮、磷酸盐、总氮、总磷、六价铬、氰化物。

第二，重点排污口监测项目。

市政及生活污水类：pH 值、COD、亚硝酸盐－氮、硝酸盐－氮、氨－氮、磷酸盐、总氮、总磷、粪大肠菌群、BOD_5、悬浮物、油类。

工业废水类：根据不同工业污染源类型，按照《陆源入海排污口及邻近海域监测技术规程》（HY/T 076—2005）的要求，在下述范围内选择监测项目：pH 值、盐度、COD、BOD_5、亚硝酸盐－氮、硝酸盐－氮、氨－氮、磷酸盐、总氮、总磷、六价铬、氰化物、粪大肠菌群、细菌总数、悬浮物、油类、挥发酚、砷、汞、铅、镉、有机氯农药、有机磷农药、PAHs、PCBs。

选测项目：其他剧毒重金属和环境内分泌干扰物和放射性核素等。根据排污口污染源状况，可适当增加监测项目。

（2）分析方法

监测项目分析方法如表7.7－1所示。

表7.7－1　监测项目分析方法

序号	监测项目	分析方法	执行标准
1	pH 值	玻璃电极法	GB 6920—1986
2	盐度	盐度计法	GB 17378.4—2007
3	油类	红外分光光度法	GB/T 16488—1996
4	COD	重铬酸钾法	GB/T 11914—1989、(4)
5	BOD_5	稀释与接种法	
6	亚硝酸盐－氮	N－(1－萘基)－乙二胺分光光度法	GB/T 7493—1987
7	硝酸盐氮	酚二磺酸光度法	GB/T 7480—1987
8	氨氮	水质 铵的测定 纳氏试剂比色法	GB/T 7479—1987
9	磷酸盐	钼锑抗分光光度法	(2)
10	铜		
11	铅	水质 铜、锌、铅、镉的测定 原子吸收分光光度法	GB/T 7475—1987、(1)
12	锌		
13	镉		
14	六价铬	二苯碳酰二肼分光光度法	GB 7467—1987
15	氰化物	硝酸银滴定法	GB 7486—1987
16	砷	原子荧光法	(1)、(2)
17	汞	原子荧光法	(2)
18	总氮	碱性过硫酸钾消解紫外分光光度法	GB/T 11894—1989
19	总磷	钼酸铵分光光度法	GB/T 11893—1989
20	硫化物	亚甲基蓝分光光度法	GB/T 16489—1996

序号	监测项目	分析方法	执行标准
21	悬浮物	重量法	GB/T 11901—1989
22	有机磷农药	气相色谱法	GB/T 13192—1991
23	有机氯农药	水质 六六六 滴滴涕的测定气相色谱法	GB/T 7492—1987
24	挥发酚	1，4-氨基安替比林直接光度法 2，4-氨基安替比林萃取光度法	GB 7490—1987（河流） （2）（排污口）
25	PAHs	高效液相色谱法	GB/T 13198—1991
26	PCBs	气相色谱质谱法	（2）
27	粪大肠菌群	水质 粪大肠菌群的测定 多管发酵法 和滤膜法（试行）	HJ/T 347—2007
28	细菌总数	营养琼脂培养计数法	（2）
29	放射性核素		（3）

注：（1）铜、铅、砷、锌、镉等重金属污染物还可以采用《水和废水监测分析方法（第四版）》中的 ICP – AES 方法以及 USEPA 200.8 的 ICP – MS 方法同时测定。

（2）《水和废水监测分析方法（第四版）》（国家环保总局，2002）。

（3）《辐射环境监测技术规范》（HJ/T 61—2001）。

（4）排污口 COD 测定方法：需根据盐度大小选择分析方法，盐度小于 2，则采用重铬酸钾法（GB/T 11914—1989）；盐度大于 2，则采用《高氯废水化学需氧量的测定氯气校正法》（HJ/T 70—2001）。

4）监测频率

（1）陆源非点源污染物总量调查

每年 3—8 月开展调查工作，调查的基准年为当年的上一年（如 2009 年调查的基准年为 2008 年），补充调查近 3 年的相关数据（如 2009 年调查，则补充调查 2005 年、2006 年和 2007 年的相关数据）。

（2）入海河流污染物总量监测

江河污染物入海总量每年 3 月、5 月、8 月、10 月实施监测，并在河流丰水期各月监测 2 次。

江河入海污染物总量监测数据与报告由任务承担单位每两个月以数据光盘和纸质报告的形式报送至相关责任单位。

（3）入海排污口污染物总量监测

一般排污口每年 3 月、5 月、8 月、10 月各监测 1 次；重点排污口每两个月监测一次。

所有监测数据由任务承担单位每两个月以数据光盘和纸质报告的形式报送至相关责任单位。

5）监测点位布设

为了全面、及时、准确地了解和掌握入海污染源主要污染物排放量的变化和海域水质控制点的水质变化，按照海域水质控制目标以及入海污染物总量控制规划的要求，结合已有的环境监测工作，合理布设监测站点。

（1）陆源非点源污染物总量调查

无监测点位。

（2）入海河流污染物总量监测

① 监测断面布设原则。

监测断面的布设以入海江河普查结果为基础，监测断面的设定应充分考虑雨（雪）、汛期等不利条件下可保证后续的监测工作顺利进行，监测断面至河流入海口之间应无排污口和支流汇入。如果因客观条件限制，监测断面至入海口之间有排污口汇入，应另外对排污口进行监测；如果有支流汇入，需在支流设置监测断面；如果监测断面受涨潮影响，可在落潮时河水盐度低于 2 时进行采样。

监测断面应尽量与历史水文监测断面相一致，监测断面确定后，记录断面经纬度，在后续的监测中不得改变。

② 监测断面上采样垂线布设。

在监测断面上布设采样垂线，垂线布设应符合表 7.7-2 的规定。

表 7.7-2　江河采样垂线布设

水面宽/m	采样垂线布设	相对范围
≤50	1 条（中泓处）	中泓处
50~100	左、中、右 3 条	左右设在距湿岸 5~10 m 处
100~1 000	5 条	左右设在距湿岸 5~10 m 处
≥1 000	7 条	左右设在距湿岸 5~10 m 处

③ 垂线上采样点布设。

在垂线上布设采样点，采样点的布设应符合表 7.7-3 的规定。

表 7.7-3　垂线采样点布设

水深/m	采样点数	位置
≤5	1	水面下 0.5 m
5~10	2	水面下 0.5 m，河底上 0.5 m
≥10	3	水面下 0.5 m，1/2 水深，河底上 0.5 m

注：河流冰封期，采样点应布设在冰下 0.5 m 处；水深小于 0.5 m 时，在 1/2 水深处采样。

（3）入海排污口污染物总量监测

① 布设原则。

入海排污口排污状况监测站位的布设一般应满足以下要求。

直排海排污口的采样点位一律设在该排污口的入海口处，采样时采样点位不能受到潮水的影响。

直排入海的污水河(沟、渠)的采样点位设在该排污河(渠、溪)不受潮水影响的入海口监测断面。

对于水下排污口，采样点位的设置参照《污水海洋处置工程污染控制标准》(GB 18486—2001)，设在陆上污水排放设施出水口或竖井中，并可进行污水流量的测定。

点位布设应充分考虑在雨(雪)季、汛期等不利条件下能够保证后续监测顺利进行。

监测点位确定后，记录站位经纬度，在后续的监测中不得改变。

② 监测站位布设。

入海排污口排污状况监测站位数量的设置一般应满足以下要求如下。

一般在入海口的污水主流道的中心点布设 1 个采样点位。

水面宽度小于等于 50 m 的排污河(渠、溪)在中泓线布设 1 个采样点位，水面宽度 50~100 m 的排污河(渠、溪)在近左、右岸有明显水流处各布设 1 个采样点位，水面宽度大于 100 m 的排污河(渠、溪)在左、中、右有明显水流处各布设 1 个采样点位。

7.7.2 考核体系

加强区域间、部门间协作，健全各级政府目标责任制、评估考核制和责任追究制；加强监测体系建设，建立陆海一体的排污总量监测、监管和评估系统。从海水水质控制点水质达标情况、入海污染源达标情况和排放总量、总量控制措施的落实情况等方面进行考核，是对入海污染物总量控制措施落实的重要手段。

1)海水水质控制点监测

加强对海洋环境质量的监测，根据海域功能区划、水动力交换条件以及区域发展规划确定水质控制点，并进行布点监测，通过海域各水质控制点的水质变化的监测，评估入海污染物总量控制效果，验证控制方案有效性。

选择控制点(或边界)。

根据海域功能区划和海域内的水质敏感点位置分析，确定水质控制断面的位置和浓度控制标准。对于包含污染混合区的环境问题，则需根据环境管理的要求确定污染混合区的控制边界。

一般情况下，计算单元内可以直接按照海域功能区上下边界、监测断面等设置控制点或节点，如可以直接选取海域功能区内的常规性监测断面作为控制节点。

如果某一功能区划海域内存在多个常规性监测断面，可以选取最高级别的监测断面、最有代表性的监测断面或者最能反映最大取水量取水口水质的监测断面。

如果功能区划海域没有常规性监测断面，可以选择功能区的下断面或者重要的用水点作为控制节点。

2)入海污染源达标情况和排放总量

(1)陆源非点源

运用遥感与 GIS 等新技术，建立污染监测指标体系和评价模型，根据规划的要求，对生活污水污染物、畜禽养殖污染物、农业化肥施用污染物以及水土流失污染物入海总量，选择重要的汇水区进行水质监测。

（2）入海河流

选择主要入海河流在入海口建立水质水量自动监测系统，逐步做到及时、准确地了解和掌握陆源主要污染物浓度和入海总量。

（3）排污口

通过与市政单位和企业建立数据共享，在市政排污口和工业排放口污染物排放入海之前，进行水质和水量的取样监测。

3）总量控制措施的落实

地区环保局会同监察部门以及其他有关部门，对各地区的入海污染物总量控制规划中提出的海水养殖退出、污水管网的配套建设、污水处理厂的建设以及污水处理厂尾水排放口的设置、内滩水库、河道整治工程、海飘垃圾、海上酒家、鱼排、渔港渔船的污染整治、农村、农业面源污染整治工程、畜禽养殖场污染整治工程、滨海湿地生态修复工程、陆域非点源污染控制示范区的建设以及船舶污染控制等措施的落实情况进行检查。

人民政府，要把入海污染物总量控制规划确定的目标和任务的完成情况纳入政府工作报告，向同级人民代表大会和上一级政府报告。

7.8 规划的保障措施

7.8.1 组织能力保障

加强污染物排海总量控制规划实施的组织协调、区域合作、指导、检查监督，各有关部门要切实履行各自职责，做到分工协作，密切配合。建立监测资源和资料、信息共享互动机制，联合执法。

（1）加强组织协调和区域协作

加强海洋环境保护工作的组织协调、指导、检查监督，建立海域入海污染物总量控制工作联席会议制度，由区域分管领导主持，海洋部门为联络单位，联席会议将定期轮流组织召开，定期汇报阶段性控制成果，交流保护和治理的各项工作经验，研究污染防治举措，推广使用新技术。各有关部门要切实履行各自职责，做到分工协作，密切配合。建立监测资源和资料、信息共享互动机制，联合执法打击各类违法行为。

（2）落实行政领导责任制

区域各级政府要根据入海物总量控制的年度目标和各项工作任务，将主要入海污染物排放总量控制、改善海域环境质量的具体目标和措施纳入地区政府工作计划和国民经济和社会发展规划，组织有关部门落实。健全环境质量目标和治理目标责任制，强化领导班子和领导干部年度环境保护实绩考核和任期考核，并逐级签订工作目标责任状，层层落实任务和具体责任人。定期评估治理方案执行情况，建立严格的水环境治理领导问责制，规范问责程序，健全责任追究制度。

7.8.2 法规政策保障

制订总量控制管理和立法方案，加强法律法规和监管能力建设，提高环境执法能力。

（1）加大各海区法规建设的力度

加强法制建设，建立和完善区域性入海污染物控制规划法规体系。主要包括以下几个方面。

① 针对规划海区制定入海污染物控制管理条例，为推动和保障各海区入海污染物总量控制目标和措施的落实提供具有鲜明区域特征的、可操作性强的基本法律规范。通过调理，明确相关部门和地方政府的责任以及企业和个人要对恢复治理海域环境承担相应的义务和责任。

② 进一步完善涉海的有关环境标准体系。例如，完成"渔船污水排放标准"、"海洋沉积物污染评价标准"和"海洋生物体内污染物评价标准"。

③ 尽快制定各海区渔业资源保护管理规定、渔业水域生态环境保护管理规定、沿海地区禁止生产销售使用含磷洗涤剂用品管理办法、生物物种引进规定和沿海重点企业污染事故应急计划制定办法等部门规章。

④ 沿海省（自治区、直辖市）和依照《中华人民共和国立法法》的规定具有立法权的市，要依据国家制定的入海污染物总量控制的法律、行政法规和本行政区近岸海域环境质量状况，加强地方立法，保证各海区的入海污染物总量控制规划有法可依，有章可循。

⑤ 严格执行环境法律法规。加强监督执法能力建设，提高执法人员队伍素质，完善和加强联合执法，提高执法效率，努力打破部门分割和地方保护，杜绝重复监管、相互推诿和转嫁污染等现象。进一步强化依法行政意识，加大环境执法力度。规范环境执法行为，实行执法责任追究制，加强对环境执法活动的行政监察。

（2）完善环境管理的政策措施

为加强各沿海地区的环境管理力度，严格控制入海污染物总量，建议采用以下主要政策措施，作为行动计划的重要组成部分。

① 各地在制定海洋经济发展规划时，要合理规划海洋产业布局，积极发展资源节约型、环境友好型的海洋产业，大力推进海洋循环经济。

② 沿海省（自治区、直辖市）全面推广使用无磷洗涤用品，禁止销售使用含磷洗涤用品；发布农药、化肥污染重点控制县、区名录，提出控制指标，明确控制任务，制定相应规章，开展化肥、农药、畜禽养殖等非点源污染区域综合防治示范；集约化畜禽养殖场应严格按照畜禽养殖业污染物排放标准的要求，实行达标排放。

③ 新建城市污水处理设施要采用具有较高脱氮、脱磷能力的工艺；现有的污水处理厂要创造条件提高处理效率。

④ 因地制宜地划定海洋生态隔离带或生态保护区，在隔离带或保护区内禁止采沙、养殖、开垦耕地、破坏植被等活动；不得建设新的建设项目和旅游设施，已经开垦的土地要逐步退耕，已经建成的建设项目和旅游设施必须做到全面达标排放，否则应限期"关、停、并、转"。

⑤ 加大海洋及海岸各类自然保护区、特别保护区和生态示范区建设。建立填海生态补偿机制，根据海区污染的现状及特点，按照"谁开发、谁保护；谁破坏、谁恢复；谁受益，谁补偿"的原则，研究围填海生态补偿整体框架，探索建立围填海生态补偿机制。

⑥ 海上石油平台含油废水，大、中型渔船必须做到达标排放。

⑦ 建立高风险污染源强制保险制度。对港口码头、通航船舶、临港石化、钢铁冶金以及电厂温排水等敏感污染源，都属于高风险污染源，一旦发生事故，社会反响大，环境破坏严重，事故后续处理费用高昂。把高风险的污染源监督管理引入市场机制，使得企业在准予保险之前，对其预防事故的各项措施，有全面的考核要求，可以促进企业的环境预防。在保险生效之后，一旦发生突然事故，又有强大的财力支持。

7.8.3　科技保障

加强环境保护和生态修复技术的研究、开发和应用，扶持环保生态产业，推行清洁生产工艺，引进先进的环保产业技术和污染治理设备，提高海洋环保技术水平，建设污染物排海总量控制技术支持体系。

技术支持体系包括生态修复技术的研发和应用、环境监测能力、海洋环境管理系统、科学技术研究和法规标准建设等内容，国家应安排专项资金支持。建设方案应由有关部门提出并组织论证后报国家计划、财政部门统一安排实施。

① 地方政府要积极协调，加强指导，扶持发展环保产业，推行清洁工艺，把环保产业列入优先发展领域。

② 组织跨学科、多领域合作攻关团队，对入海污染物总量控制关键技术进行联合攻关。加大对科技成果和适用技术推广应用，特别是入海污染物核算评估、农村生活污水处理技术、流域和河口生态修复技术、赤潮发生机制和预警、生态养殖等的推广应用，并组织制定相应设计与实施规范。

7.8.4　宣传保障

制订宣传教育方案，增强区域内广大群众对总量控制重要性的认识，自觉维护海域环境质量和生态安全。

（1）加强海区入海污染物总量控制的宣传教育

① 发挥新闻媒介的舆论监督和导向作用，宣传实施本计划的重要意义并将入海污染物总量控制目标责任要求广为宣传。

② 利用各种机会，采取各种方式，开展经常性的宣传工作，提高全民的海洋环保意识和法制观念及对环保工作的参与意识。增强公众水污染的忧患意识和海洋环保意识，提

高公众的资源节约意识、环境保护意识和绿色消费意识。

③ 举办多种形式的培训班，对沿海地区各级环境保护部门的环境管理人员进行在职教育和岗位培训，提高环境执法队伍的政治与业务素质，培养出一批具有入海污染物总量控制监理技能的专业人才。

（2）鼓励和支持公众参与并监督入海污染物总量控制行动

① 组织开展入海污染物总量控制的科技咨询活动。

② 沿海省（自治区、直辖市）人民政府在定期向社会公布的环境质量和环境污染信息中，列出本行政区海洋环境质量状况，为公众和民间团体提供参与和监督入海污染物总量的信息渠道与反馈机制。

③ 要完善生态环境信息发布制度，拓宽公众参与和监督渠道，充分发挥新闻媒介的舆论监督和导向作用，增加环境与发展方面的决策透明度，形成公众全面参与监督环保的氛围，动员全社会力量自觉投身于环境保护事业，扎实推进入海污染物总量控制工作。

7.8.5 资金保障

明确项目投资的资金筹措方案和资金来源。资金来源包括国家财政资金投入、地方政府投入和社会资金。应明确已有投资渠道的建设项目名称和规模。

1）资金估算

根据规划确定的污染控制目标和重点工程建设计划，计算出入海总量控制需要投资的金额。

2）融资方案

（1）投资渠道

1984 年，国务院所明确的八条环境保护融资渠道是：基本建设项目"三同时"的环保投资、更新改造投资中环保投资、城市基础设施建设中的环保投资、排污收费补助用于污染治理资金部分、综合利用利润留成用于污染治理的投资、银行和金融机构贷款用于治理的投资、污染治理专项基金和环境保护部门自身建设投资。这 8 条资金渠道在十几年的环境保护工作中发挥了重要的作用。

随着经济体制的改革，环境建设的融资渠道也有了许多新的发展。

目前，我国环境污染治理投资的筹集政策主要有：为控制新污染源而由项目新、改、扩建的企业出资执行"三同时"制度的基建投资政策；企业为治理老污染源的技术更新改造投资政策；城市维护建设税收用于城市环境基础设施建设政策；排污收费补助污染治理资金的有偿使用政策；有益于环保的信贷政策：环保优惠政策（包括国家给予部分补助）；环保利用外资的有关政策等。因此从这个角度看，生态保护和生态建设一般不包括在总环境保护投资之内。

从投资主体看，目前环境保护投资包括 3 个方面：首先是政府投资，包括国家和地方政府从财政收入中拿出一部分资金用于环境保护；其次是机构投入，包括国有、民间和私人部门的投入，如商业银行用于环境基础设施的贷款和私人机构以各种方式投入的资金；再次是污染企业自身的投资，包括更新改造的环境保护投入。

根据这个分类，可以初步统计入海污染物总量控制工程可能获得的资金情况。

（2）投资缺口

将投资供应量减去投资需求量就可以得出规划所需要的资金缺口解决对策。

解决对策包括：增加政府投入；提高环境公用设施的收费标准；增加执法力度和提高环境标准，促进企业治理污染；开拓新的融资渠道；调整环境规划目标。

多渠道筹措建设资金。

① 明确实施环境保护总体规划投资占同期固定资产投资的比例。根据发达国家经验，一个国家在经济高速增长期，环保投入达到国内生产总值的 1.5% 才能基本控制污染；达到 3% 才能使环境质量得到明显改善。考虑固定资产投资可能调整，建议将 1% 作为确定比例，同时明确要求环罗源区域各级人民政府，要按一定的增长率，逐年增加本级财政用于环保投入，发展各种激励机制，保障入海污染物总量控制规划持续推进。

② 建立海域使用经费的环境投入机制。明确海域使用金中归地方政府使用的部分，应优先用于海域环境保护与生态建设、用于对养殖征用影响人口的社会保障、补偿和再就业培训。

③ 运用市场机制推进环境保护工作。深化水价改革，进一步提高污水、垃圾处理收费标准，并足额征收，以满足污水管网和垃圾收运系统建设、处理设施的升级改造，以及正常运行的需要。推动城市污水和垃圾处理单位加快转制改企，推进污水、垃圾处理体制改革和产业化发展，提高处理厂（场）运行效率。鼓励社会资本参与污水、垃圾处理等基础设施的建设和运营。提高排污收费标准，完善排污收费制度，建立经济激励惩罚机制，改变"守法成本高，违法成本低"的问题，切实促进企业等排污行为主体加强经营管理和技术革新，积极治理污染，减少污染物排放。

7.9　规划可达性分析

7.9.1　总量控制目标的可达性分析

计算区域、流域、重点行业工程措施和管理措施的减排潜力，分析减排目标及措施的技术可达性。

计算减排的管理措施和工程措施所需的资金投入，与规划期内规划区域 GDP 的增长及其环保投入的增加是否匹配，以判断其经济可行性。

根据污染源预测得出的新增污染物测算结果，结合减排潜力分析，计算出规划期各阶段污染物最大可能削减的量和比例，与依据控制目标及控制量进行容量计算得到的需减排的量，进行比较，确定规划措施的实施能否达到总量控制目标。

7.9.2 规划目标的可达性分析

以环境质量、污染控制、生态建设和环境管理能力建设 4 个方面的规划指标在规划基准年的现状值为基础，结合污染源在规划期不同阶段的预测结果，在法律法规保障、管理措施执行、技术充分应用、工程措施实施、资金投入保障等条件下，逐一对规划指标在规划期不同阶段的指标值随着经济的发展、总量控制工作的进行是否能达到目标值要求进行分析。对于难以在规划期内达到目标的指标，应提出相应的对策建议，或提出更合理的规划指标目标建议。

参考文献

陈宝红，杨圣云，周秋麟. 2001. 浅论我国海岸带综合管理中的边界问题[J]. 海洋开发与管理(5)：27 - 32.

陈文颖，侯盾. 1999. 基于多人合作对策思想的总量控制优化治理投资费用分摊方法[J]. 环境科学学报，19(1)：57 - 62.

丁峰. 2010. 农村分散型的生活污水处理工程实例[J]. 污染防治技术，23(2)：92 - 94.

窦振兴，罗远栓，黄克辛. 1981. 渤海潮流及潮余流的数值计算[J]. 海洋学报，3(3)：370 - 381.

雷霁霖. 2010. 中国海水养殖大产业架构的战略思考[J]. 中国水产科学，17(3)：600 - 609.

林锉云. 1992. 多目标化方法与理论[M]. 长春：吉林教育出版社.

马顺清. 2010. 青海：推进产业结构调整构建绿色发展模式[J]. 环境保护(6)：24 - 26.

万珊珊，郝莹. 2009. PBIL 进化算法求解排污口布局优化问题的研究[J]. 计算机工程与应用，45(15)：237 - 240.

王美娟. 2009. 排海污水中氮、磷及有机污染物处理基础进展[J]. 海洋开发与管理，26(9)：161 - 163.

吴志强. 2010. 谈生态补偿政策的重要性[J]. 科技信息(13)：404.

夏爱军，张新国. 2003. 中水作用大[J]. 环境导报(4)：11.

许志强，刘淑珍，冯恩民. 2003. 近海海域污染源的合理布局[J]. 海洋学报，22(2)：120 - 124.

杨积武. 2001. 近岸海域实施污染物排放总量控制的理论与实践[J]. 环境保护(2)：24 - 26.

张坤民，温宗国，杜斌，等. 2003. 生态城市评估与指标体系[M]. 北京：化学工业出版社：97 - 98.

张永胜. 2004. 浙江省象山港入海污染物总量控制规划研究[D]. 青岛：中国海洋大学.

Chen Haoxun, Jurgen I, Carsten L. 1999. Agenetic algorithm for flexible job-shop scheduling [C]//Proceedings of the 1999 IEEE International Conference on Roboties & Automation Detroit, Michigan.

Ehler C N. 2003. Indicators to measure governance performance in integrated coastal Management[J]. Ocean and Coastal Management, 46：335 - 345.

Nasr N, Elsayed E A. 1990. Job shop scheduling with alternative machines [J]. International Journal of Production Research, 28(9)：1959 - 1609.

第8章　总量控制规划案例

本项目在总结以上入海污染物总量控制理论方法与关键技术的基础上，以山东胶州湾、江苏灌河口、浙江杭州湾、福建罗源湾、泉州湾、厦门湾、广西廉州湾7个不同类型海湾为试点，开展本项目的应用示范研究。本章总结了7个示范区入海污染物总量控制规划实施状况，包括海域现状及存在问题、总量控制指标和目标的确定、总量减排方案和示范工程等内容，这些为本项目的实证研究成果。

8.1　胶州湾入海污染物控制规划与减排方案

8.1.1　海域现状及存在问题

胶州湾位于黄海西部，山东半岛南岸，总水域面积约为 360 km²，平均水深为 8.8 m，最大水深为 64 m，湾口狭小，最窄处仅有 3.1 km 左右，是一个典型的半封闭海湾。坐落在胶州湾畔的青岛市，辖 7 区 5 市，面积 10 654 km²。作为山东省经济的龙头和我国重要沿海城市，自 20 世纪 70 年代末以来，青岛市社会经济持续高速发展，GDP 年均增长率达 12% 以上，特别是进入 21 世纪以后，GDP 增长率高达 15% 以上；人口由 20 世纪 70 年代末的 590 多万增加到目前的 840 万，增长 42%。

青岛市的大部分污染物通过河流、市政排污口和企业直排口进入胶州湾。随着青岛市经济高速发展、人口大量增加，胶州湾沿岸化学污染物排海总量逐年增加，近 30 年污水排海总量增加 3.5 倍，直接导致胶州湾海水水质日益恶化、富营养化加剧、赤潮灾害频发等一系列海洋生态环境问题，这已成为青岛市社会经济可持续发展的重大制约因素。

8.1.2　排污单元划分和排污现状分析

根据污染源分布的地理位置，结合胶州湾周边入海河流和污水处理厂的分布和污染物排海通量现状，将污染源归并为 10 个污染排污单元，分别为镰湾河、洋河、跃进河、大沽河、墨水河、楼山河、板桥坊河、李村河、海泊河和团岛排污单元，如图 8.1 - 1 所示。

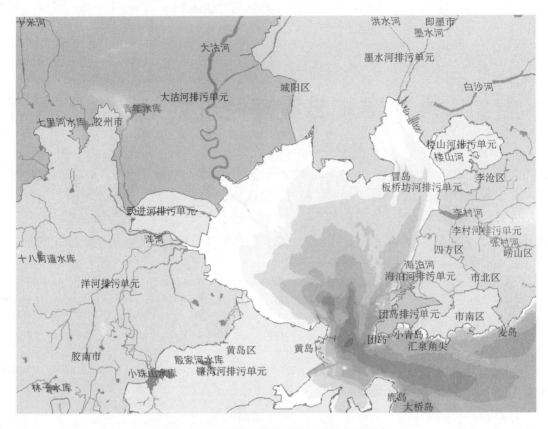

图 8.1 – 1　环胶州湾主要排污单元划分示意

8.1.3　总量控制减排指标和方案

　　在满足海洋功能区划水质标准下，与 2008 年现状排放量相比，DIN、PO_4-P 和 COD 均在镰湾河、楼山河和团岛排污单元有剩余分配容量（表 8.1 – 1），其中团岛排污单元的剩余分配容量最大，分别高达 4 323 t/a、381 t/a 和 12.1×10^4 t/a。而其余排污单元的实际排放量大都超过其分配容量，需进行削减。其中，墨水河、大沽河和李村河排污单元削减率较高，特别是 DIN 和 PO_4 – P 削减量均相当于各自当前排海通量的 90% 左右。

表 8.1 – 1　海洋功能区划标准条件下环胶州湾各排污单元主要污染物剩余分配容量和削减量　　单位：t/a

排污单元	DIN		PO_4-P		COD	
	剩余分配容量	削减量	剩余分配容量	削减量	剩余分配容量	削减量
镰湾河	290.4	—	73.5	—	12 832.5	—
洋河	—	232	10.4	—	705	—
跃进河	15.6	—	—	7.95	—	41.3

续表

排污单元	DIN		PO$_4$-P		COD	
	剩余分配容量	削减量	剩余分配容量	削减量	剩余分配容量	削减量
大沽河	—	2 106.2	—	67.55	—	3 620.6
墨水河	—	2 557.0	—	125.45	—	20 950.4
楼山河	272.4	—	27.4	—	3 376.9	—
板桥坊河	78.1	—	10.2	—	—	2 417.9
李村河	—	3 155.1	—	163.05	—	12 269.4
海泊河	—	961.8	54.0	—	—	6 131.4
团岛	4 323.2	—	380.6	—	121 535	—

8.1.4 总量控制措施

（1）城市生活污水污染防治

在海泊河、李村河、板桥坊河、墨水河和镰湾河等排污单元加快城市污水处理厂及其配套管网建设，集中处理污水；需制定更加严格的污水处理排放标准，并逐步向各污水处理厂全部配置脱氮除磷工艺，进行污水深度处理，加强城市生活污水的综合整治。

（2）工业废水污染防治

严格实施企业污染物排放总量控制。加大污染治理力度，继续实施污染治理再提高工程。沿湾生产力优化布局，充分利用海域自净能力。以各汇水区分配容量为依据，环湾进行生产力优化布局，实现城市布局的科学发展。优化环湾产业结构，有效减少结构性污染。发展循环经济，推进清洁生产，做好循环经济试点工作。

（3）非点源污染防治

加强农村生活污染控制，加强乡镇环境综合整治。积极发展生态农业，科学施用肥料。严格控制农药、农膜污染。进一步加强禽畜养殖污染控制。加强城市径流污染控制，考虑城市雨水径流综合利用。对市区河流进行环境污染综合整治，对海泊河、李村河、楼山河、张村河、墨水河、洪江河、大沽河等河流进行全流域综合整治。实施生态养殖工程，削减养殖污染物的排放量。

（4）防治船舶及相关作业活动的污染

建立健全港口船舶污染物接收处理系统，加强对船舶污染物的防治和监控，加大渔船渔港污染防治和监督管理力度。

（5）逐步健全流域管理与区域管理相结合的胶州湾环境管理体制

根据胶州湾海域资源、生态、环境管理的系统性要求，强化地方政府履行社会管理和公共服务的职能。强化流域管理，突出统筹协调，将科学发展观和可持续发展战略贯穿到整个胶州湾经济、社会活动之中，逐步健全流域管理与区域管理相结合的管理体制和运行机制。建立起一种互相联动式的良好协作关系，提高部门的决策效率以及资源的配置和使用效率，从而形成统一管理、分工协作的管理体制。

8.2 江苏灌河河口入海污染物总量控制和减排方案

8.2.1 海域现状及存在问题

灌河地处江苏省北部连云港市南端，是苏北地区最大的入海潮汐河流。干流全长 74.5 km，流域面积 8 000 km²，一般河宽 350 m，水深 7～11 m，年径流量约 $15 \times 10^8 m^3$。灌河是江苏省除长江以外唯一的一条直接通海且在主干流上没有建闸、又有较好自然水深条件的潮汐河道。灌河口呈喇叭式，两侧为大片泥滩，沿海地带纳潮便利，河口外有开山岛作为天然屏障。灌河河口平面示意图如图 8.2 – 1 所示。

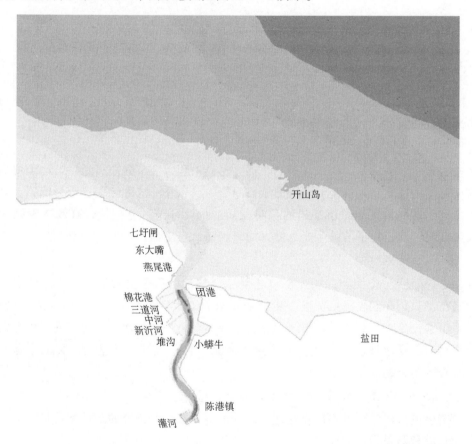

图 8.2 – 1 灌河河口平面示意

灌河河口面临的主要环境问题如下。

① 灌河河口及邻近海域水体无机氮、磷酸盐浓度超标严重，营养盐结构失衡，氮磷比

严重失调，不能满足增养殖区、度假旅游区等海洋功能区环境质量要求。典型持久性有机污染物、环境内分泌干扰物质、国际公约禁排物质及剧毒重金属也时有检出，近岸海域的环境质量普遍差于远岸地区，陆源污染物入海是导致海洋环境质量恶化的主要原因。

② 近几年来，化工企业逐渐向沿海地区靠拢，灌河北岸的灌南县堆沟化工园区、灌云临港产业集中区和灌河南岸的响水化工园区相继建成并投入运行。这些企业的排污直接面向近海，入海排污总量逐年增加。陆源入海污染物已由过去单纯的生活和农业生产排污转为以工业甚至化工工业污染为主。

③ 海洋捕捞强度增大使得主要传统经济鱼类资源全面衰退，海水养殖面积的扩大干扰了重要经济生物繁育场的环境条件。过去形成鱼汛的海洋经济鱼类在品种数量、渔场大小和汛期时间上大为减少和缩小。底栖生物群落比较单一，数量偏少，高盐度区的底栖生物在生物种类、密度和生物量方面均高于低盐度区；浮游植物密度偏高，同时存在赤潮生物种类，构成了该水域赤潮发生的潜在因素。生态系统健康状况不容乐观。

④ 非法倾倒、海洋工程违规作业、未经科学论证的围（填）海工程等较大程度改变了海域的自然属性及水动力条件，港口、航道与海湾淤积，海岸变化，对该海域的蚀淤环境和生态环境影响较重。

8.2.2　总量控制减排指标和目标

（1）总体目标

建立跨部门、跨区域的海陆统筹协调机制，形成部门间、地区间、流域间的污染物治理与环境保护信息共享机制；重点工业企业实现全面稳定达标排放，城镇污水处理水平显著，入海流域、面源污染综合整治工程全面实施。依靠经济增长方式的转变，实现灌河河口区域经济与环境共赢，主要入海污染物不超过目前的排放水平并逐步削减，为江苏沿海经济的可持续发展提供有力支持。

（2）控制指标

根据灌河河口海域地理特征、污染特点及区域未来发展的趋势，海域排污总量控制指标包括以下几类。

① 无机氮。有关资料表明，我国近岸海水普遍无机氮含量较高。灌河口邻近海域调查资料也表明：无机氮含量均超国家四类海水水质标准。因此，灌河口已没有无机氮的容量，本课题着重提出无机氮的削减控制措施。根据实测资料分析得到，无机氮与总氮的比例关系为 1:1.05。

② 活性磷酸盐。灌河口邻近海域调查的资料表明，活性磷酸盐含量均超国家四类海水水质标准。因此，灌河口已没有活性磷酸盐的容量，本课题着重提出活性磷酸盐的削减控制措施。根据实测资料分析得到，活性磷酸盐与总磷的比例关系为 1:2.24。

③ 化学耗氧量（COD）。这是海水水质的有机物污染的综合指标，因此，选取 COD 作为海域环境容量的控制指标。从灌河口邻近海域调查的资料表明，COD 含量基本符合国家二类海水水质标准。

（3）控制目标

① 容量分配规划。分为现状期（2006—2010 年）、近期（2011—2015 年）、远期（2016—2020 年）。过剩的环境容量分为近期和远期两个阶段进行分配，以近期分配为主，远期灌河河口邻近海域污染趋势得到遏制，总体达标率达到 80% 以上。

② 水质考核指标。2015 年灌河河口邻近海域海水水质的总体质量保持在三类海水水质标准，其中 COD 控制在一类海水水质标准（<2 mg/L）内，无机氮、活性磷酸盐由现状的四类—劣四类海水水质标准提高到三类海水水质标准。

8.2.3 总量控制与减排方案

预留被动耗散的海洋环境容量，包括周边地区人口增长、土地流失和安全保障等的需要。依据三县社会发展情况、污染物处理能力、经济承受能力，将剩余容量进行优化分配，并对超量（超过允许排放量）排放的污染物，确定近期（2015 年削减率 70%）和远期（2020 年削减率 100%）的削减方案，如表 8.2-1 所示。

表 8.2-1　近期灌河和新沂河现状比例减排剩余分配容量和削减量　　　　单位：t/a

| 汇水单元 | 无机氮 | | | | 活性磷酸盐 | | | | COD | |
| | 近期 | | 远期 | | 近期 | | 远期 | | 近期 | 远期 |
	剩余分配容量	削减量	剩余分配容量	削减量	剩余分配容量	削减量	剩余分配容量	削减量	剩余分配容量	削减量
灌云县	—	1 905	—	816	—	163	—	70	10 696	—
灌南县	—	1 022	—	438	—	126	—	54	6 640	—
响水县	—	152	—	65	—	18	—	8	2 235	—
交接断面	—	2 652	—	1 136	—	73	—	31	7 714	—

8.2.4 总量控制对策与减排措施

（1）优化产业结构和生产力布局

加快淘汰石化、纺织、造纸等重污染行业的企业，着力打造电子信息、汽车、船舶、生物及新材料等产业，提高服务业在国民经济中的比重，逐步使产业结构向低能耗、高技术和高水平方向发展。

（2）加强农村生活和畜禽养殖污染控制

加强乡镇环境综合整治，加快污水收集及处理系统等基础设施建设，加强禽畜养殖规模饲养，规范管理，达标排放。通过多种途径，实施"雨污分离、干湿分离、粪尿分离"等手段削减污染物的排放总量。

（3）发展生态农业，科学施用肥料

建立新型农业生产体系和技术体系。优先发展安全食品。加强科学施肥，科学使用农药。科学合理规划滩涂养殖布局，有计划地调整养殖品种结构，规范海上养殖活动，大力推广生态养殖。

（4）实施生态工程建设和河流环境综合整治

提高城市绿化、美化、亮化、净化水平，打造一流的人居环境和投资置业环境。加强污水处理厂、生活垃圾填埋场、固体废弃物处理、防护林建设。

（5）抓好临港工业和码头的污染控制

建立健全港口船舶污染物接收处理系统和油污水回收设施。加强对到港船舶压载污水达标排放监督检查。加大对渔船渔港污染防治的监管力度。

（6）健全流域－河口－海岸环境管理体制

根据流域资源、生态、环境管理的系统性要求，强化地方政府履行社会管理和公共服务的职能。强化流域管理，突出统筹协调，逐步健全流域管理与区域管理相结合的管理体制和运行机制。提高部门的决策效率以及资源的配置使用率。

8.3　杭州湾入海污染物总量控制和减排方案

8.3.1　海域现状及存在问题

杭州湾位于浙江省北部、上海南部，东邻舟山群岛，西有钱塘江、曹娥江等注入。根据《中国海湾志》的定义，杭州湾的范围东起上海市南汇区芦潮港（灯标）至宁波市镇海区甬江口；西接钱塘江河口区，其界线是从海盐县澉浦长山至慈溪、余姚两地交界处的西三闸（图 8.3－1）。杭州湾湾口呈喇叭口形，潮汐显著。杭州湾北岸为杭嘉湖平原（包括上海市南部南汇区、奉贤区、金山区的长江三角洲平原），南岸是宁绍平原（包括余姚市、慈溪市、镇海区）。

杭州湾东西长 90 km，湾口宽 100 km，湾顶澉浦断面宽约为 20 km，面积约为5 000 km^2；大陆岸线长 258 km，湾内潮间带面积 500 km^2（即岸线至理论基准面以上滩涂面积），海滩主要为淤泥质潮滩。杭州湾历史演进的总体趋势是北岸侵蚀后退、南岸淤涨伸展。杭州湾内有岛屿 57 个，面积为 5 km^2。

杭州湾的主要功能是港口和养殖，其周边的生态敏感点包括舟山渔场、杭州湾渔业资源繁育场、浙江五峙山鸟岛海洋自然保护区、庵东湿地鸟类栖息地等。近年由于人类开发活动加强，海域出现明显富营养化，湿地破坏现象，其面临的主要环境压力为：钱塘江、曹娥江、甬江等入海河流带来大量的污染物；围填海造成湿地破坏；洋山深水港带来一定的环境压力；上海石化等化工企业的废水中含有大量的有毒有害污物，环境风险高。

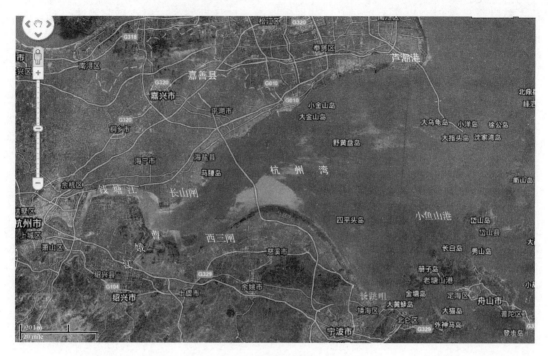

图 8.3 - 1　杭州湾起讫点位置示意

8.3.2　总量控制减排指标、目标和方案

（1）COD_{Cr} 总量控制

通过总量控制，杭州湾沿海各市（县、区）近岸海域 COD_{Mn} 超过 2 mg/L 和超过 3 mg/L 的面积为全杭州湾海域面积的 14.52% 和 0.18%。COD_{Mn} 各县（市、区）允许排放源强 524 128.34 t/a。

（2）TN 总量削减

通过总量控制，杭州湾沿海各市（县、区）近期分配的 TN 总量减排削减 10% 的减排削减量为 2 173.12 t/a；中期 TN 总量减排削减 20% 的减排削减量为 4 346.26 t/a；远期 TN 总量减排削减 50% 的减排削减量为 10 865.63 t/a。

（3）TP 总量削减

通过总量控制，杭州湾沿海各市（县、区）近期分配的 TP 总量减排削减 10% 的减排削减量为 298.45 t/a；中远期 TP 总量减排削减 20% 的减排削减量为 596.95 t/a；远期 TP 总量减排削减 50% 的减排削减量为 1 490.85 t/a。杭州湾沿海各市（县、区）各减排削减量分配汇总如表 8.3 - 1 所示。

表 8.3 – 1　杭州湾沿海各市(县、区)各减排削减量分配汇总

市 (县、区) 名称	COD_Mn 允许排放源强 /(t·a⁻¹)	近期(5 年)减排削减量 分配量/(t·a⁻¹)		中期减排削减量 分配量/(t·a⁻¹)		远期减排削减量 分配量/(t·a⁻¹)	
		TN	TP	TN	TP	TN	TP
镇海区	42 454.39	78.31	9.24	156.62	18.49	391.55	52.18
慈溪市	51 888.70	289.32	50.39	578.63	100.78	1 446.58	195.30
余姚市	35 640.73	211.00	53.07	422.01	106.15	1 055.02	202.76
上虞市	35 640.73	211.00	21.77	422.01	43.53	1 055.02	125.23
绍兴县	43 502.65	202.30	17.89	404.61	35.78	1 011.52	110.32
萧山区	57 129.99	256.69	33.69	513.37	67.39	1 283.43	174.43
海宁市	35 116.60	226.23	27.13	452.46	54.27	1 131.16	141.63
海盐县	30 399.44	176.20	18.78	352.40	37.57	881.00	111.81
平湖市	51 364.58	141.39	15.50	282.79	31.01	706.97	90.94
金山区	38 261.37	130.52	11.93	261.04	23.85	652.59	76.03
奉贤区	41 930.27	130.52	16.70	261.04	33.40	652.59	95.42
南汇区	60 798.89	119.64	22.36	239.28	44.73	598.21	114.80

8.3.3　总量控制对策与减排措施

(1)加强陆源入海污染物总量控制及企业污水达标排放管理

污染物排放量占第一位的工业污染源是杭州湾污染物总量控制的重点控制对象,落实陆源污染物排海控制和治理责任,力求做到污染物达标排放和污染物排放总量控制。加大对杭州湾沿岸地区重点行业、企业排污监管力度,包括从源头控制、处理过程监控到末端治理全过程监管,防止未达标、偷排、禁排等违规排放行为的发生,同时加大公众监督力度和环境监管信息的公开化;加快排污管网建设,提高污水处理厂的负荷率;培育污染治理产业;推进杭州湾排海污染物总量控制试点工作,削减陆源污染物排海总量。

(2)提高城镇生活污水处理率,加强面源污染的管理力度

切实加强污水处理厂的污水处理设施能力建设,进一步提高污水处理厂污水处理能力。对已建成的污水处理设施强化运营管理,最大限度地发挥城镇生活污水处理厂的减排效益;建设生活污水管网设施,不断扩大管网覆盖面,提高污水收集率,对生活污水进行处理后再排放;加大农村生活污水和垃圾治理、畜禽养殖污染治理、土壤污染治理及综合利用等。这些措施的实施对海洋环境的改善将是有益的,也有助于该地区社会经济的可持续发展。

(3)优化产业结构，调整产业布局，促进社会经济可持续发展

依托杭州湾区位条件、产业基础和环境容量，遵循"减量化、再利用、资源化、无害化"的原则，大力发展生态农业、生态工业、生态旅游和环保产业，促进循环经济的发展；加强陆源入海的总量控制管理，逐步实现节能、降耗、减污、增效的清洁生产目标，对污染物超标排放或超总量排放、排放有毒、有害物质的企业实施清洁生产。同时适度发展社会效益较好、污染小的工业产业，以满足区域 GDP 增长和人口就业的需要，促进社会和谐。

(4)实施生态恢复工程，减少水土流失量，加强农业养分的管理

应加强水土保持规划和计划，全面贯彻"预防为主，全面规划，综合防治，因地制宜，加强管理，注重效益"的水土保持方针；加强农业化肥的有效使用管理，发展低毒无毒农药，对农、林病虫提倡生物防治，调整农业生产的空间布局和种植结构安排，大力发展生态农业。

(5)加大杭州湾沿海各市(县、区)污染河流的整治力度

杭州湾集水区域为密集的平原河网，沿岸陆源污染物除少部分以直排方式入海外，绝大部分陆源污染物都是以河流、水闸等方式排放入海，因此，加大杭州湾沿海各市(县、区)污染河流治理和整治力度，也成为实施陆源入海污染物总量控制的重要内容。着力推进钱塘江流域、曹娥江流域及河网平原水闸流域等环境连片整治，加强植树造林、恢复湿地等生态保护与修复工程和生态屏障建设，改善和减缓河流等污染源对海域的环境污染压力。

(6)建立健全区域协作机制，加强流域合作和统一管理

杭州湾地处社会经济发达的长三角南翼，加强与长三角及长江流域等流域合作，建立健全跨省、跨市和跨县(区)等各级区域协作机制，协调产业发展和流域环境综合治理，促进区域社会经济和生态环境的协调发展，逐步实现区域上下游之间人与自然和谐相处。另外，要充分利用杭州湾沿岸许多用于灌溉或排洪作用的水闸功能，调节陆源的排放强度，在流域内要建立陆源排放协调和统一管理机制，避免陆源的集中排放而形成较强的点源污染。

(7)加强环境保护宣传教育工作

向居民宣传海洋环保的意义，增强公众海洋保护的意识，取得干部群众的支持和帮助，使他们明白生态环境保护与当地经济发展和他们自身利益的关系，使他们积极投身到保护海洋环境和滨海湿地资源的行动中去，为生态环境保护建立良好的社会和群众基础。

8.4　罗源湾海域排污总量控制规划

罗源湾位于福建省东北部沿海，北邻三沙湾，南隔黄岐半岛与闽江口连接，东临东海，西连福州，整个海湾由罗源县碧里半岛和连江县黄岐半岛环抱而成，口内有担屿等岛屿屏障，隐蔽性较好，是福州北翼一个天然深水良港，是海峡西岸经济区中发展的重点港

湾之一。罗源湾腹大口小，为典型的半封闭海湾，水体交换能力较差，海域环境容量有限。随着环罗源湾区域城市化推进以及临港工业的快速发展，排入海域的污染物总量不断增大，水质污染趋势进一步加大，湾顶等局部区域水质恶化和富营养化现象尤为明显。《罗源湾海域排污总量控制规划》的编制旨在贯彻落实科学发展观，促进罗源湾区域海洋资源开发和环境保护的协调发展，从源头上控制海洋污染，切实保护罗源湾海域生态系统。

8.4.1 海域现状及存在问题

（1）自然概况

罗源湾北侧和西北侧属罗源县，西侧和南侧属连江县。罗源湾腹大口小，形似倒葫芦状。整个海湾由罗源县碧里半岛和连江县黄岐半岛环抱而成，湾南北两岸低山丘陵环绕，口外有东洛、西洛等岛屿，口内有担屿等岛屿屏障，隐蔽性较好（图 8.4 - 1）。湾内风浪小，海面平稳。罗源湾依托陆域为福州市的罗源县和连江县，涉及 14 个乡镇，岸线长约为 130 km，陆域总面积约为 570 km²，人口总规模约为 30 万。

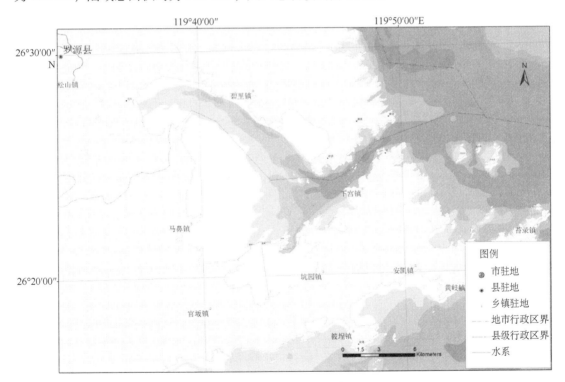

图 8.4 - 1 罗源湾地理位置

汇入罗源湾的地表径流主要包括罗源县的起步溪、护国溪、南门溪，连江县的鲤溪、牛拓溪以及其他短促独自入海溪流。

（2）社会经济概况

罗源县辖 6 个镇和 5 个乡，2008 年年末总人口为 25.37 万人，生产总值为 70.65 亿元。

工业集中在凤山镇、松山镇、碧里乡和起步镇，初步构建起以冶金、建材、能源、船舶修造、轻工食品、机械制造为主导的临港工业体系，形成以港口工业带动经济发展的新格局。

连江县辖 16 个镇和 7 个乡，2008 年年末总人口为 62.37 万人，生产总值为 135.92 亿元，罗源湾南岸工业开发主要为能源、港口物流等。港口资源开发较慢，仅建有下宫码头，可门火电厂配套码头和可门作业区 4#、5# 泊位、10# 和 11# 泊位，其他岸线尚待开发。

（3）污染源状况

根据核算，2009 年罗源湾污染物排海总量为：COD_{Cr} 56 733 t/a、TN 4 079 t/a、TP 750 t/a。陆源污染以水土流失、生活污染、化肥流失和畜禽养殖等非点源污染为主，COD_{Cr}、总氮和总磷排放量分别约占排海总量的 9%、41% 和 22%；海上污染源主要为海水养殖，COD_{Cr}、总氮和总磷排放量分别约占排海总量的 91%、59% 和 78%。

（4）海域环境状况

2009 年罗源湾 pH 值、溶解氧及 COD 均达到二类海水水质标准，但无机氮、活性磷酸盐含量总体偏高，一年四季均存在超标的现象。海洋沉积物质量总体处于良好状态，除 DDT 在靠近湾口处的站点发生超标外，其余所有参数在各站点均符合第一类海洋沉积物质量标准。罗源湾太平洋牡蛎和缢蛏体内的有毒有害物质均存在超标现象。2009 年罗源湾四个季度代表月表层叶绿素 a 含量为 0.14 ~ 7.50 μg/L；浮游植物 5 门 250 种，硅藻门类占绝对优势；浮游动物 10 个门类 188 种，主要为水母类和浮游甲壳类；浅海大型底栖生物 189 种，以多毛类为主。

（5）环境容量

罗源湾海域的环境容量在不同季节有明显的差异，按 COD_{Mn} 为 2.0 mg/L，其余指标按二类海水水质目标控制，夏季环境容量 COD_{Cr} 为 639 482 t/a，TN 为 132 955 t/a，TP 为 3 163 t/a，石油类为 8 646 t/a。冬季环境容量相对夏季明显降低，TN 为 6 448 t/a，TP 为 981 t/a。

（6）存在的问题

罗源湾海域存在的主要问题有海水富营养化问题、船舶活动及港口建设带来的石油类污染问题、临港工业引发的区域性重金属污染和温升问题。

8.4.2　规划指导思想与原则

（1）规划原则

规划应遵循以下原则：海陆统筹，综合管理；突出重点，分类指导；创新机制，落实责任。

（2）规划范围和年限

① 规划范围：罗源湾汇水区（图 8.4 - 2），其中海域面积为 179.56 km²，陆域面积为 570 km²，涉及罗源县和连江县两县 14 个乡镇。海域面积为 179.56 km²，划分为 6 个控制海区，如图 8.4 - 3 所示。

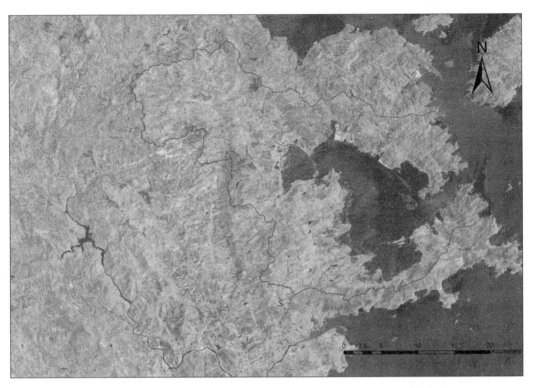

图 8.4 - 2　罗源湾汇水区范围

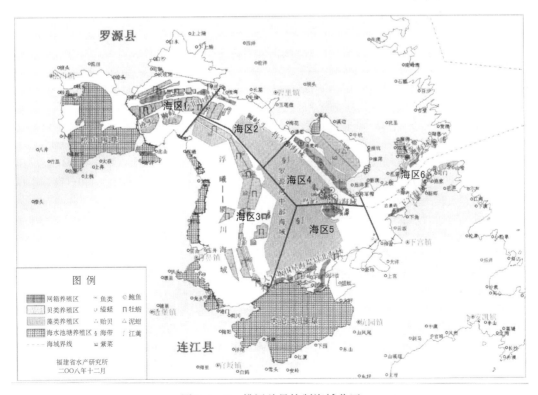

图 8.4 - 3　排污总量控制海域分区

② 规划年限：2009 年为基准年，2015 年为近期，2020 年远期。

8.4.3 排污总量控制目标

（1）排污总量控制因子

规划选取化学需氧量（COD_{cr}）、总氮、总磷和石油类作为排污总量控制因子。

（2）海域水质控制目标

罗源湾总量控制的水质控制目标为：COD_{Mn} 控制在 2.0 mg/L 以下，石油类控制在 0.05 mg/L 以下。近期（2015 年）无机氮控制在 0.4 mg/L 以下，活性磷酸盐控制在 0.040 mg/L以下；远期（2020 年）无机氮控制在 0.35 mg/L 以下，活性磷酸盐控制在 0.035 mg/L以下；远景无机氮控制在0.30 mg/L以下，活性磷酸盐控制在0.03 mg/L以下。

（3）总体控制方案

在各海区排污现状和发展规划的基础上，考虑在预留陆域非点源污染排放量的基础上，优先满足城镇生活排污，通过局部海水养殖退出、生活污水收集处理、排污口优化、重点产业污水集中至湾外深水排放以及远期的陆域非点源治理等进行排污控制。

（4）排污总量控制目标

根据污染控制方案，各海区近远期的 COD_{Cr}、TN、TP 排污总量如表 8.4 - 1 所示。2015 年罗源湾入海 COD_{Cr}、TN 和 TP 排放总量分别为 29 987 t/a、3 933 t/a 和 489 t/a；2020 年罗源湾入海 COD_{Cr}、TN 和 TP 排放总量分别为 11 073 t/a、3 084 t/a 和 251 t/a。

表 8.4 - 1　近远期各海区海域排污总量

海区	$COD_{cr}/(t \cdot a^{-1})$			总氮/$(t \cdot a^{-1})$			总磷/$(t \cdot a^{-1})$		
	现状	近期	远期	现状	近期	远期	现状	近期	远期
1	13 206	4 135	2 519	1 530	1 195	792	223	137	90
2	2 923	1 447	102	180	481	34	36	26	4
3	2 490	2 490	2 118	336	336	245	37	37	30
4	15 621	10 382	2 339	840	570	782	185	125	43
5	19 815	8 856	3 895	1 019	1 176	1 200	234	128	80
6	2 678	2 678	100	174	174	32	36	36	5
合计	56 733	29 987	11 073	4 079	3 933	3 084	750	489	251

罗源湾各海区 COD_{Cr} 虽然还有较大的环境容量，但根据污染物控制协同作用的原理，随着氮、磷污染物削减控制，COD 也同样得到有效削减，因此，海域 COD 应重点控制局部海域高污染区；而作为潜在的石油类污染主要控制重点企业达标排海和风险事故的防范和应急控制，如表 8.4 - 2 所示。

表 8.4 – 2 罗源湾各海区排污总量控制规划

海区	水动力	纳污现状	发展规划	控制方案
1	最差	起步流域陆源污染(60%)，松山垦区虾蟹养殖污染(30%)以及海区鱼类养殖(16%)排污	松山新城、松下(机电/轻工业/食品加工等)片区、金港(冶金和机械装备)片区	工业污水达标排放；近期生活污水80%处理率，松山垦区的虾蟹养殖以及海区1的鱼类养殖全部退出，城镇生活污水处理厂排放口调整至海区2(碧里排污口)；远期生活污水90%处理率，城镇污水处理厂排放口调整至海区4(岗屿排污口)，北山虾蟹养殖退出，陆域非点源污染削减30%
2	较差	碧里乡陆源污染(2%)以及海上的鱼类养殖污染	碧里港口作业区、大型修造船基地	工业污水和港区达标排放，鱼类养殖退出。近期增加碧里排污口，远期调整到海区4排放
3	差	连江马鼻镇、透堡镇、长龙镇以及官坂的下濂、塘边村的陆源污染(14%~18%)，以及沿岸的虾蟹养殖排污(12%)	马透片区环保产业园、综合洁净工业区以及滨海商业休闲、商务会展组团	工业园区达标排放，近期生活污水处理率达到80%，排至可门排污口；远期生活污水处理率达到90%，排至可门排污口，陆源非点源污染在现状的基础上削减30%
4	较好	除少量的陆源(2%~4%)排污外，主要来自鱼类养殖污染排污(38%)	牛坑湾港口物流区、罗源火电厂和码头区	临港工业和港区达标排放；近期虾蟹养殖全部退出，鱼类养殖削减1/3，其他维持现状；远期鱼类养殖全部退出，增加岗屿排污口。罗源电厂温排水考虑湾外排放
5	较好	官坂、坑园镇的陆源排污(10%)，大官坂垦区的虾蟹养殖(52%)以及垦区外的鱼类养殖污染(20%)	可门港港口物流区、精细化工园区、冶金、装备制造、游艇产业园区	工业污水达标排放；近期生活污水集中处理率达到80%，排至规划的可门排污口，大官坂垦区的虾蟹养殖全部退出，垦区外沿岸的鱼类养殖退出，岗屿鱼类养殖区保留；远期生活污水集中处理率达到90%，排至规划的可门排污口，岗屿鱼类养殖退出，工业污水达标处理排至湾外
6	好	除沿岸村庄的陆源排污(3%~4%)外，近岸的鱼类养殖污染(6%)	濂澳精细化工、油品仓储、南方石化	养殖逐步退出，码头及临港工业风险事故防范和应急控制，工业污水达标处理排至湾外

注：纳污现状中( )内的数据为占全海湾的比例。

8.4.4　主要任务

（1）加快城镇污水处理设施建设，优化排污口的设置

加快污水处理厂的新建、改建、扩建、新建的城镇污水处理厂都必须采取脱氮除磷工艺。加强污水处理厂的配套管网工程建设，大力推进雨污分流。确保城镇污水收集处理率。对污水排放口的设置进行优化，不适宜设置的排污口应调整位置，并考虑湾外排放。

（2）依靠产业结构调整，腾出总量

随着产业结构的调整，罗源湾海洋主导功能将由渔业生产逐步转变为发展港口和临海工业。应通过实施罗源湾海域养殖调整规划，逐步将罗源湾内现有的养殖区调整为禁止养殖区、过渡性养殖区、限制（逐步缩减）养殖区，较大幅度减少海水养殖的污染物排放，腾出环境容量提供城镇生活和工业发展的排污需求。

（3）严格环保准入，强化项目审批，控制增量

加强建设项目环境管理，严格执行环境影响评价制度，实行环境准入制度，从源头控制污染物排海总量。实施区域污染物替代，严格控制氮磷污染物增量。

（4）强化海岸带综合治理，实施非点源的有效削减

强化海岸带综合治理，实施农村环境综合整治、畜禽养殖业污染控制、水土流失污染控制、滨海湿地生态修复，推进海水环境友好型养殖，开展海上污染整治，逐步实现非点源污染的削减。

（5）落实重点产业的达标排放，严格控制特征污染物

通过实施冶金行业的重金属污染控制、电厂的热污染控制、修造船基地和码头港区的石油类污染控制以及石化行业的特征污染物控制，落实重点产业的达标排放。

8.4.5　主要工程与投资估算、效益

（1）重点工程项目投资估算

实施城镇污水处理工程，包括新、扩建污水处理厂，建设和完善污水收集管网，排污口优化与调整，近期投资 9.22 亿元，远期投资 14.93 亿元。

实施海上污染整治工程，包括海水养殖退出、环境友好型海水养殖、海上养殖废弃物及海飘垃圾清除、海上酒家和鱼排污染整治，近期投资 3.20 亿元，远期投资 3.46 亿元。

实施船舶和港口的污染控制工程，包括渔船渔港的污染防治工程、港口作业区的污染防治工程和海上风险事故防范工程，其中渔船渔港的污染防治工程近期投资 300 万元，远期投资 400 万元。

实施重点工业污染控制工程，包括冶金行业的重金属污染控制、电厂热污染控制、修造船基地和码头港区的石油类污染控制、石化行业的特征污染物控制，由港区和重点工业投资，不列入本规划。

（2）一般工程与项目

实施农村面源污染整治工程，包括农村生活面源污染整治、农业面源污染控制工程，

近期投资 500 万元，远期投资 1 500 万元。

实施畜禽养殖场污染整治工程，远期投资 500 万元。

实施流域生态修复整治工程，包括内滩水库的生态修复工程、河道整治工程，近期投资 500 万元，远期投资 2 000 万元。

实施滨海湿地生态修复工程，近期投资 200 万元，远期投资 1 000 万元。

（3）总投资估算

根据罗源湾排污总量控制总体目标和主要任务，分别提出排污控制的四大重点工程和一般工程项目，总投资约为 19 亿元，其中近期约为 13 亿元，远期累计投资 19 亿元。

8.4.6　保障措施

① 加强组织领导，明确责任分工。加强组织协调和区域协作；建立环保管理长效机制，落实行政领导责任制。

② 加大投入力度，拓宽融资渠道。明确环保投入占同期固定资产投资的比例；建立海域使用经费的环境投入机制；运用市场机制推进环境保护工作。

③ 创新体制机制，完善相关政策。建立海域生态补偿机制；建立高风险污染源强制保险制度。

④ 加强科研力度，提供决策支持。扶持发展环保产业，推行清洁工艺；对罗源湾入海污染物总量控制关键技术进行联合攻关；加大对科技成果和适用技术推广应用。

⑤ 健全法律法规，强化监督执法。制定《罗源湾海域排污总量控制管理办法》；严格执行环境法律法规。

⑥ 加强宣传教育，开展舆论监督。

⑦ 实施规划评估，明确奖惩措施。

8.4.7　实施与考核

（1）海水水质控制点监测

与入海排放口监测同期，进行水质控制点和罗源湾湾口断面水质的监测，分析入海污染物排放总量和外海水水质的时空变化对水质控制点主要污染物浓度的影响。

（2）入海污染源排放总量监测

选择主要入海河流在入海口建立水质水量的定期监测制度，掌握陆源主要污染物浓度和排放总量。通过与企业建立数据共享，获得企业排放口在线监测的污染物浓度和排放量的数据。通过与闸门管理部门协调配合，对进水和排水的水质和水量进行定期监测。

（3）总量控制措施的落实监督

调查本规划提出的海水养殖退出、污水管网的配套建设、污水处理厂的建设以及污水处理厂尾水排放口的优化设置、重点产业污水集中至湾外深水排放以及陆域非点源污染控制以及船舶等环境风险污染控制等措施的落实情况，考核规划执行的效果。

8.5 泉州湾海域排污总量控制规划

8.5.1 海域现状

（1）自然概况

泉州湾位于福建省东南部沿海中部，周边跨越三市一县：东北侧为惠安县、西北侧为泉州市、西南侧为晋江市、东南侧为石狮市。由于后期受晋江大量泥沙携带注入泉州湾以及湾内局部围垦工程的影响，泉州湾局部地段出现明显的淤积趋势，造成水下浅滩、拦门沙坝的形成，湾内泥沙运动活跃。湾口向东敞开，北起惠安县崇武镇，南至石狮市祥芝角，口门中部有大、小坠岛横亘，属于开敞式海湾。若以秀涂西南角——石湖西北角为分割线，可将泉州湾一分为二：西侧为内湾，东侧为外湾（图8.5－1）。内湾封闭性较强，外湾水体交换性较强。

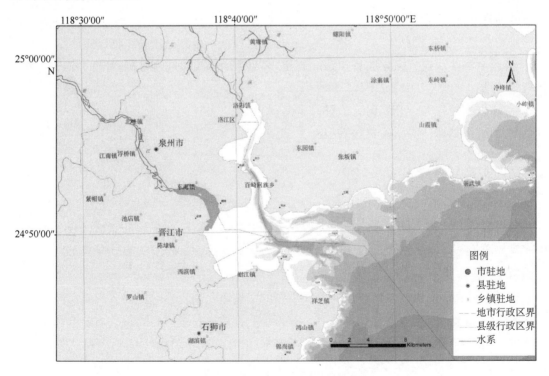

图 8.5－1 泉州湾地理位置

泉州湾岸线曲折，总长度为 80.18 km。海湾总面积为 128.18 km²，其中滩涂面积为 80.42 km²，水域面积为 47.46 km²。泉州湾港湾深入，湾的四周主要由花岗岩缓丘、红土

台地和第四系海积 – 冲积平原组成。惠安县秀涂至石狮市蚶江连线以东为砂质海岸，以砂质海滩为主；连线以西为淤泥质海岸，并以淤泥质潮滩为主，特别是湾内西南侧晋江河口处为宽阔平坦的黏土质粉砂潮滩。

泉州湾周边地区主要有 13 条入海流域，主要集中在泉州湾南岸地区。主要有晋江、洛阳江和九十九溪。

（2）社会经济概况

泉州湾区域的国民经济一直保持较快增长速度。泉州市 2007 年全年实现地区生产总值（GDP）2 164.75 亿元，按可比价格计算，其增长率为 15.9%。其中第二产业增加值为 196.69 亿元，增长 17.9%；第三产业增加值为 100.87 亿元，增长 14.9%。"十五"期间，地区生产总值年均增长 12.3%，超出"十五"计划目标 1.3%，其中三次产业年均分别增长 2.2%、13.9% 和 11.8%。产业结构继续优化调整。第一产业保持平稳发展，第二产业增势强劲，第三产业快速发展，第一产业、第二产业、第三产业对 GDP 增长的贡献率分别为 0.6%、64.7% 和 34.7%。三次产业的比例由 2000 年的 8.7:57.0:34.3 调整为 4.7:59.1:36.2。人均地区生产总值为 29 061 元，年增长 17.1%，是 2000 年的 1.97 倍。

（3）污染源状况

根据对各类污染源的分析，估算了泉州湾南岸、泉州市区、惠安县以及泉州湾周边各类污染源产生的污染物排放量，其负荷值如表 8.5 – 1 至表 8.5 – 5 所示。

表 8.5 – 1　泉州湾南岸汇水区各类污染物排放量汇总（2008 年）

项目	污染物排放量/$(t \cdot a^{-1})$		
	COD_{Cr}	NH_3-H	DRP
城镇生活污染源	13 747.7	2 199.6	274.9
工业污染源	3 264.76	44.68	—
畜禽养殖污染源	732.74	304.12	72.5
农田径流污染源	270.62	54.13	5.40
合计	18 015.8	2 602.5	352.8

表 8.5 – 2　各汇水单元入海污染物排放量（2008 年）

序号	项目	入海污染物排放量/$(t \cdot a^{-1})$		
		COD_{Cr}	NH_3-H	DRP
1	A 单元	3 189.9	575.9	87.0
2	B 单元	381.7	62.8	8.1
3	C 单元	4 373.9	577.3	81.6
4	D 单元	1 765.9	265.3	32.2

序号	项目	入海污染物排放量/$(t \cdot a^{-1})$		
		COD_{Cr}	NH_3-H	DRP
5	E 单元	1 170.4	83.0	8.8
6	合计	10 881.8	1 564.3	217.7

表 8.5 – 3　泉州市区入海污染物排放情况（2008 年）

项目	污染物排入量/$(t \cdot a^{-1})$		
	COD_{Cr}	NH_3-H	DRP
乌屿排污口	894.8	39.6	4.7
晋江浔浦	19 579.4	2 967.2	365.6
合计	20 474.2	3 006.8	370.3

表 8.5 – 4　惠安县主要污染物排放量统计表（2007 年）

单位：t/a

项目	COD_{Cr}	NH_3-H	DRP
工业污染源	296.98	2.5	—
城市生活源	999.80	160.0	20.0
农田径流污染源	700.8	140.2	14.0
畜禽养殖污染源	453.4	118.9	49.2
合计	2 451.0	421.6	83.2

注：表中工业污染源和城市生活源中氨氮、活性磷酸盐排放量参照泉州湾南岸汇水区各类污染源污染物排放量汇总表总 COD 与氨氮比值推算而得。

表 8.5 – 5　泉州湾周边区域污染物排放量统计表（2008 年）

单位：t/a

汇水区	COD_{cr}		NH_3-H		DRP	
	排放量	比例	排放量	比例	排放量	比例
泉州湾南岸汇水区	18 015.8	44.00%	2 602.5	43.15%	352.8	43.76%
泉州市区	20 474.2	50.01%	3 006.8	49.86%	370.3	45.93%
惠安县	2 451.0	5.99%	421.6	6.99%	83.2	10.31%
合计	40 941	100%	6 030.9	100%	806.3	100%

（4）海域环境状况

泉州湾周边地区工业、农业废水和生活污水直排入海，导致泉州湾水体富营养化程度较高；同时由于晋江、洛阳江流域周边地区污、废水最终汇入泉州湾，使沉积物重金属的高值一般分布在河口混合区和近岸海域，尤其是泉州湾北岸区域。从泉州湾调查获取的资料也表明：无机氮平均含量在调查期间均超国家四类海水水质标准；除了 2008 年 3 月份调查海区活性磷酸盐符合国家二至三类海水水质标准，其他月份的调查结果均超过国家四类海水水质标准；化学需氧量、重金属和石油类平均含量基本符合国家一类海水水质标准。

(5)海域单元区划分

泉州湾涵盖了河口、湿地、港湾等典型的生态系统，生态系统比较复杂；在行政归属上则隶属于多个市县。根据泉州湾海域的水动力特征和自然地理条件以及泉州湾区域生产力发展布局情况，按照海域环境容量、纳污能力的结果以及总量控制单元划分的依据，结合区域容量总量控制目标，对海湾进行区块划分。泉州湾海域可划分为 3 个单元区，分区情况如图 8.5 - 2 及表 8.5 - 6 所示。

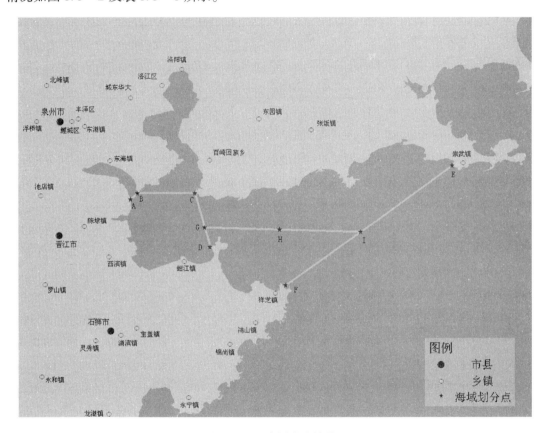

图 8.5 - 2　泉州湾海域分区

表 8.5 - 6　泉州湾海域分区

海区编号	位置与范围	执行的水质标准	行政归属
海区 I	秀涂西北角至石湖西北角连线(海洋功能区划中的内湾与外湾分界线)以内的泉州外湾内湾区域，不含晋江和洛阳江河口区	三类海水水质标准	晋江市、泉州市、南安市
海区 II	秀涂西北角至石湖西北角连线(海洋功能区划中的内湾与外湾分界线)以外的泉州外湾南部	三类海水水质标准	石狮市

海区编号	位置与范围	执行的水质标准	行政归属
海区Ⅲ	秀涂西北角至石湖西北角连线(海洋功能区划中的内湾与外湾分界线)以外的泉州外湾北部	二类海水水质标准	惠安县

(6)环境容量

泉州湾环境容量计算结果如表8.5-7所示。

表8.5-7　泉州湾环境容量计算结果

项目	区块Ⅰ环境容量			区块Ⅱ环境容量			区块Ⅲ环境容量			总环境容量
	允许增量	每天潮周期数	环境容量	允许增量	每天潮周期数	环境容量	允许增量	每天潮周期数	环境容量	
DIN-N	-2.48	1.97	—	-1.19	1.97	—	-1.64	1.97	—	—
PO_4-P	-0.044	1.97	—	-0.023	1.97	—	-0.020	1.97	—	—
COD_{Mn}	1.91	1.97	58.21	2.53	1.97	535.34	1.66	1.97	1 045.65	1 639.2
Cu	3.67	1.97	0.11	3.76	1.97	0.08	3.94	1.97	2.48	2.67
Pb	-0.47	1.97	—	-0.45	1.97	—	-0.18	1.97	—	—
Zn	8.92	1.97	0.27	11.50	1.97	2.43	7.10	1.97	4.47	7.18
Cd	0.93	1.97	0.03	0.95	1.97	0.20	0.94	1.97	0.59	0.82
Hg	0.002	1.97	0.000 06	0.016	1.97	0.003 4	0.009	1.97	0.005 7	0.009 2
As	18.50	1.97	0.56	18.57	1.97	4.00	18.41	1.97	11.60	16.09
石油类	-14.37	1.97	—	-20.55	1.97	—	1.67	1.97	1.052	1.052

备注:DIN-N、PO_4-P、COD_{Mn}含量的单位为mg/L;重金属和石油类含量的单位为μg/L;环境容量单位为t/d。

如表8.5-7所示,泉州湾的环境容量COD_{Mn}为1 639.2 t/d,铜为2.67 t/d,锌为7.18 t/d,镉为0.82 t/d,汞为0.009 2 t/d,砷为16.09 t/d,石油类为1.052 t/d。DIN-N、PO_4-P、铅均无环境容量。

8.5.2　泉州湾海域纳污能力与污染物总量控制

(1)排污口位置和排放方式选择的基本原则

污水应达标排放,切忌不经过处理或简单处理后直排入海;排污口应设置在水交换条件良好的海区,同时该区域水质状况需基本符合海洋功能区划要求,并还有一定的环境容量;尽量选择离岸较近且海底地形较为简单的深水海区,以降低铺设排污管道的造价,并减少对底栖生物及其生境的破坏;在水深较大的位置,初步设定扩散型(射流)排放口参数,估算污水排放的"初始稀释度",即污水质点从水下喷出,到达海平面时的稀释倍数,一般控制在 80 倍以上，初始稀释度大或密度分层使污水不冒顶均为较佳排放口海域；排放口布设应与城市总体规划中污水工程规划相适应，使之与陆上污水管网布置相协调；切忌漫滩排放或于小潮沟处排放；尽可能避免在邻近滩涂的浅水域排放大量污水；切忌在半封闭海湾湾顶水域排放污水。

（2）排污口对海区影响范围

从目前泉州湾排污现状来看，晋江排污口的影响范围可达到泉州湾石湖一带水域，泉州湾南侧的水域，响应系数较大；泉州湾石湖至秀涂外侧水域，响应系数数值较小。洛阳江排污口的影响范围在排污口至后诸一带区域，排污口的影响范围相对较大。十一孔桥排污口的影响范围在排污口附近、泉州湾南岸晋江一带，排污口的影响范围在浅海滩涂区影响较大。

（3）海域纳污能力与污染物总量控制

根据外业调查获取的靠近湾口站位的数据，确定外海水背景值：无机氮含量为 0.125 mg/L、活性磷酸盐含量为 0.012 mg/L、化学需氧量含量为 0.5 mg/L。在此基础上对泉州湾海域无机氮、磷酸盐、化学需氧量进行浓度场模拟。将无机氮、活性磷酸盐和化学需氧量模拟浓度场分布情况与实际监测结果相比较，二者的分布趋势和量级均相似，模拟结果基本反映了目前泉州湾无机氮、活性磷酸盐和化学需氧量浓度分布的状况。

影响泉州湾海域海洋环境质量的主要环境要素是无机氮、活性磷酸盐。因此，根据前述对泉州湾无机氮和活性磷酸盐浓度场数值模拟的结果，在泉州湾中布设水质控制指标点，根据海洋功能区划要求，确定该控制点的控制指标；然后反演出各排污源强按照现有排污方式的排污允许量；再根据现有源强大小，推算出排污源强削减率。

无机氮含量要达到相应的水质控制标准，几乎无法实现。因此，现阶段无机氮排放水平只能严格控制，大力削减，力争有所减少。而活性磷酸盐在加大控制力度的措施下，其含量存在达到水质控制标准的可能。

（4）排污总量控制点和控制指标

泉州湾的主要控制单元应包括洛阳江、晋江等主要排污河口，彩虹桥、十一孔桥等排污口及其邻近流域，泉州湾主要环境保护区以及东北部发展规划区域等。

泉州湾污染物排海控制指标为：无机氮、活性磷酸盐、化学需氧量、石油类。其中，化学需氧量和石油类为总量控制因子，无机氮和活性磷酸盐为海域污染物的总量削减因子。

（5）排污总量控制目标

近期规划控制目标：2012 年进入海域的氮、磷的入海总量在 2008 年基础上削减 8%以上。中期规划控制目标：2015 年进入海域的氮、磷的入海总量在 2012 年的基础上削减 8%以上。远期规划控制目标：2020 年进入海域的氮、磷的入海总量在 2015 年的基础上再削减 10%以上。

8.5.3 总量控制规划方案

总量控制规划，就是要提出超标总量控制因子的削减负荷分配方案，即在水质评价和污染物评价的基础上，找出超标总量控制因子，同时还应该进行污染源评价，找出主要污染源，并作为总量控制对象。在水环境功能区划的基础上，计算超标因子的水环境量，进而提出削减负荷分配方案。

制定总量控制的一般步骤如下。

① 根据水环境功能区确定水质目标。

② 根据当地的自然地理条件、水体的稀释自净能力和污染物迁移转化规律反推出水环境容量。

③ 结合当地经济和技术上的具体条件确定各种水污染物的允许排放量。

④ 按照水环境的计算结果，优化分配污染物负荷总量和应削减量，由此确定污染源治理最优方案。

⑤ 根据水环境容量的分布确定排污口的设置，并以此为依据实现工业的合理布局。

泉州湾环境容量的计算结果表明，泉州湾已经无无机氮和活性磷酸盐的容量，应将这两项指标作为重点削减的指标进行总量控制；化学需氧量、石油类尚有一定的环境容量，但由于其为综合指标，同时考虑今后泉州湾北岸等区域工业发展，对其利用也须持慎重的态度；重金属基本符合二类海水水质标准，因此，不作为总量控制削减的指标。

根据对泉州湾海域分区和陆域分区的情况研究，泉州湾的总量控制指标削减量的分配拟结合海上区域、陆域行政区划归属进行初步分配。分配的量值将结合各区市的人口、面积以及主要行业污染类型，按贡献率进行分配。其中，人口、面积按照各50%的权重计算分配比例。

8.5.4　总量控制与减排措施

（1）实施生态恢复工程，减少水土流失量

区域非点源污染的发生与该区域的水土流失密切相关，故应加强水土保持规划和计划。规划应全面贯彻"预防为主，全面规划，综合防治，因地制宜，加强管理，注重效益"的水土保持方针，坚持综合治理、连续治理的原则。

（2）加强农业养分的管理

防止化肥的不合理施用，发展低毒无毒农药，提倡生物防治农、林病虫，调整农业生产的空间布局和种植结构安排，大力发展生态农业，研究和探索适合当地的"最佳管理措施（BMPs）"。

（3）加强城镇生活污水管理

提倡节约用水，限制或禁止含磷洗涤剂的使用，有条件的地方应建设生活污水处理设施。

（4）加强规模畜禽养殖场的规划和管理

合理规划布局畜禽养殖，综合利用畜禽粪便，建设沼气池，减少进入水体的污染物量。

（5）大力发展循环经济，建设生态工业园区

发展循环经济是人类实现可持续发展的一种全新的经济运行模式，发展海洋产业应该走循环经济之路。海洋生态建设产业化重点要抓：海洋环保产业，包括建设生态工业园区、治理污染排放设备产业等的发展；海洋环境工程服务业，包括清污船只等的发展；海洋环境软件服务业。海洋产业生态化重点发展清洁生产、减少废物产生，调整产业布局，使产业发展与海洋资源、海域空间、气候条件等相适应。通过循环经济的发展，从源头上遏制海洋环境的污染，保护海洋生态环境。

（6）加强船舶污染控制和环境风险防范

启动泉州湾船舶及相关作业油类污染物"零排放"计划，建立足够的港口、船舶固体废物接收处理设施，与船舶作业相关的污染物达标排放，建立流动污染源应急处理体系，完成区域性港口船舶溢油应急体系。

（7）实施生态养殖，减少海上养殖污染

加快港湾养殖环境容量调查研究，为实施海水养殖的布局调整、养殖密度控制、饲料类型选择、减少养殖业对海洋污染的管理提供科学依据；积极开展健康养殖技术研究，认真实施 HACCP 制度，减少或避免药物的残留及副作用。通过清洁生产，保护海洋生态环境。

（8）加强排污口监测

从生态系统的角度出发，合理规划污水处理厂布局，科学布设污水排放口位置，选择合适的污水排放方式；加强陆源排污口的监测，开展陆源污水排放扩散场的研究，为海域海洋环境保护决策提供科学依据。

（9）提高水资源的可持续利用

采取措施有效利用中水资源，改进污水处理方法，开辟城市新水源、解决城市水资源短缺和提高水资源重复利用率，促进水资源可持续利用。

（10）加强环境宣传教育工作，普及环境科学知识

广泛开展包括海洋环境基本知识、海洋环境保护与经济可持续发展、海洋环境保护与人类健康、海洋环境保护的法律法规等普及的宣传、教育工作。让全市人民自觉地增强海洋环境保护观念和法制意识，加强海洋环境保护的责任感和紧迫感，增加保护海洋环境的自觉性，形成全社会关心和支持海洋环境保护的强大舆论和自觉行动。同时，建立健全破坏海洋环境的举报机制。

8.5.5　总量控制治理项目和工程

1）重点治理区项目和工程

（1）泉州中心市区（鲤城、丰泽、洛江）

泉州中心市区（鲤城、丰泽、洛江）总量控制治理项目和工程包括：农村沼气工程；建设污染集中控制区，逐步改造搬迁市区污染企业；泉州北峰污水处理厂；北峰组团污水处

理厂二期工程；晋江、江南组团污水处理设施联盟项目；北峰组团片区及次干道污水管网；东海污水处理厂；东海污水处理厂二期工程；东海组团及次干道污水管网；城东污水处理厂及配套管网建设；丰泽区污水管网建设与改造；洛江区污水管网建设与改造；南高渠整治改造工程三期；晋江下游拦河闸坝工程；泉州市中心市区引用水源一级保护区（金鸡水闸上游）整治；洛江区河市后深溪和西溪河道整治及清淤工程；近海污染源的治理；南渠整治工程；洛江区惠女水库综合整治；洛阳江流域综合整治；洛江区马甲后坂水库综合整治；泉州近海水域污染整治；农村饮用水安全保障工程；内河沟综合整治；内河沟两侧生活污水截流工程建设；北高渠沿岸整治；泉州近海水域污染整治；海洋应急处理系统；大气自动监测系统；地面水自动监测系统；室仔前生活垃圾填埋场二期工程；泉州经济技术开发区垃圾处理中心；粪便处理中心；泉州市重点污染企业监控；农业环境保护监测体系建设工程；农村畜禽粪便无害化处理和资源化利用工程；晋江、洛阳江流域水环境综合整治等示范工程。

（2）晋江市

晋江市总量控制治理项目和工程包括：晋江市石材业污染综合治理；晋江市治理陶瓷业污染；晋江仙石污水处理厂；晋江胜康自来水有限公司；九十九溪环境综合整治；晋江市东海安金泉污水处理厂二期；晋江市泉荣远东污水处理厂；晋江市安海小流域整治工程；晋江市域小流域整治（一期）；晋江市城市森林公园；晋江市水土流失治理；晋江市垃圾焚烧发电厂；晋江市青阳铜锣垃圾填埋场；晋江市陈埭镇垃圾焚烧炉；晋江市垃圾综合处理厂；晋江市垃圾焚烧发电厂二期工程；晋江市磁灶垃圾综合处理厂；晋江市内坑垃圾综合处理厂；晋江市磁灶垃圾综合处理厂二期；晋江市内坑垃圾综合处理厂二期；建设污染集中控制区，搬迁市区污染企业；工业污染源的监督管理；重点污染企业监控；工业废水达标排放；农村畜禽粪便无害化处理和资源化利用工程；晋江、洛阳江流域水环境综合整治等工程。

2）一般工程与项目

（1）石狮市

石狮市总量控制治理项目和工程包括：建设生态养殖示范区；石狮市大堡、伍堡、锦尚集控区的改建与扩建工程；石狮经济开发区污水处理厂；石狮市污水处理厂；石狮经济开发区污水处理厂二期工程；石狮市污水处理厂二期工程；石狮市垃圾综合处理厂；石狮市垃圾综合处理厂二期工程；石狮市垃圾无害化处理厂二期工程；石狮市垃圾焚烧处理厂二期工程；建设污染集中控制区，搬迁市区污染企业；工业污染源的监督管理；重点污染企业监控；工业废水达标排放；农村畜禽粪便无害化处理和资源化利用等工程。

（2）南安市

南安市总量控制治理项目和工程包括：南安市规模化畜禽养殖综合治理；南安市规模以下生猪养殖场污染治理；南安市官桥污水处理厂；南安市官桥污水处理厂二期工程；南安市梅山污水处理厂；南安市生活污水处理厂；南安市水头污水处理厂；英都、仑苍污水处理厂；南安市生活污水处理厂二期工程；南安市水头污水处理厂二期工程；英都、仑苍污水处理厂二期工程；南安市后田沟环境综合整治；山美水库及周边环境综合整治；九十九溪环境综合整治；南安诗山镇诗溪整治；北渠饮水工程；建设污染集中控制区，搬迁市区污染企业；工业污染源的监督管理；重点污染企业监控；工业废水达标排放；农村畜禽粪便无害化处理和资源化利用等工程。

（3）惠安县

惠安县总量控制治理项目和工程包括：惠安县石材业污染综合整治；惠安县惠东工业区污水处理厂；惠安县城污水处理厂；惠安县城污水处理厂二期工程；惠南工业区污水处理厂二期工程；惠安县惠东工业区污水处理厂二期工程；惠南工业区污水处理厂；惠安县惠东片区垃圾综合处理厂；惠安县惠南片区垃圾综合处理厂；惠安县城生活垃圾综合处理厂；建设污染集中控制区，搬迁市区污染企业；工业污染源的监督管理；重点污染企业监控；工业废水达标排放；农村畜禽粪便无害化处理和资源化利用工程；晋江、洛阳江流域水环境综合整治等工程。

8.6 厦门湾海域排污总量控制规划

厦门湾位于台湾海峡西岸南口，是一个半封闭型海湾，岸线曲折，地形复杂，东有大小金门岛，南有大小担岛，西有九龙江径流，北有众多海堤，湾口朝向东南。厦门海湾具有天然的深水航道、港口岸线以及广阔的腹地，是海峡西岸经济区中发展的重点港湾之一。随着城市建设的发展，城乡污水总量不断增加，污水排海已使厦门局部海域的海水水质与海洋沉积物的质量下降，局部海域生态环境受到一定的破坏。为贯彻落实科学发展观，促进厦门海域海洋资源开发和环境保护的协调发展，从源头上控制海洋污染，切实保护厦门海域生态系统，编制了《厦门海域污染物排海总量控制规划》。

8.6.1 海域现状及存在的问题

（1）自然概况

厦门湾是一个半封闭型海湾，岸线曲折，地形复杂，东有大小金门岛，南有大小担岛，西有九龙江径流，北有众多海堤，湾口朝向东南。厦门管辖海域面积 390 km^2，海岸线长度 194 km，水深分布不均，大部分水深在 5～20 m，湾内的同安湾、马銮湾口以及九龙江口属浅水区，低平潮时大片潮滩露出，显示出 3 条浅水潮汐槽沟，深水区主要在湾口附近。厦门港阔水深，深水岸线长约为 30 km，可建约 60 个万 t 级泊位，最终吞吐能力可达 1.8 亿 t，具有成为国际海运直达港的地理优势。厦门海域岸线曲折、类型多样，有基岩海岸、土崖海岸、砂质海岸和淤泥质海岸。目前，厦门海域岸线利用比较充分，尤其是厦门本岛西岸线和海沧、杏林东岸线，如图 8.6 - 1 所示。

注入厦门湾的河流主要有九龙江，年径流量 121 亿 m^3，而马銮湾内深青溪、过芸溪和同安湾内的西溪、东溪、官浔溪等流量相对较小。

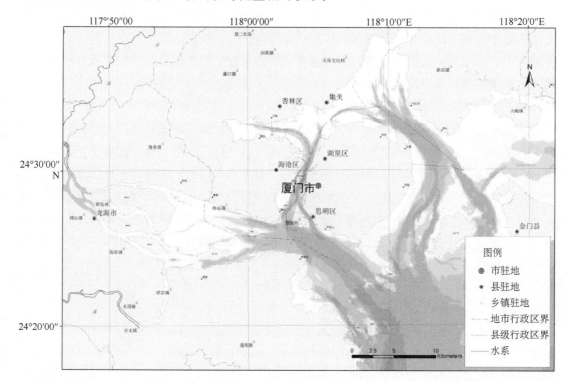

图 8.6 – 1　厦门湾地理位置

（2）社会经济概况

厦门市是我国 5 个经济特区之一，现辖思明、湖里、集美、海沧、同安和翔安 6 个区，截至 2009 年年底全市常住人口 252 万，其中户籍人口 177 万。2009 年，全市实现生产总值（GDP）1 623.21 亿元，工业总产值 2 886.21 亿元，农业产值 33.26 亿元，三次产业比例为 1.3∶48.4∶50.3。从各区经济来看，厦门市各区实现生产总值分别为：思明区 528.13 亿元，湖里区 430.63 亿元，海沧区 206.73 亿元，集美区 201.87 亿元，同安区 130.05 亿元，翔安区 125.79 亿元。思明区是全市的行政、金融、商贸中心，其第三产业比重高达 81.82%。

（3）污染源状况

根据厦门市污染源普查更新结果，2009 年全市污染源共排放废水 22 067 万 t，COD 排放量 56 223 t，氨氮排放量 5 499 t，总磷排放量 851 t，总氮排放量 11 804 t。其中，工业源废水排放量 5 138.06 万 t，COD 排放量 7 815.08 t，氨氮排放量 393.66 t（污染物排放量未扣除污水处理厂削减量）；生活源废水排放量 18 564 万 t，COD 排放量 78 515 t，氨氮排放量 8 834 t，总氮排放量 11 600 t（污染物排放量未扣除污水处理厂削减量）；农业源 COD 排放量 22 906 t，总磷排放量 332 t，总氮排放量 3 112 t。

（4）海域环境状况

2009 年厦门海域的水质调查结果表明：西海域除无机氮和活性磷酸盐超标外，其余评价指标均符合国家《海水水质标准》；九龙江河口区除无机氮外其他指标都符合四类海水水质标准；南部海域除无机氮外，其余评价指标均符合海水水质标准；东部海域除个别站位无机氮超标外，其余评价指标均符合二类海水水质标准；同安湾除无机氮和活性磷酸盐超标外，其余评价指标均符合三类海水水质标准。沉积物质量总体良好，主要超标因子为硫化物和铅，超标站位位于马銮湾内和马銮海堤外侧邻近海域。其他评价指标南部海域和东部海域均满足海洋沉积物一类标准，其他海域均满足海洋沉积物二类标准。厦门近岸双壳贝类体内总汞、砷、六六六、滴滴涕、麻痹性和腹泻性贝毒素含量均符合《海洋生物质量》一类标准；铜、铅、镉、石油烃和粪大肠菌群超过《海洋生物质量》一类标准。

(5)环境容量

罗源湾海域的环境容量在不同季节有明显的差异，按 COD_{Mn} 为 2.0 mg/L，其余指标按二类水质目标控制，夏季环境容量 COD_{Cr} 为 639 482 t/a，TN 为 132 955 t/a，TP 为 3 163 t/a，石油类为 8 646 t/a。冬季环境容量相对夏季明显降低，TN 为 6 448 t/a，TP 为 981 t/a，

(6)存在的问题

厦门湾海域存在的主要问题是近岸海域水环境质量恶化，近岸海域湿地减少、生态系统破坏、生态功能退化，珍稀海洋动物种群减少。

8.6.2 规划指导思想与原则

(1)规划原则

规划应遵循以下原则：陆海兼顾、海陆统筹；防治并举，综合治理；远近结合，标本兼治；突出重点，分类指导；依靠科技，公众参与；创新机制，落实责任。

(2)规划范围和年限

① 规划范围。包括厦门市辖区内全部海域及其汇水区(图 8.6 – 2)，其中厦门管辖海域面积 390 km²，陆域面积 1 699.39 km²。

② 规划年限。2009 年为基准年，规划时限为 2015 年。

8.6.3 排污总量控制目标

(1)排污总量控制因子

规划选取化学需氧量(COD_{cr})、总氮和总磷作为排污总量控制因子。

(2)海域水质控制目标

厦门总量控制的水质整体控制目标为：2015 年，西海域的水质基本控制在四类海水水质标准范围内；九龙江河口区的水质基本控制在三类海水水质标准范围内；东部海域(含大小嶝海域)的水质基本维持二类海水水质标准；同安湾的水质基本控制在三类海水水质标准范围内。

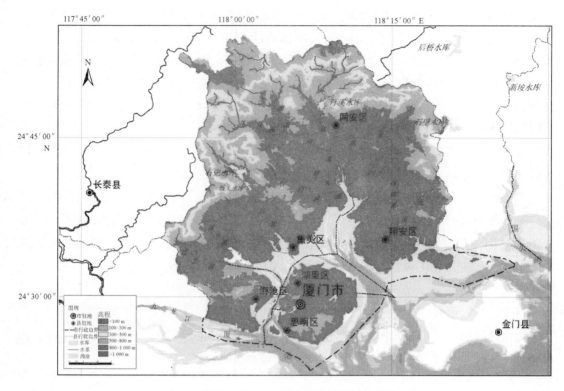

图 8.6 - 2　厦门湾汇水区范围

（3）总体控制方案

在各海区排污现状和发展规划的基础上，考虑在预留陆域非点源污染排放量的基础上，优先满足城镇生活排污，通过局部海水养殖退出、生活污水收集处理、排污口优化、重点产业污水集中至湾外深水排放以及远期的陆域非点源治理等进行排污控制。

（4）排污总量控制目标

厦门湾排污总量控制目标为：COD_{cr} 54 232.9 t、总氮 25 593.7 t、总磷 2 854.4 t，COD_{cr}、总氮、总磷同现状（基准年排放量）相比的削减率分别为 7.1%、11.5%、12.1%，如表 8.6 - 1 所示。

表 8.6 - 1　规划目标年水质控制点控制目标

区域	控制点	现状			2015 年					
		COD	TIN	PO_4^{3-}	COD		TIN		PO_4^{3-}	
					类别	标准	类别	标准	类别	标准
西海域北部	1—3 号	<2 mg/L（一类）	>0.5 mg/L（劣四类）	>0.045 mg/L（劣四类）	一类	2 mg/L	四类	0.5 mg/L	四类	0.045 mg/L

续表

区域	控制点	现状			2015 年					
		COD	TIN	PO_4^{3-}	COD		TIN		PO_4^{3-}	
					类别	标准	类别	标准	类别	标准
西海域南部	4—5 号	<2 mg/L（一类）	>0.5 mg/L（劣四类）	0.03 mg/L（四类）	一类	2 mg/L	四类	0.5 mg/L	三类	0.03 mg/L
九龙江河口区	6—7 号	<2 mg/L（一类）	>0.5 mg/L（劣四类）	0.045 mg/L（四类）	一类	2 mg/L	四类	0.5 mg/L	三类	0.03 mg/L
东部海域	8—10 号	<2 mg/L（一类）	0.3 mg/L（二类）	0.03 mg/L（二类）	一类	2 mg/L	二类	0.3 mg/L	二类	0.03 mg/L
同安湾北部	11、14 号	<2 mg/L（一类）	0.5 mg/L（四类）	0.045 mg/L（四类）	一类	2 mg/L	三类	0.4 mg/L	三类	0.03 mg/L
同安湾南部	12、13、15 号	<2 mg/L（一类）	0.4 mg/L（三类）	0.03 mg/L（三类）	一类	2 mg/L	三类	0.4 mg/L	三类	0.03 mg/L

8.6.4 主要任务

（1）总量控制与减排工程总体设计

根据厦门海域的污染特征，主要针对无机氮、活性磷酸盐进行消减，厦门海域总量控制与减排工程总体设计如表 8.6-2 所示，包括污染物减排、提高海域环境容量、排污口优化。

表 8.6-2 厦门海域总量控制与减排工程总体设计

序号	项目	建设内容	2015 年
1	污染物减排	流域水环境综合整治；产业结构调整；提高管网收集率；农村污染物整治；扩建污水处理厂规模；增加截污泵站	流域（主要指九龙江和东西溪）污染物消减 20%。城市直排口平均消减 30% 左右
2	提高海域环境容量	海堤开口、水道打开	高集海堤开口、马銮湾海堤开口、东坑湾海堤开口工程和丙州水道打开
3	排污口优化	排污口调整、尾水深水排放	将杏林污水处理厂尾水调至海沧茶口洋排放；将同安湾（集美、同安和翔安污水处理厂）尾水调至澳头深水排放

（2）污染物减排

① 推进流域水环境综合整治。扎实推进九龙江和东西溪流域水环境综合整治工程，落实厦门市支持九龙江流域综合整治和生态建设的资金。建立九龙江流域厦漳龙三市的全面合作机制，积极推进九龙江流域水环境保护立法，建立以流域交接断面排污总量控制责任制为基础的生态补偿机制。

② 产业结构调整及布局优化。控制发展第一产业，适度发展第二产业，加大发展第三产业。大力提倡和发展那些质量效益型、科技先导型、资源节约型、污染比较轻的项目，严格控制那些能源消耗高、资源浪费大、污染严重的项目，降低产品的水资源消耗，探索既符合企业特点，又完整有效的废水回用节水生产模式。

③ 直排口污水控制。完善污水管网系统，提高污水收集率；继续推进污水处理厂建设，提高污水处理率；城市污水再生利用。

④ 防治农村与农业面源污染。在农村推广污水生态处理达标后用于农灌，规模化养殖场均应采用污水和垃圾治理措施，改善农村地表水环境；完成所有旧村的改造和新村规划建设，90%以上的村庄完成环境整治，农村管网系统配套、污水集中处置、绿化覆盖率30%以上。

(3)提高海域环境容量

主要通过高集海堤开口、马銮湾海堤开口、东坑湾海堤开口、丙州水道打开等生态修复工程扩大海域面积、加强西海域、同安湾海域水体交换，进而增加厦门海域纳潮量、改善海域水动力及污染物稀释扩散条件，增加厦门海域的环境容量。

(4)排污口优化

现状城市污水处理厂排放口布局和排放方式不尽合理，有待优化调整。目前仅有筼筜污水处理厂猴屿排放口和石渭头污水处理厂排放口采用离岸深水扩散器排放，其他均为近岸或滩涂排放。从长期发展来看，滩涂排放应调整至水深较深、水动力条件较好的湾口处或开阔外海处采用深水扩散器进行排放。

8.6.5 污染物排海总量控制与减排工程规划

(1)重点工程与项目

根据九龙江流域水环境综合整治的主要任务，从畜禽养殖污染治理工程、主要污染物减排工程、农业面源污染治理、生态保护与建设工程和环境管理能力建设工程5个方面开展流域水环境综合整治工程。

东、西溪流域综合整治工程，主要治理项目有农业面源与畜禽养殖污染整治，污水处理厂及排污管网建设以及工业污染源综合整治。

直排口污染控制与减排工程，包括污水处理厂的建设和扩建，完善污水收集系统，加强污水溢流控制，污水再生利用。"十二五"期间，厦门市规划建设再生水处理设施9座，处理能力达到21万 m³/d，其中18.6万 m³/d 为新建或改造。再生水利用量为16.8万 m³/d，污水再生利用率为20.2%。

提高海域环境容量工程，根据以往的物模、数模研究成果以及本次的数模计算结果表明，高集海堤开口后，可加强东、西海域水体交换；马銮海堤开口以后，有利于嵩鼓水道的水深维持和马銮湾内的水体交换；东坑湾海堤开口及丙州水道打开以后，有利于东坑湾的水深维持和同安湾内的水体交换。纳潮面积有较大增加，从而增加了纳潮量。

对排放口布局进行以下调整：杏林污水处理厂尾水处理达到一级排放标准后调至海沧污水

处理厂茶口洋排放口进行排放。集美污水处理厂、同安污水处理厂、翔安污水处理厂尾水处理达到一级排放标准后调至澳头排放口进行排放。

（2）一般工程与项目

根据厦门市各地的农村和农田污染来源的具体情况，开展系列整治工程和生态工程，主要治理项目包括生活污水、生活垃圾处理、乡镇工厂污水处理、畜禽养殖污染处理。

通过景观生态控制工程、生态岸线与湿地工程、雨水集蓄利用工程对城市降雨地表径流进行控制。

通过海水养殖污染控制工程、港口及船舶污染控制工程，对海上污染源进行控制。

（3）总量控制与减排工程投资估算

本次规划中的重点工程和一般工程的项目的投资估算如表 8.6-3 所示，总投资约为 28 亿元（不包括海堤开口等生态修复工程）。项目投资均为参考投资，方案实施时需要重新核定。

表 8.6-3 厦门市污染物总量控制与减排工程及投资概算

工程类别	工程建设内容	单位	数量	投资/万元	环境效果
重点工程	污水处理厂建设	万 t/d	26.5	39 750	提高污水处理率，消减污染物排放量
	污水管网	m	220	27 000	提高污水收集率，减少污染物排放量
	再生水处理站	万 t/d	3.6	14 400	消减污染物排放量，提高水资源利用率
	污水处理厂尾水一级 A 达标改造工程	万 t/d	18.5	6 500	污水处理厂配套建设，减少污染物排放
	直排口污水截流改造			35 000	减少直排口污水排放量
	污水处理厂排放口优化调整			70 000	充分利用海域的环境容量
	九龙江流域生态整治工程	流域	1	30 000	减少流域入海污染物
	东西溪流域生态整治工程	流域	1	10 000	减少流域入海污染物
	提高海域环境容量工程（海堤开口等）	项	4	—	增加厦门海域纳潮量、改善海域水动力及污染物稀释扩散条件，提高厦门海域的环境容量
一般工程	农村与农田治理工程	村	139	45 000	减少农村和农田面源污染
	人工湿地处理系统	项	10	1 000	污染物净化和消减，减少排放
	雨水集蓄利用系统	套	10	1 000	收集初期雨水，减少地表径流污染
	水土保持与绿化	m²	10 000	600	减少面源污染，滞留和净化污染物

（4）综合效益分析

通过实施污染物减排、海堤开口、排放口的布局优化等措施，可以严格控制厦门海域入海污染物排放量，改善厦门海域水动力及污染物稀释扩散条件，提高厦门海域环境容量及其利用率，从而有效遏制厦门海洋污染和生态损害、改善厦门海洋环境质量和保障海洋生态安全，促进厦门海洋环境保护与社会经济的和谐发展，同时也积累经验，为海湾排污总量控制起示范作用。

8.6.6　保障措施

① 加强厦门市环境保护工作的组织协调。建议由厦门市海洋与渔业局牵头，会同相关环保、交通、农业、水利、林业、旅游共同组成协调领导机构协调厦门市海洋环境保护事宜。

② 建立九龙江流域—厦门海湾协调管理机制。建立龙岩—漳州—厦门三个城市长效联动机制，协调流域和海湾生态保护与经济的可持续发展。建立流域—海湾管理委员会，负责统一组织、部署、指挥和协调流域—海湾环境的综合整治工作。

③ 实行海域环境保护行政领导责任制。厦门市地方各级政府制订本地区每年度的具体实施计划，将主要入海污染物排放总量控制、改善海域环境质量的具体目标和措施纳入本地区政府工作计划和国民经济和社会发展规划，组织有关部门落实。

④ 健全海洋环境保护机构与建立跨行政区域协作机制。健全海洋环境保护机构，使监督和管理能力适应厦门市经济发展与海洋环境保护的要求。建立监测资源和资料、信息共享互动机制，同一海湾海洋环境保护跨行政区域协作机制。

⑤ 建立和完善厦门市海洋环境保护法规体系。制定《厦门市入海污染总量控制管理办法》，作为厦门市海洋环境保护的基本规范性文件。

⑥ 制定政策措施，强化监督管理。

⑦ 资金保障。建立海域使用经费的环境投入机制。明确海域使用金中归地方政府使用的部分，应优先用于环境保护与生态建设。加强企业排污收费征管力度，开征城市居民生活污水和垃圾的处理费，集中财力用于城市环保基础设施建设。

⑧ 科技保障。

⑨ 宣传保障。

8.6.7　实施与考核

（1）主要监测内容与布点原则

环境监测站点的布点原则、主要监测内容如表8.6-4所示。

表8.6-4　总量控制监测主要内容和布点原则

项目	污染源监控	环境质量状况（总量控制效果评估）
主要监测对象	九龙江入海控制断面 东西溪入海控制断面 主要的陆源直排口	水质控制点 九龙江入海口、东西溪入海口 重点排污口邻近海域
监测频率	每月监测一次	每月监测一次
主要监测项目	氮、磷、COD等指标和污水量	—

（2）监控重点

加强对海洋环境质量的监测，通过海域各水质控制点的水质变化的监测，评估入海污染物总量控制效果，验证控制方案有效性。开展重点排污口、入海河流的水质、水量统一监测，确定入海污染物总量。通过总量控制实施情况和水环境改善程度进行总量控制的效果评估。

（3）监测能力建设

建立和完善海洋环境监测体系，进一步提升厦门海洋环境监测能力，完善现有的海洋环境常规监测网络，在主要的入海排污口建立在线监控系统。监测入海污染源达标情况和排放总量。强化海洋部门对海洋环境监测的统一监督管理地位。

8.7　廉州湾入海污染物总量控制和减排方案

8.7.1　海域现状

廉州湾位于广西北海市北侧，湾口朝西半开放，呈半圆状。海湾口门南起北海市冠头岭，北至合浦县西场的高沙。海湾口门宽 17 km，全湾岸线长约为 72 km，海湾面积 190 km²。该湾沿岸河流较多，广西沿海最大入海河流南流江流入廉州湾，属于典型的河口湾，巨大的径流带来大量的入海泥沙，湾内大部分区域水深较浅，仅在北海市冠头岭至外沙沿岸形成一条潮流深水槽。

8.7.2　总量控制减排指标和目标

廉州湾总量控制的指标有 DIN、PO₄-P、COD 污染物，根据北海市海洋功能区划，廉州湾内港区执行四类海水水质标准，海水养殖区执行二类海水水质标准，来确定控制目标。

环廉州湾各乡镇/街道办 COD、DIN 和 DIP 的允许排放量计算结果如表 8.7 - 1 所示。

表 8.7 - 1　COD、DIN 和 DIP 的允许排放量

镇街名称	允许排放量/(t·a⁻¹)		
	COD	DIN	DIP
东街街道	539	73	6.0
中街街道	290	39	3.4
西街街道	694	102	9.0
海角街道	2 062	168	6.8
地角街道	778	65	2.5

镇街名称	允许排放量/(t·a^{-1})		
	COD	DIN	DIP
高德街道	1 230	180	15.7
驿马街道	206	37	1.9
平阳镇	433	71	2.6
廉州镇	1 937	561	184.8
常乐镇	211	47	15.9
曲樟乡	57	14	3.8
石康镇	379	126	41.5
石湾镇	123	43	14.1
党江镇	216	73	24.1
星岛湖乡	94	34	11.0
沙岗镇	115	34	11.2
西场镇	492	161	52.8

8.7.3　总量控制对策与减排措施

加强重点污染源的治理，尤其是加强河流流域的治理力度。河流是廉州湾化学污染物的主要来源，南流江流域由于污染物排海通量较大，而流域分配容量相对较小，环湾沿岸城市在经济发展的同时，将承受更大的环境压力。此外，还需加强对重点排污口以及面源污染的实时动态监管。

（1）地区经济增长方式的调控

对廉州湾区域内的经济增长方式改变"增长型经济"代之以"储备型经济"，改变传统的"耗能性经济"代之以休养生息的"生态经济"，实行重复使用资源的"循环式经济"，彻底改变以往的"单程式经济"，海洋环境管理和保护部门要积极主动参与海域、陆域重大经济、技术、产业政策的制定，参与区域开发、产业布局、资源优化配置的综合决策。调整区域产业结构，大力发展质量效益型、科技先导型、资源节约型的产业，严格限制能源消耗高、资源浪费大、污染严重的产业发展。加强海域环境规划，充分考虑海域环境的要求，做好功能分区，进行产业布局和再布局。

（2）建立工业污染防治方案

严格海域使用管理制度，降低污染物入海量，全面深入实行以环境容量总量控制为基础的排污许可证制度。近期控制工业污染物，远期控制生活污染物。实行海域使用者收费、污染物排放收费、部分产业超标准排放高收费相结合的动态收费制度。调整区域产业结构，合理规划布局，优化产业结构。加强新建项目的管理，在南流江流域的保护区内严禁发展工业和设立排污口。积极推行"清洁生产"，降低污染物产生量。加大环境保护投资比重。

（3）建立面源污染防治方案

积极发展生态农业，开展重点区域生态农业建设，控制农业面源污染，实现废弃物的无害化利用，最终达到农产品的无害化，建立起可持续发展的农业生态系统。科学施用肥料，严格控制农药污染。进一步加强畜禽养殖污染控制，推进畜禽粪便综合利用技术。

（4）加强综合管理

强化内陆、海岸、海面的三位一体的立体海域监督、监测体系。改变各行业条块环境管理的现状，建立一个较权威的且具有较高行政能力的区域开发（含海洋开发）、环境保护协调委员会，由计划、环保、海洋、产业等"产、学、研"组成。强化海洋局目前的功能和智能，加强与其他涉海部门的联系。

第9章　地理信息系统技术在入海污染物总量控制中的应用

地理信息系统（Geographic Information System，GIS）是近年来迅速发展的一门集计算机、地球科学、信息科学于一体的地理科学研究新技术，它以地理空间数据库为基础，对空间相关数据进行采集、管理、操作、分析、模拟和显示，并采用地理模型分析方法，适时提供多种空间和动态的地理信息。目前在许多国家，GIS 已经被广泛地应用于资源开发和管理、环境保护与治理、环境监测、灾害监测和防治、区域开发、城市规划、工程设计与建设等众多领域，成为社会可持续发展有效的辅助决策支持工具。

我国是发展中国家，陆源污染排海量较大，同时，由于沿海开发程度不断加大，近岸海域环境污染较为严重，在环境问题越来越突出的今天，利用有效的辅助决策支持工具 GIS 和现代信息技术，设计和开发入海污染物总量控制管理信息系统，已成为目前海洋环境管理领域的一项重要任务。

9.1　环境管理信息系统的研究和应用进展

在环境管理过程中，科学信息的复杂性常常需要简化为简洁有效的信息来支持决策制定过程。环境管理工作是实时性、广域性、决策性很强的管理科学，涉及多学科、多空间、多层次、多载体、大数据量、动态特征的众多环境信息。对于这些信息，采用人工手段很难迅速全面地了解并及时分析作出科学决策，因此，环境信息的科学化、系统化成为实现环境管理科学化的前提和基础。

20 世纪 60 年代以来信息科学技术的飞速发展给环境管理水平的提高带来了契机。随着现代各种信息化技术的飞速发展，应用于环境领域的环境管理系统也变得多种多样，用以满足各种形式的环境研究及管理工作的需要。作为环境管理工作的有效支持手段，现有的环境管理系统按照不同的发展历程可以分为环境管理信息系统（Environmental Management Information System，EMIS）和环境决策支持系统（Environmental Decision Support System，EDSS）两大类，而在实际应用中，其共同发挥作用，我们不能将这两类环境管理系统完全割裂开来。

9.1.1　环境管理信息系统的研究进展

环境管理信息系统是以现代数据库技术为核心，将环境信息存储于计算机中，在计算机软硬件的支持下，能够实现对环境信息的管理、查询、统计、优化处理和输出，为环境管理和决策服务的技术过程系统。

欧美等国家早在 20 世纪 70 年代左右就开始了这方面的研究工作。美国环保局与国家卫生研究院(National Institute of Health，NIH)联合资助研发的 CIS(Chemical Information System)，用以辅助化学分析、鉴定，研究化学物质结构与物理、化学性质的关系。CIS 由数据库、数据分析软件、结构和名称检索系统以及功能划分 4 个逻辑子系统组成。除此之外，美国环保局还开发了 EADS(Environmental Assessment Data Systems)用以辅助环境评价、污染源表征及控制技术的发展，并分为气相和液相系统；开发了 EFDB(Environmental Fate Data Base)，用于研究化学物质进入环境后的迁移转化。欧洲共同体在 1973 年开始了 EC-DIN(Environmental Chemicals Data and Information Network)方面的研究工作，用以作为欧洲共同体环境政策制定的基础，随着 ECDIN 不断的发展和功能的完善，其所采用的数据库也从原先的 SIMAS 发展到 ADABAS。联合国环境规划署的 GRID(Global Resource Information Database)的设计目标是把 GRID 建成联合国的环境数据管理系统，为那些重大问题的决策者们提供信息，其基本功能可分为评价功能和分析功能两大类。

国内首先在 1985 年尝试了用软件工程的方法来完成环境管理信息系统，由中国环境监测总站和北京市计算中心联合建成了"国家环境信息管理系统"。此后，众多省市都加强了环境管理信息系统的研发和应用，各种类型的环境管理业务化系统开始应用到实际工作当中。

9.1.2 基于 GIS 的环境管理信息系统的研究进展

进入 20 世纪 80 年代后，随着 GIS 技术的逐渐成熟和运用，环境管理信息系统的发展也产生了新的飞跃，基于 GIS 技术的环境信息系统成为研究与应用的主流。

GIS 技术在环境科学中的应用实例很多，概括起来主要是应用 GIS 在空间数据的采集、处理和表现方面的优势。GIS 与 EMIS 相结合，可以实现专题制图、统计分析表现、空间插值分析表现、结果的表现及对空间环境信息的查询等功能。在这方面已有很多成果，如香港大学城市规划及环境管理研究中心研制了利用遥感和 GIS 进行可持续土地开发的辅助规划模型系统；挪威大气研究所(NILU)开发了 AirQUIS 系统，包括环境自动监测子系统、数据添加子系统、基本数据处理子系统、排放清单、气象数据预处理子系统和地理信息子系统几部分，用户可进行空气质量预报及对将来规划的空气质量预测。

我国从 1994 年起开展了中国省级环境信息系统(PEIS)建设，在逻辑结构上包括数据库、图形库、模型库和方法库来支持环境管理与决策的全部功能，整个系统软件由基础数据库、环境管理模块和决策支持模块 3 部分组成，PEIS 的开发与应用标志着我国环境信息系统建设走上了新的台阶。虽然 GIS 目前已在环境领域得到了广泛应用，但是 GIS 本身并不具有模型计算性能，其模拟计算功能的缺乏已成为限制其在环境领域得到进一步应用的瓶颈。因此，如何将各种环境模型与 GIS 相耦合以发挥两者各自的优点，弥补相互的不足成为众多学者研究的热点。

9.1.3 环境决策支持系统的研究进展

随着计算机技术和环境管理工作的需要，环境管理信息系统开始逐渐向环境决策支持系统（EDSS）的方向发展。EDSS是以环境管理学、运筹学、控制论和行为学为基础，以计算机技术、仿真技术和信息技术为手段，针对半结构化的环境决策问题，支持环境决策活动的具有智能作用的人机系统，是将决策支持系统（Decision Support Systems，DSS）引入到环境管理领域的产物。随着环境管理水平的提高，传统的系统分析方法已经很难满足多目标环境管理决策的需要，EDSS的应用目的就是辅助解决决策过程中遇到的半结构化和非结构化问题。与EMIS相比，EDSS是管理者更高层次管理水平需求的产物。随着计算机技术的发展，EDSS逐渐由原先的三部件结构（人机交互系统、环境数据库及模型库）发展到五部件结构（人机交互系统、环境数据库、环境模型库、方法库及环境知识库）。

西方国家关于环境决策支持系统方面的研究开展较早，走在了前端。早在1977年，由美国的Purdue大学开发的河流净化规划决策支持系统GPLAN成为最早的EDSS之一，其在结构上包括对话部件、模型库和数据库。GPLAN在当时的特点是具有对模型的查询功能，实现了模型库与数据库管理系统的自动接口，并将人工智能应用于模型的排序和构造。葡萄牙Camara等人开发了用于西欧Tejo海湾水质管理的决策支持系统Hypercard，用之解决的主要问题包括：要达到多用途目的，海湾需达到的水质；要达到水质标准，需减少哪些污染物；污水处理厂的最佳位置、容量、效率；如何控制分散的污染源，以保证污染负荷的减轻，采用措施的费用是多少；污染负荷的改变对海湾使用水平有何影响，保持目前使用水平还要采用什么措施，费用如何。Hypercard包括水质数据库和污染数据库，以及扩散模型、面源污染模型和污水处理优化模型，特点是成功运用了Hypercard强大的用户界面设计，数据处理，图形式数字化地图的处理功能，与其他软件有良好的兼容性。除此之外，国外开发的环境决策支持系统还有很多，广泛应用于海岸区域环境资源管理、环境规划、环境影响评价和渔业环境资源管理等方面。而近几年来国外最具代表性的环境管理信息系统是欧洲的ECOSIM。欧盟委员会资助的ECOSIM项目计划是一个集成了监测系统和模拟模型，在城市领域提供环境决策支持的环境管理信息系统。ECOSIM作为一种示范，利用互联网技术连接客户端、监测网和高性能的模型服务器，建立标准分布式的C/S结构的环境决策支持系统，基于科学方法和信息技术，通过便于交互的多媒体方式为用户提供直观有用的信息来支持环境规划和决策制定过程。该项目由澳大利亚、德国、希腊、意大利、波兰和英国6个国家参与，柏林、雅典和格但斯克作为试点运行地区。环境工作者通过ECOSIM可以定性和定量分析分布在不同环境下的城市和工业区域的环境问题，通过广泛分布的信息源、数据库和模型库，可以高效地进行环境规划和决策的制定，为城市环境管理提供了崭新的、富有效率的工具。ECOSIM中包含的模型种类很多，包括中尺度大气模型、地下水水质模型、空气污染扩散和空气化学系统模型、普林斯顿海洋模型、交通尾气排放模型等；其功能广泛应用在空气环境、水环境、风险分析预警、交通环境、环境评价和环境监测等几个方面。

目前，我国在环境决策支持系统方面，也已开展了很多研究工作，取得了一些成果。例如，我国20世纪90年代开发的省级环境决策支持系统，系统功能包括六大类：基础空间信息查询；历年统计和监测资料分析；环境现状评价；环境影响评价；污染物削减分配决策支持和环境与经济持续发展决策支持，系统总体结构包括用户、用户界面、项目管理驱动程序、环境决策支持功能模块和环境决策支持开发工具 5 个组成部分。

这些研究工作都对环境决策支持系统的开发应用进行了有益的探索，为我国环境决策支持系统的研究积累了宝贵的经验。

9.2 入海污染物总量控制管理决策支持系统设计

9.2.1 系统的设计目标与原则

9.2.1.1 系统的设计目标

为了有效地解决近岸海域环境质量管理中遇到的矛盾问题，入海污染物总量控制管理决策支持系统的设计和开发研究，采用信息技术手段，集成环境监测数据库系统、海洋环境模型系统和地理信息系统，构建海洋环境管理信息系统平台，开发高层次海洋环境管理水平的决策支持功能模块，使系统具有友好的交互界面，能够直观地管理，显示，查询，统计，进行海洋环境质量模拟预测，分析和规划海域环境管理，为环保、海洋等部门进行海域环境的统筹管理和规划提供有效的决策支持工具。

该系统完成后，应具有以下几个特征。

① 集成化：系统集地理信息、模型、可视化表现于一体，具有集成管理的功能。

② 扩充性：系统具有良好的二次开发能力。

③ 标准化：系统的数据格式及管理评价模式参照国际、国内及行业相关标准，保证系统具有较高的规范化程度。

④ 可视化：系统采用 GIS 可视化技术实现对环境信息的可视化显示。

9.2.1.2 系统的设计原则

在系统的设计过程中，始终应该遵循以下原则。

① 实用性：最大限度地满足环境保护部门的业务需求，为环境管理人员和技术人员提供有效的技术工具。要保证系统运行的稳定，数据提供准确迅速，界面友好，操作简单，功能完善，系统维护性好。系统要有优化的系统结构和完善的数据库系统，具备与其他系统数据共享和协同工作的能力。

② 先进性：系统在技术上要具有先进性，将现有的先进技术尽可能地应用到系统中来。要充分考虑到由技术进步、系统升级和设备换代带来的各种问题，符合发展趋势。

③ 标准化：整个系统的建设需遵循标准化的原则，以支持系统的推广应用。系统在数据分类编码、数据格式、数据接口、软件接口和系统开发等方面要严格执行国家与行业相应的标准和规范。

④ 开放性：系统的建设需要开放式的设计，可以在应用中不断由用户补充和更新功能，具备与其他系统数据和功能的兼容能力。系统还需要具备统一的软件和数据接口，为

后续系统的开发建设留有余地。

⑤ 安全性：系统需要建立完善的安全防护机制，为不同级别的用户设定相应的使用权限，保障合法用户能够方便地访问数据和使用系统，阻止非法用户操作系统。

⑥ 界面友好性：系统要具有简单方便的操作界面，便于用户学习使用。

9.2.2　系统结构和内容

根据项目需求以及开发设计内容，辅助决策支持系统采用典型的三层体系架构（图9.2-1），由3部分组成：数据服务层、功能服务层和应用表达层。其中，数据服务层是基础，功能服务层是核心，而应用表达层则是二者的外在表现。

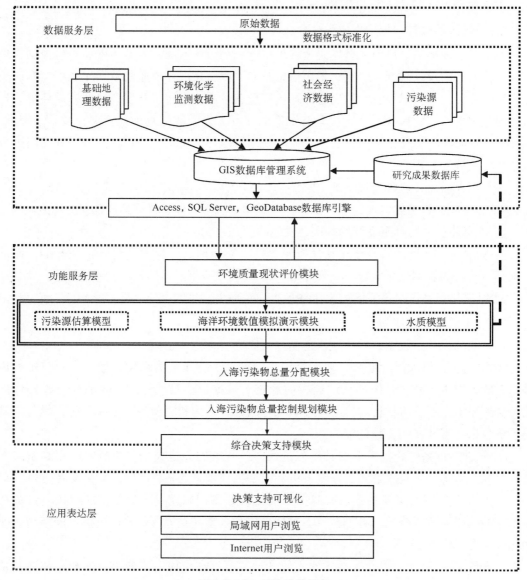

图 9.2 - 1　系统总体结构

（1）数据服务层

数据服务层是系统的基础，主要包括入海污染物总量控制的各种调查和观测数据，如社会经济数据、环境化学调查数据、遥感影像数据、污染源调查数据和各种文档专题图。总体形成5个数据库，即基础地理数据库、环境化学调查数据库、生物生态调查数据库、社会经济统计数据库、污染源调查数据库。设计时根据应用需求确定各类数据的内容、格式和精度以及数据编码等。

（2）功能服务层

功能服务层是系统的核心，具体实现入海污染物总量分配与控制的各个功能模块。主要包括各种分析评价模型和决策支持组件以及系统维护管理和GIS底层支持组件，它是系统决策功能实现的关键部分。

（3）应用表达层

应用表达层则是系统为政府决策和管理协调部门以及公众服务的可视化平台，是不同层次用户访问系统的人机界面。该层通过专家决策系统，进行入海污染物总量控制的决策分析。同时，数据库中各类数据以及决策分析结果可以通过网络发布，以达到信息共享的目的。

9.2.3　数据库框架及开发模式

9.2.3.1　数据库框架

通过对数据的调查和收集，依据研究的需要，将详细设计数据的标准格式、精度等内容，做到数据的标准处理。数据分别按矢量、栅格及属性等结构存储，将为模型分析、制图输出等工作提供数据源，并接受影像处理、模型分析等所获的成果数据。模型库子系统由应用模型库以及模型库管理两部分组成。数据输出子系统包括图表输出、查询和统计等形式，负责成果的输出，整个数据结构框架如图9.2-2所示。

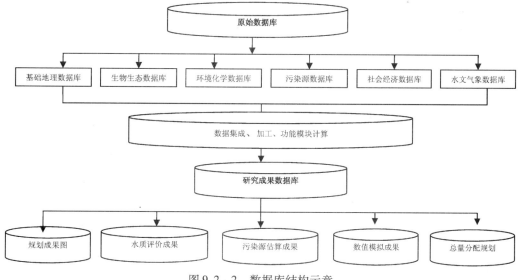

图9.2-2　数据库结构示意

原始数据库包括现状调查数据库和基础地理信息数据库两大类。现状调查数据库包括环境化学、生物生态等几大数据库；基础地理信息数据库包括遥感和地理信息系统相关图件，如岸线、遥感底图等。研究成果数据库包括进行各种功能模块计算所获得的数据集，主要有水质评价成果、污染源估算成果、数值模拟计算成果、总量分配与规划成果等。

9.2.3.2 开发模式

入海污染物总量控制管理决策支持系统主要由操作系统、自主开发的管理软件系统和数据库管理软件等组成，软件组成方案如图 9.2 - 3 所示。软件在 Windows 操作系统下开发和运行；采用 . net 编程开发工具开发，涉及地理信息系统计算部分采用 Arc Engine 控件开发；数据库管理软件采用 Geo database、Oracle 或 SQL server 等商业化商用软件，并通过 Arc SDE 和自主开发的数据库访问引擎分别实现对空间数据库和属性数据库的访问，实现对系统数据的安全管理。软件具备对系统中的空间数据和属性数据进行可视化、浏览、更新、编辑、分析等管理分析功能。根据项目需求，所有研究模块基于 COM 开发，采用 C# 语言，支持不同操作平台。每一个模块形成独立部分，最终能够集成为综合管理决策模块。

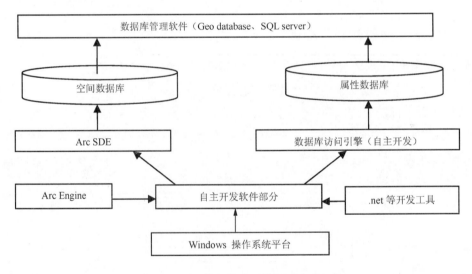

图 9.2 - 3　管理信息系统组成方案

软件发布考虑网站（Web）与应用程序（Windows）两种形式，各自具体要求如下。

① Web：主要考虑在线查询、分析、演示。主要用作数据查询、分析、演示。

② Windows：除具有网站的功能以外，还具有进行应用模块计算和综合管理信息决策的功能。

根据上述的设计思路和具体要求，软件需要设计如下内容。

① 数据系统设计：确定数据库的结构，并确定各类数据的内容、格式和精度以及数据编码。

② 自主开发的模型和方法：确定需要实现的计算分析和评价内容，确定输入数据要

求、输出成果形式、实现的计算过程以及各种不同情景；设计决策过程和手段的实现方法。

③ 软件的管理和可视化内容：设计可视化的形式，确定平台与软件用户交互内容，包括局域网和 Internet 网络用户的浏览和分析两种方式的内容。

9.3　入海污染物总量控制管理决策支持系统建设实例

9.3.1　罗源湾入海污染物总量控制管理决策支持系统

（1）系统概况

根据入海污染物总量控制管理的需求，形成了入海污染物总量控制管理信息查询系统、功能分析系统、决策支持系统。实现对环境调查数据、基础地理数据、社会经济数据等多元数据的集成和提取，实现海域环境质量现状评价、污染源分析、数值模拟演示、总量分配与规划决策支持等功能。

据此，软件平台需包含以下 3 个主要的功能模块：数据服务层（基础地理数据、环境质量监测数据、污染源调查数据）、功能服务层、决策支持层（对现状年与规划年的决策支持功能）。其中，数据服务层是基础，功能服务层利用数据服务层的相关数据库进行功能分析和计算，为决策服务提供支持。

（2）数据服务层开发与设计

数据服务层是系统的基础，数据库设计时应利用海岸带和近海海域基础地理数据、气象和水文的观测统计数据、环境化学监测数据、生物生态调查数据等多元数据，建立适合于入海污染物总量控制管理的多元数据库的信息平台，实现对历史和最新补充调查数据的数据库管理，建立监测调查数据和地理信息系统的连接，实现对观测数据实施查询、编辑、更新、制图，实现属性数据和图形数据结合、对多源信息进行空间集成和专题信息提取，为入海污染物总量控制管理提供数据支持。

（3）功能服务层开发与设计

功能服务层以相关研究为主导，借助地理信息系统技术，并集合数值模拟技术，调用海域环境现状评价模型、污染源分析模型等不同的功能模块，提取数据库中的数据进行相关计算，并输出相关结果，构建表达海域水质状况动态变化过程、入海污染源变化过程和时空分布图，通过相关分析方法，进行总量分配及规划，最终形成入海污染物总量控制管理决策支持信息系统。使建立的信息系统具有计算、分析和决策支持功能，为入海污染物总量控制提供技术支撑。

（4）决策支持层开发与设计

决策支持层是系统平台的最高层，利用基础数据服务和相关功能模块的分析结果，基于总量控制的理念，对海域水质现状评价、污染源影响评价进行综合分析，提出总量分配与规划成果，包括总量分配指标的确定、总量规划目标、减排方案和保护措施是否得当的分析等。决策支持层实现决策支持功能，提供人机交互的动态分析过程，对功能服务层中水质评价结果、数值模拟结果、总量分配与规划、减排等相关方案进行动态实时分析，并提出决策建议。

（5）入海污染物总量控制决策支持流程设计

入海污染物总量控制决策支持功能的开发基于适应性管理的理念，即根据变化了的海洋环境质量状况和污染源分布适时调整总量分配与控制的措施。决策支持的目的是为管理者的决策提供必需的信息，在海域环境质量状况和污染源分析的基础上，制定和实施总量控制规划和减排方案，并跟踪监测、后评估，对总量控制中的各种情况进行综合分析，达到决策辅助的目的。

开展入海污染物总量控制决策支持的流程如图 9.3 – 1 所示。

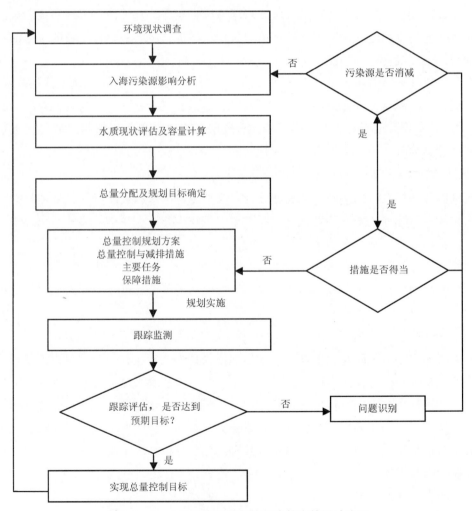

图 9.3 – 1　入海污染物总量控制决策支持设计流程

① 现状评价。系统首先对环境现状调查数据和污染源数据进行综合分析，调用水质评价和污染源分析模块，向决策者展示入海污染物总量控制面临的问题与主要压力。

② 总量分配与规划。在现状评估和污染源综合分析的基础上，开展数值模拟计算和容量研究。首先确定总量分配；其次，制定总量控制规划，采取减排方案。

③ 跟踪监测。在现状综合分析和规划制定及实施的过程中，开展海域水质与污染源的跟踪监测。系统提供动态监测数据的实时更新模块，所有跟踪监测的数据和现状监测数据一样都进入数据库，并可实现可视化的分析，包括趋势分析比较等。

④ 后评估。通过调用水质评价等模块，对跟踪监测数据进行评估和分析，评判是否达到预期目标。

⑤ 问题识别。在跟踪监测和后评估的基础上，对规划措施和减排方案是否得当作出评判，基于适应性管理的理念，如果达到保护目的，说明规划和行动计划得当；如果未实现目标，则进行问题识别，进行相应的规划调整。

⑥ 规划方案调整。在问题识别的基础上，对总量控制规划和减排方案进行有针对性的调整，实施下一轮的总量控制。

9.3.2 胶州湾入海污染物总量控制管理决策支持系统

1) 系统总体结构

青岛市胶州湾入海污染物总量控制管理决策支持系统主要由城市基础信息子系统、环境信息子系统、环境质量模拟预测子系统、排海污染物总量控制及分配子系统以及模型库管理系统 5 个子系统组成(图 9.3 - 2)，各子系统的功能交互和融合，共同为陆海统筹、社会经济和环境统筹的典型近岸海域城市水环境管理和规划提供决策支持。

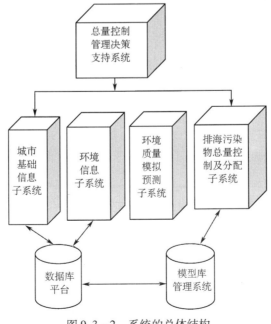

图 9.3 - 2　系统的总体结构

（1）城市基础信息子系统

对于近岸海域，造成环境污染的主要原因是来自于陆源的排海污染物，而排海污染物的产生源主要有两部分，一是城市人口活动产生的生活污水；二是城市经济发展产生的企业废水。这两方面与海域环境质量状况密切相关，因此，对于典型近岸海域的环境质量管理来说，掌握城市基础的社会和经济信息很有必要。

城市基础信息子系统中包括的数据主要有：青岛市历年的人口数，全市生产总值，工业增加值数据；还包括全市行政区划，乡镇行政区划，工厂分布，地区等高线，水系线，水系面，胶州湾海域的水深点，等深线，高潮线，潮间带，海面等基础地理空间信息以及胶州湾功能区划和胶州湾环境功能区划等专题信息。

此外，系统还具备全面的数据管理功能，方便数据的批量导入、导出，修改和保存操作。

（2）环境信息子系统

环境信息子系统集成了环境监测的历史数据，由两部分组成：一部分是陆源点源污染源及入海排污口的地理专题信息及相应的监测数据，分为3种类型：直排海企业、入海市政排污口以及河流入海口，通过排海陆源污染点源的监测数据，可获得陆源污染物入海通量；另一部分是胶州湾海域各站位的污染物历史监测数据，通过胶州湾站位的污染物实测数据，可评价海域的环境质量状况，识别海域的污染因子。此外，胶州湾具代表性站位的污染物实测数据还可作为胶州湾环境质量模型准确性验证和参数优化的依据。

通过陆源和海域的环境监测历史资料的汇总统筹分析，可掌握陆源污染物入海通量和目标海域环境质量的历史演变规律，并进一步推算污染物入海通量与海域水质之间的响应关系，作为基于模型计算的水质响应系数场的参照，为排海污染物总量控制方案的制订提供辅助依据。

（3）环境质量模拟预测子系统

对于污染物在复杂海洋环境中的迁移转化过程的模拟，目前的数值模型主要有三维水质扩散模型和污染物在多介质海洋环境中迁移－转化箱式模型。这两种数值模型都存在不同程度的缺陷，前者由于只能描述平流迁移和湍流扩散作用产生的水动力输运过程，所以在计算中只考虑了水动力自净容量；而后者只能描述除水动力输运过程之外的其他物理、化学、生物迁移－转化过程，在计算中需嵌入水物理迁移速率常数，这样就降低了计算结果的准确性。在本研究系统中，为了更加合理地模拟化学污染物在海洋环境中的变化规律，在建立三维水质扩散过程的基础上，分别将各化学污染物其他主要迁移－转化过程离散化，变成相应的计算模块，耦合到水质扩散模块中，建立了胶州湾化学污染物在多介质海洋环境中主要迁移－转化过程－三维水动力输运耦合模型。通过实测数据对模型精密度和准确性的验证证明，耦合模型的建立，不仅可以更加细致模拟和掌握污染物在海洋中的变化规律，同时也是更加合理计算海洋环境容量，进行环境评价、水质规划，制订污染物排海总量分配方案的重要科学依据。

对模型计算结果，采用可视化技术处理，使其能形象地模拟表现陆源排海污染物对胶州湾海域环境质量的影响情况。用户通过必要的参数设置和模拟时间的选择操作后，系统进行自动模拟计算，然后会对模拟结果自动结合海洋功能区划，海洋环境功能区划和海水水质标准进行分析，直接提供给用户预测的海洋环境质量状况，同时还具有动态可视化功能，使用户更加直观地了解海域某一时间段的环境质量变化情况。

另外，将模型系统与近岸海域环境监测数据库相集成，一方面，海域站位的环境实测数据可以进一步验证模型的准确性和精密度；另一方面，模型对海域中污染物迁移转化规律的模拟也为监测站位的合理布设和规划提供参考。

(4)排海污染物总量控制及分配子系统

在本系统中，以化学污染物主要迁移－转化过程－三维水动力输运耦合模型为基础，采用排海通量最优化法计算得到胶州湾的海洋环境容量和各排污单元的分配容量，并结合各排污单元污染物现状排放量进一步计算出控制单元的污染物削减量。系统通过图和表的形式将这些计算结果直观地展现给用户，为决策者进行排海污染物总量控制方案的制订提供相应的管理依据。

(5)模型库管理系统

在环境管理过程中需要环境评价、环境规划和环境预测等各种模型，这些模型在今后的开发过程中还需要不断集成到系统中。为了保证系统的开放性和扩展性，系统集成了模型库管理子系统来实现对系统中模型的添加、删除和修改等操作功能。

2) 系统主要功能

系统的开发以胶州湾主要迁移－转化过程－三维水动力耦合模型和地理信息系统技术为核心，结合环境监测系统数据库，采用紧密耦合的集成方式，在面向对象的 Visual Stiduo.net 开发环境中，利用 ESRI 的 ArcGIS Engine 组件进行二次开发集成。对于信息表现，采用 GIS 可视化技术，实现对各种环境信息、评价结果和模拟计算结果的直观显示，并集成 .net 的计时器控件(Timer)实现了海域环境质量模拟的动态可视化。

青岛市胶州湾环境质量管理决策支持系统目前完成整体框架和部分功能模块的开发工作，在环保部门应用过程中获得了良好的效果。以下是系统功能窗体的演示(图 9.3 – 3)：

图 9.3 – 3 系统主菜单窗口

用户通过系统操作界面(图 9.3 – 4)，进行空间定位或输入查询条件的模糊查询，可以直观掌握包括各类陆源入海排污口空间分布及监测数据，海域环境监测站位分布及监测数据，海域环境功能区划，陆源工业污染源分布等环境专题信息以及青岛市基础地理信息，胶州湾地理地貌，胶州湾功能区划等相关基础信息(图 9.3 – 5)。此外，系统还提供相应的工具对环境数据进行查询显示(图 9.3 – 6)。

对于胶州湾环境质量的模拟预测，用户可以选择不同种类的污染物模型(包括 COD、石油烃、营养盐、重金属铅)，设置模型参数，进行模拟计算(图 9.3 – 7)。

图 9.3－4　系统操作界面

编号		断面名称	采样日期	采样时间	水期
1801	团岛处理厂	处理厂出口	2000-1-6	12	P
1802	团岛处理厂	处理厂出口	2000-8-31	10	F
1803	团岛处理厂	处理厂出口	2000-10-7	10	P
1804	团岛处理厂	处理厂出口	2000-11-2	10	P
1805	团岛处理厂	处理厂出口	2000-12-4	10	P
1806	团岛处理厂	处理厂出口	2000-2-1	11	K
1807	团岛处理厂	处理厂出口	2000-3-1	14	K
1808	团岛处理厂	处理厂出口	2000-4-4	12	K
1809	团岛处理厂	处理厂出口	2000-5-1	10	K
1810	团岛处理厂	处理厂出口	2000-6-1	11	F
1811	团岛处理厂	处理厂出口	2000-7-3	11	F
1812	团岛处理厂	处理厂出口	2000-8-1	11	F
1813	团岛处理厂	处理厂出口	2001-1-15	10	P
1814	团岛处理厂	处理厂出口	2001-1-3	10	P
1815	团岛处理厂	处理厂出口	2001-10-15	10	P
1816	团岛处理厂	处理厂出口	2001-11-15	11	P
1817	团岛处理厂	处理厂出口	2001-11-5	9	P

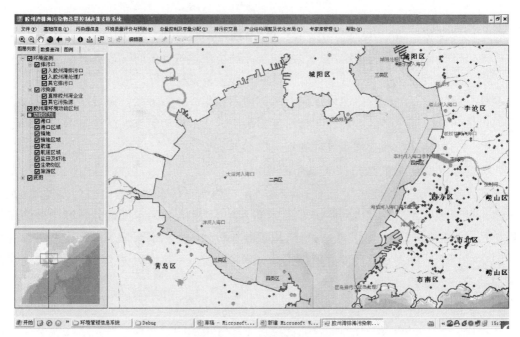

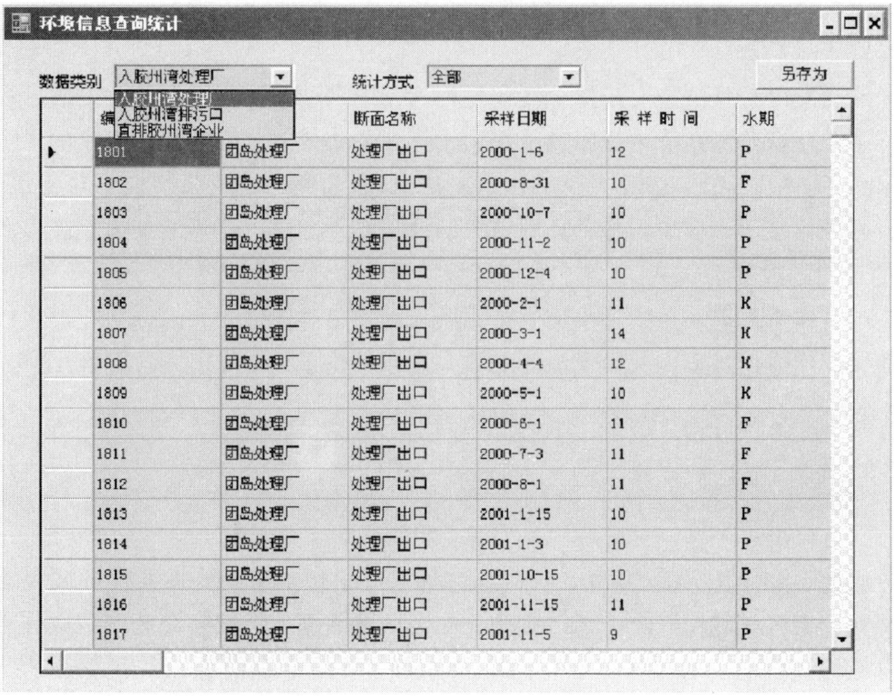

图 9.3－5　环境监测数据信息

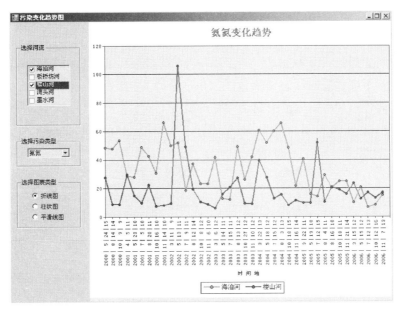

图 9.3 - 6　环境趋势分析

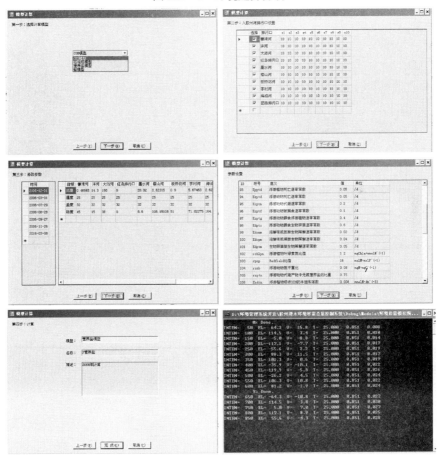

图 9.3 - 7　胶州湾环境质量模拟预测功能计算流程

模型计算完成后，系统自动将计算结果录入数据库中，随后用户可对计算结果进行分析显示。在这里，系统为用户提供两种模拟结果的表现形式：一种是用户可选择某一时间点来对某一时间的污染状况静态显示(图9.3-8)；另一种是用户选择某一时间段，通过时间控制框显示污染状况的动态变化效果(图9.3-9)。此外，这两种方式中，又分别提供污染浓度平面分布和水质标准平面分布两种表现形式。

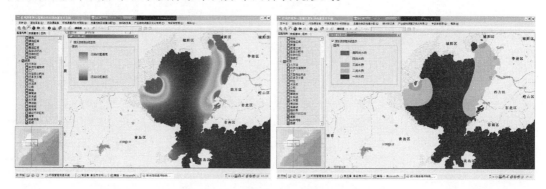

图9.3-8　海域污染状况静态表现

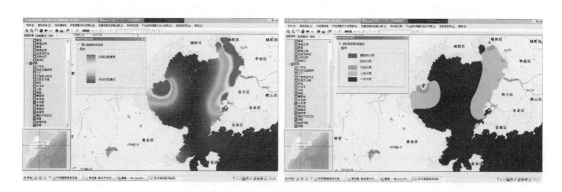

图9.3-9　海域污染状况动态可视化

在总量控制及分配子系统中，系统为用户提供了基于化学污染物主要迁移-转化过程-三维水动力输运耦合模型排海通量最优化法计算的胶州湾海洋环境容量以及青岛市各排污单元的污染物分配容量(图9.3-10)，从而为制定胶州湾排海污染物总量控制规划提供决策依据。

9.3.3　泉州湾入海污染物总量控制管理决策支持系统

泉州湾入海污染物总量控制管理决策支持系统包含5个系统模块，分别为环境现状、污染源管理、总量现状、削减与预测、文档管理5个部分，如图9.3-11所示。

(1)环境现状模块

用户通过操作界面(图9.3-12)加载工作空间后，可进行所需功能图层及相应信息的加载。其中环境现状部分，选择相应的子功能模块，可进行4种不同方式的环境现状查询，较直观地掌握各类污染源的排放情况及监测数据，并对泉州湾海洋环境功能区划进行分析，最后将查询结果输出，如图 9.3 – 13 所示。

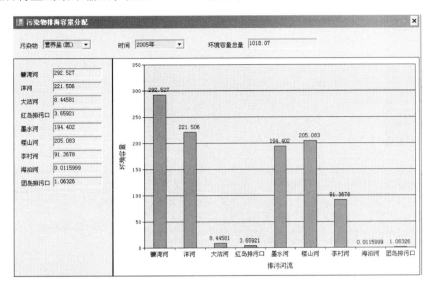

图 9.3 – 10　胶州湾环境容量和各排污单元分配容量

图 9.3 – 11　系统主菜单窗口

图 9.3 – 12　用户界面

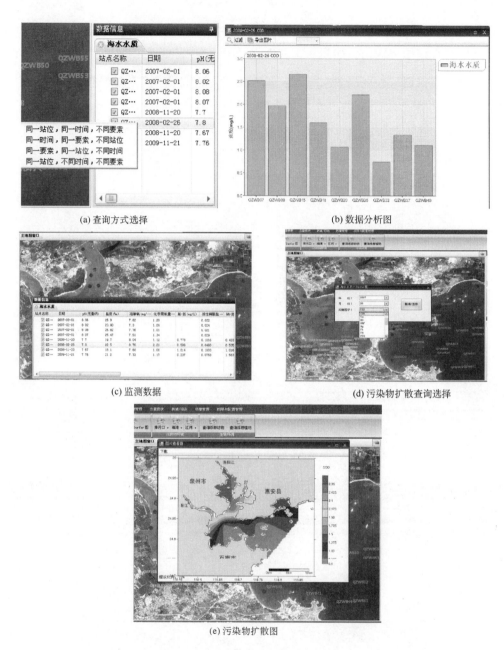

(a) 查询方式选择　　　　　　　　(b) 数据分析图

(c) 监测数据　　　　　　　　(d) 污染物扩散查询选择

(e) 污染物扩散图

图 9.3 – 13　环境现状操作示意

(2) 污染源管理模块

选择不同的污染源、污染因子、污染源源强及潮时，可直观地掌握单一污染源或者所有污染源在不同源强及不同潮时下，各控制因子的扩散模拟图，并可将查询数据输出。具体过程如图 9.3 – 14 所示。

(3) 总量现状与消减预测模块

根据需要选择相应的控制因子，可直观得到整个潮周期内泉州湾污染源扩散情况的动态模拟，且通过预测对比不同消减程度下，污染物扩散的变化情况。具体过程如图9.3－15所示。

(a) 污染源管理参数选择

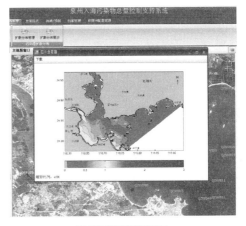

(b) 污染源扩散模拟显示

图 9.3－14　污染源管理操作示意

(a) 总量现状控制因子选择

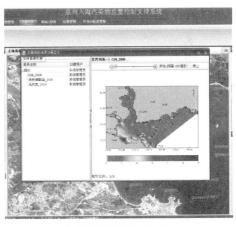

(b) 总量现状动态显示截图

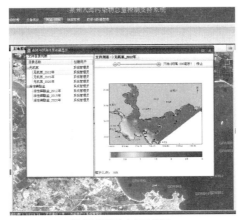

(c) 削减与预测动态显示截图

图 9.3－15　总量现状、削减与预测动态模拟操作示意

（4）文档管理部分

用户可根据需要进行文件分类管理，实现文件上传、下载、查询等功能。具体过程如图 9.3 - 16 所示。

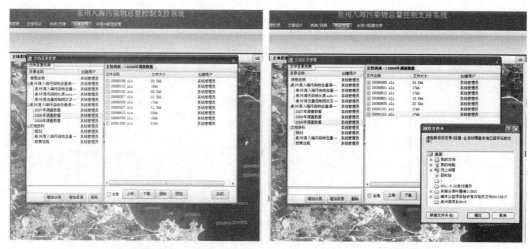

(a) 文档管理目录树建立　　　　　　　　(b) 文档下载

图 9.3 - 16　文档管理操作示意

9.4　小结

在入海污染物总量控制相关技术与方法研究的基础上，通过 GIS 等手段，集成总量控制研究的相关成果形成入海污染物总量控制管理决策支持系统，该系统可为海洋管理部门在入海污染物总量控制方面的决策起到辅助支撑作用，如在我国开展该项工作的沿海地市示范应用，可大大提高部门环境管理的水平和效率。除此之外，经过罗源湾、泉州湾、胶州湾等示范区的系统开发及应用总结，发现还需要开展以下工作来进一步完善系统。

① 参照用户使用效果的反馈信息，进一步完善现有系统。

② 在原有系统设计的基础上，增加环境影响评价和环境事故应急处理子系统等模块，为进一步提高环境管理工作的水平提供有效的技术支撑。

③ 进一步集成入海污染物总量控制研究中相关调查评价、数值模拟、分配与规划等方面研究成果，完善入海污染物总量控制管理决策支持系统。

参考文献

陈斌林，贺心然，展卫红，等. 2006. 连云港港口海域污染物总量控制研究［J］. 中国海洋大学学报（自然科学版），36(3)：447 - 450.

陈崇成，王钦敏，汪小钦，等. 2002. 空间决策支持系统中模型库的生成及与 GIS 的紧密集成：以厦门市环境管理空间决策支持系统为例[J]. 遥感学报，6(3)：168 – 173.

陈国飚. 2002. 环境空间决策支持集成系统的设计原理与应用[J]. 环境科学研究，15(4)：50 – 54.

陈键，俞立中. 2003. 基于 SDSS 的小流域环境管理信息系统的需求分析[J]. 海洋开发与管理，3：20 – 24.

陈江麟，王圣洁，赵冬至，等. 2000. 胶州湾陆源排污总量控制与快速评价系统设计[J]. 中国人口·资源与环境，10：84 – 87.

陈述彭，吕学军，周成虎. 2001. 地理信息系统导论[M]. 北京：科学出版社.

陈曦，王执铨. 2006. 决策支持系统理论与方法研究[J]. 综述控制与决策，21(9)：962 – 970.

崔侠，范常忠，等. 2003. 计算机技术在环境保护信息系统中的应用[J]. 生态环境，1(3)：327 – 331.

崔侠，孙群，俞开衡. 2003. 国外环境保护信息系统现状与进展[J]. 环境科学与技术，26：47 – 51.

邓钟，邬群勇，廖永丰，等. 2004. 环境模型与 GIS 的集成技术研究[J]. 环境科学与技术，27(3)：38 – 41.

顾军，龚建新，焦念志，等. 2002. 胶州湾海洋生态环境 GIS 数据库的构筑[J]. 海洋科学，26(1)：13 – 16.

何强. 2001. 基于地理信息系统的水污染控制规划研究[D]. 重庆：重庆大学.

李俊龙. 2008. 胶州湾排海污染物总量控制决策支持系统的设计和开发研究[D]. 青岛：中国海洋大学.

刘明. 2006. 辽河口污染物扩散数值模拟及总量控制研究[D]. 大连：大连海事大学.

苏奋振，周成虎，杨晓梅，等. 2004. 海洋地理信息系统理论基础及其关键技术研究[J]. 海洋学报，26(6)：22 – 28.